电工技术

◎ 何平 于宝琦 于桂君 主编
李响 王燕锋 副主编

清華大學出版社
北京

内 容 简 介

本书在突出电工技术的基础理论和基本分析方法的同时，注意理论联系工程实际，力求做到学以致用，主要内容包括电路的基本概念与基本定律、电路的分析方法及电路定理、电路暂态分析过程、正弦交流电路、三相交流电路、磁路与变压器、三相异步电动机、继电接触器控制系统、电气测量技术。本书的每章后附课后习题，并提供配套电子课件和习题参考答案。

本书可作为高等院校理工科非电类专业的基础课程教材，也可以作为从事工厂企业电气专业技术人员的参考用书。

图书在版编目(CIP)数据

电工技术/何平，于宝琦，于桂君主编. —北京：清华大学出版社，2021.11
ISBN 978-7-302-58054-6

Ⅰ. ①电… Ⅱ. ①何… ②于… ③于… Ⅲ. ①电工技术 Ⅳ. ①TM

中国版本图书馆 CIP 数据核字(2021)第 079023 号

责任编辑：王剑乔
封面设计：刘 键
责任校对：袁 芳
责任印制：朱雨萌

出版发行：清华大学出版社
网 址：http://www.tup.com.cn，http://www.wqbook.com
地 址：北京清华大学学研大厦 A 座 **邮 编**：100084
社 总 机：010-62770175 **邮 购**：010-62786544
投稿与读者服务：010-62776969，c-service@tup.tsinghua.edu.cn
质量反馈：010-62772015，zhiliang@tup.tsinghua.edu.cn
课件下载：http://www.tup.com.cn，010-83470410
印 刷 者：北京富博印刷有限公司
装 订 者：北京市密云县京文制本装订厂
经 销：全国新华书店
开 本：185mm×260mm **印 张**：10.5 **字 数**：248 千字
版 次：2022 年 1 月第 1 版 **印 次**：2022 年 1 月第1 次印刷
定 价：39.00 元

产品编号：087655-01

随着科学技术的发展，人们在生活、学习和生产实践中，对电工技术的需求日益增强，使得电工技术在各个领域也得到了越来越广泛的应用。为了适应社会需求和教学改革的需要，许多高校的各类非电类专业将电工技术作为一门重要的专业基础课安排在课程教学体系中。其主要任务是为学生学习专业知识和从事工程技术工作打好电工技术的理论基础。

本书对电工技术的基本理论、基本定律、基本概念及基本分析方法进行了比较全面的阐述，并通过实例来说明理论在工程实践方面的应用，以加深学生对基础知识的掌握和理解。培养学生的实验技能和动手能力，提高学生独立思考、分析解决实际问题的能力，为后续相关专业课和专业选修课打下一个良好的基础。

为了充分利用现代化教学手段，我们编制了与本书配套的多媒体课件。通过教学手段的更新，促进教学方法的改革，以增加课堂的信息量，提高教学效果。为方便学习，本书配有习题答案。

本书由华中农业大学何平、辽宁科技学院于宝琦、于桂君担任主编，辽宁科技学院李响、湖州师范学院王燕锋担任副主编。于宝琦编写第1、2章；于桂君编写第3、9章；李响编写第4～6章；何平编写第7章；王燕锋负责全书的统稿，并编写第8章。

由于编者水平有限，书中难免存在疏漏之处，恳请广大读者批评和指正。

编　者

2021年6月

电工技术教学课件PPT

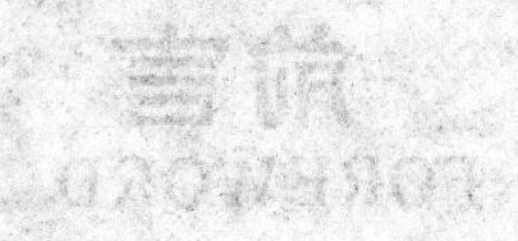

目录
CONTENTS

电路的基本概念与基本定律

本章主要介绍电路的基本概念和基本定律。其中,包括电路及电路模型;电压、电流、功率等电路基本物理量;欧姆定律、基尔霍夫定律;电路的有源元件和无源元件。

1.1 电路的组成及电路模型

1.1.1 电路的组成及作用

电路是由电工设备或电路元件按一定方式连接而成,以满足某种需要的电流通路。无论电路结构是简单的还是复杂的,它都是由电源、负载、中间环节三部分组成的。

电源:是将其他形式的能量转化为电能的元件,是电路中电能的提供者。发电机、干电池等均属于电源。

负载:是将电能转化为其他形式能量的元件,是电路中电能的使用者和消耗者。电动机、电炉、白炽灯等均属于负载。

中间环节包括连接导线和控制设备,是连接电源和负载的电路组成部分,起传输电能、分配电能、保护或传递信息的作用。

由于电路的使用目的和需要不同,电路的种类很多,作用也各不相同。其基本作用有以下两个。

一是实现电能的产生、传输和转换。例如电力系统,如图1-1所示。在电力系统中发电机作为电源产生电能,经变压器和输电线将电能传输和分配给负载(电灯、电炉、电动机),由负载将电能转换为相应的其他形式的能量。

二是实现信号的产生、传递和处理。例如扩音机系统,如图1-2所示。扩音机系统中信号源是话筒,由话筒将声音信号转换为微弱的电信号,经放大器处理,将微弱的电信号放大到足以驱动作为负载的扬声器,由扬声器接收电信号并转换为声音信号。

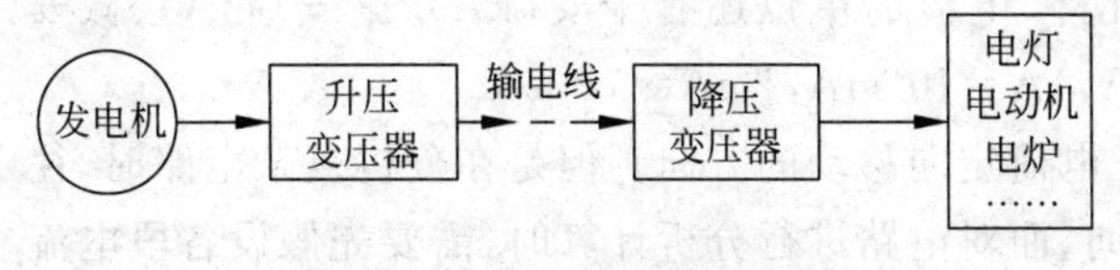

图1-1 电力系统电路示意图

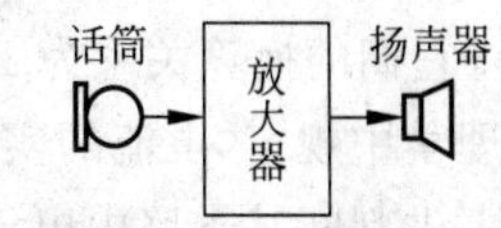

图1-2 扩音机系统电路示意图

1.1.2 电路模型

为了便于对实际电路进行分析和数学描述,在一定条件下对实际元件理想化(或称模型化)，突出实际元件的主要电磁性质，忽略其次要性质。这种将实际电路元件理想化而得到的具有某种确定电磁性质，并具有精确的数学定义的假想元件称为理想电路元件。例如白炽灯，它消耗电能而发光、发热，具有电阻性质，当通有电流时还会产生磁场，具有电感性质。但由于电感微小，可以忽略不计，而将白炽灯视为电阻元件。常用的理想电路元件有电阻元件、电容元件、电感元件和电源元件等。

由理想电路元件相互连接组成的电路称为电路模型。电路模型是实际电路的抽象和近似，模型取得越恰当，对电路的分析与计算的结果和实际情况就越接近。理想电路元件及其组合虽然与实际电路元件的性能不完全一致，但在一定条件下，工程允许的近似范围内，实际电路完全可以用理想电路元件组成的电路代替，从而使电路的分析和计算得到简化。例如日常使用的手电筒，如图 1-3(a)所示，其中包括电池、开关、连接导线和灯泡。其对应的电路模型如图 1-3(b)所示。图中电池用电压为 U_S 的电压源和电阻元件 R_0 的串联组合作为模型，电阻元件 R_L 作为灯泡的模型。

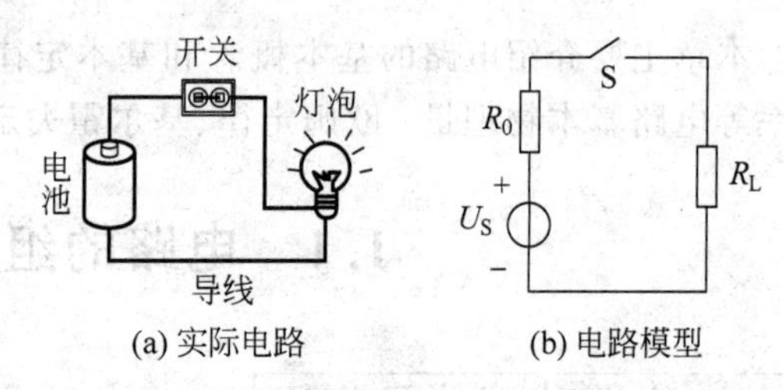

(a) 实际电路　　(b) 电路模型

图 1-3　手电筒实际电路和电路模型

无论是产生电能的电源还是产生信号的信号源，都推动电路工作。因此，电源和信号源又称为激励。激励在电路各部分产生的电压和电流称为响应。本书中的电路均指由理想电路元件构成的电路模型，简称电路。在电路图中，理想电路元件简称电路元件。

1.2　电路的主要物理量及参考方向

描述电路的主要物理量有电流、电压、电位、电功率、电能、磁通等，其中常用的是电流、电压和电功率等基本物理量。

1.2.1　电流

电荷的定向移动形成了电流，电流的强弱用电流强度来衡量。在工程上，电流强度简称电流，等于单位时间内通过导体横截面的电荷量，即

$$i=\frac{dq}{dt} \tag{1-1}$$

随时间变化的电流用小写字母 i 表示；不随时间变化的电流，如直流，用大写字母 I 表示。电流的单位为安培(A)，简称安。此外，电流的单位还有千安(kA)、毫安(mA)、微安(μA)等，它们的换算关系为 $1A=10^{-3}kA$，$1A=10^{3}mA$，$1mA=10^{3}\mu A$。

物理学中规定，电流的实际方向为正电荷定向移动的方向。但是在分析复杂电路时，往往难以事先判断某支路中电流的实际方向，而对电路进行分析计算时，需要先假设各段电流的方向，才能列出有关电流和电压的方程式，这个假定的方向称为电流的参考方向。

电流的参考方向是人们任意假定的电流方向。引入参考方向后，电流就变成代数量。当电流的参考方向与实际方向一致，电流为正值($i>0$)；反之，电流为负值($i<0$)，如图 1-4 所示。

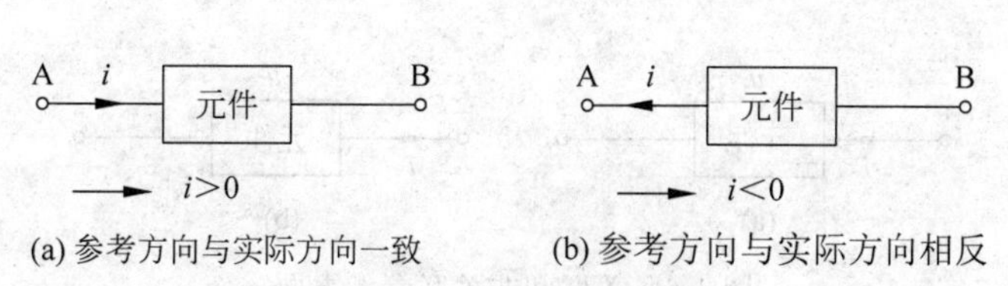

图 1-4　电流的参考方向

电流的方向有两种标定方法,可以用箭头表示,也可以用双下标表示。例如 i_{AB} 表示参考方向是由 A 指向 B;如果参考方向选定由 B 指向 A,可记为 i_{BA},i_{AB} 与 i_{BA} 两者的关系为

$$i_{AB}=-i_{BA}$$

1.2.2 电压

电路中任意两点 a、b 间的电压,在数值上等于电场力将单位正电荷从 a 点经外电路(电源以外的电路)移动到 b 点所做的功,用 u_{ab} 表示。即

$$u_{ab}=\frac{dW}{dq} \tag{1-2}$$

直流电压可表示为

$$U=\frac{W}{Q}$$

随时间变化的电压用小写字母 u 表示;不随时间变化的电压,如直流,用大写字母 U 表示。电压的单位为伏特(V),简称伏。此外,电压的单位还有千伏(kV)、毫伏(mV)和微伏(μV)等,它们的换算关系为 $1V=10^{-3}kV$,$1V=10^{3}mV$,$1mV=10^{3}\mu V$。

在分析电路时,电压也需选取参考方向。电压的参考方向也是任意指定的方向,当电压的参考方向与实际方向一致时,电压为正值($u>0$);反之,电压为负值($u<0$)。

电压的参考方向有三种标定方法,如图 1-5 所示。

(1) 可用双下标表示。

(2) 用+、-双极性表示。

(3) 用箭头表示。

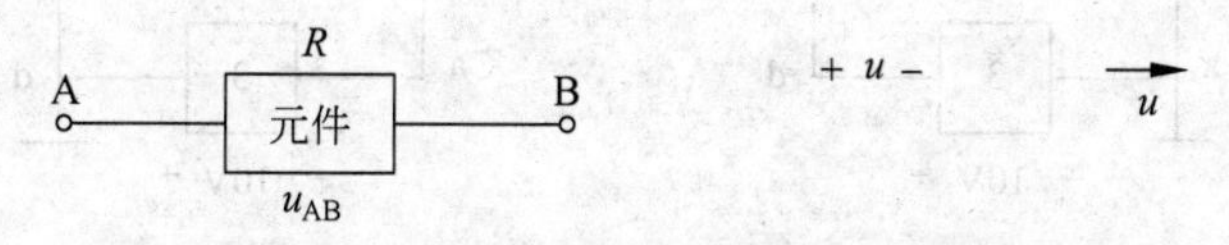

图 1-5　电压参考方向的表示

电压和电流的参考方向在分析电路中有着非常重要的作用。在分析电路之前,必须先选定电压和电流的参考方向,一条支路或元件的电压或电流的参考方向可以独立地任意假定。通常情况下,电压和电流的参考方向选择一致,即为关联参考方向,如图 1-6(a)所示。若二者方向相反,则称为非关联参考方向,如图 1-6(b)所示。

参考方向是人为选定的,电压(电流)的正负值都是对应于所选定的参考方向而言,不说明参考方向而谈论电压(电流)为正或负是没有意义的。参考方向的概念同样适用于表示电动势。

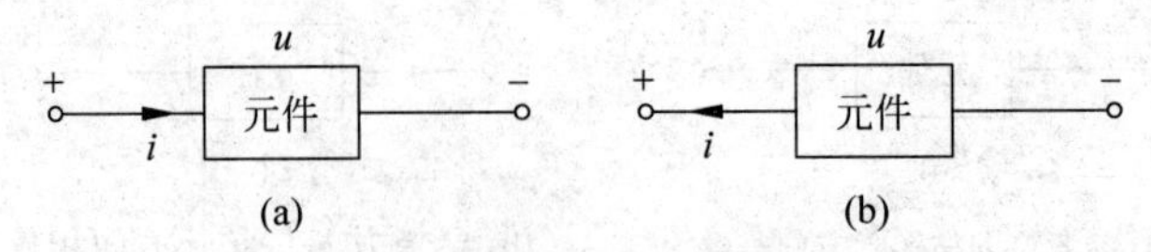

图 1-6　关联和非关联参考方向

1.2.3　电位

在电场中，某一点电位等于电场力把单位正电荷从某一点移到参考点所做的功，用符号 V 表示。单位为伏特(V)。对于 a 点的电位可以记为 V_a，b 点的电位可以记为 V_b。电位是对某一参考点而言，规定参考点电位值为零。a、b 两点间的电压等于 a 点与 b 点的电位之差。即

$$U_{ab}=V_a-V_b \tag{1-3}$$

电位具有两个重要性质：电位的相对性和单值性。

电位的相对性是指电位值是相对于某一参考点而言的。参考点不同，即使是电路中的同一点，其电位值也不同。

电位的单值性是指当一个电路的参考点一旦选定，电路中各点的电位就有唯一确定的数值。

一个电路只能选定一个参考点。通常当电路中有接地点时，选择地为零电位点。若没有接地点，选择较多导线汇集点或设备外壳作为参考点。

【例 1-1】　求图 1-7 所示电路中各点的电位。(1)取 a 为参考点；(2)取 d 为参考点；(3)分别求以上两种情况下，b、c 两点间的电压 U_{bc}。

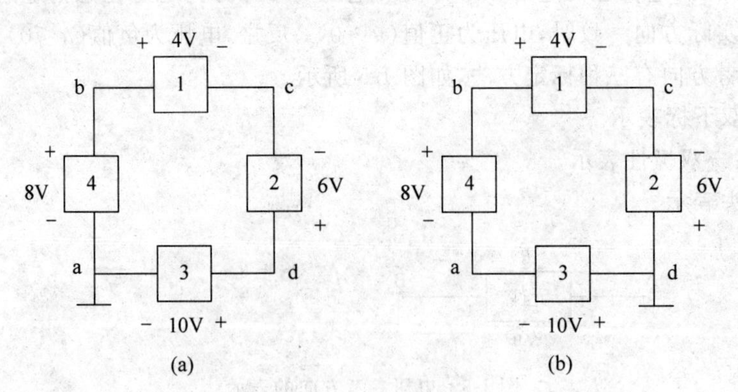

图 1-7　例 1-1 图

解：(1) 取 a 为参考点，如图 1-7(a)所示，则有

$$V_a=0\text{V}\quad V_b=8\text{V}\quad V_c=8-4=4(\text{V})\quad V_d=4+6=10(\text{V})$$

$$U_{bc}=V_b-V_c=8-4=4(\text{V})$$

(2) 取 d 为参考点，如图 1-7(b)所示，则有

$$V_d=0\text{V}\quad V_a=-10\text{V}\quad V_b=-10+8=-2(\text{V})\quad V_c=-2-4=-6(\text{V})$$

$$U_{bc}=V_b-V_c=-2-(-6)=4(\text{V})$$

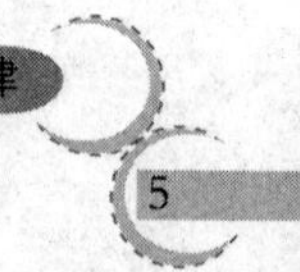

1.2.4　电功率和电能

1）电功率

在电路分析与计算中，功率和能量是两个十分重要的概念。

电功率简称功率，是指单位时间内电场力做功的大小，用符号 p 表示。它是描述电路中电能转换或传递速率的物理量。若在 $\mathrm{d}t$ 时间内，有 $\mathrm{d}q$ 电荷通过电路元件，元件的电压和电流分别为 u、i，则其能量的改变为 $\mathrm{d}W$，有

$$\mathrm{d}W = u\,\mathrm{d}q$$

则电功率 p 的大小为

$$p = \frac{\mathrm{d}W}{\mathrm{d}t} = u\,\frac{\mathrm{d}q}{\mathrm{d}t} = ui \tag{1-4}$$

式(1-4)表明，任一瞬间，电路的功率等于该瞬时电压与电流的乘积。

当元件的电压、电流为关联参考方向时，用式(1-4)所求功率 p 为吸收功率。当 $p>0$ 时，电路实际吸收功率；当 $p<0$ 时，电路实际发出功率。反之，若电压、电流为非关联参考方向时，用式(1-4)所求功率 p 为发出功率。当 $p>0$ 时，电路实际发出功率；当 $p<0$ 时，电路实际吸收功率。一个元件吸收 100W 功率，也可以认为该元件发出 -100W 的功率。根据能量守恒定律，整个电路的功率代数和为零，或者说发出的功率和吸收的功率相等，即功率平衡。

功率的单位是瓦特，简称瓦(W)。此外，功率的单位还有千瓦(kW)、兆瓦(MW)等，它们的换算关系为 $1\mathrm{W}=10^{-3}\mathrm{kW}$，$1\mathrm{kW}=10^{-3}\mathrm{MW}$。

【例 1-2】 试求图 1-8 中各元件的功率，并判断哪些元件是电源，哪些元件是负载。已知：(a) $u=2\mathrm{V}, i=-6\mathrm{A}$；(b) $u=3\mathrm{V}, i=2\mathrm{A}$；(c) $u=5\mathrm{V}, i=3\mathrm{A}$。

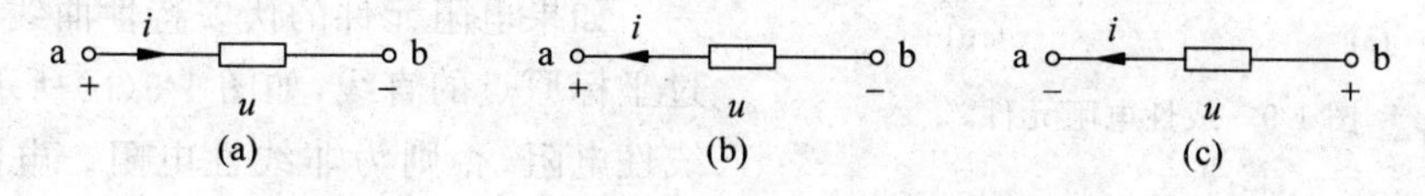

图 1-8　例 1-2 图

解：(a) 电压与电流为关联参考方向，故

$p=ui=2\times(-6)=-12(\mathrm{W})$　　$p<0$　发出功率，元件为电源

(b) 电压与电流为非关联参考方向，故

$p=ui=3\times6=18(\mathrm{W})$　　$p>0$　发出功率，元件为电源

(c) 电压与电流为关联参考方向，故

$p=ui=5\times3=15(\mathrm{W})$　　$p>0$　吸收功率，元件为负载

2）电能

在 t_0 到 t 的时间内，元件吸收的电能为

$$W = \int_{t_0}^{t} p\,\mathrm{d}t \tag{1-5}$$

电能的单位是焦耳，简称焦(J)，常用单位有千瓦时(kW·h)，简称度。

$$1\mathrm{kW\cdot h} = 10^3\,\mathrm{W} \times 3600\mathrm{s} = 3.6\times10^6\,\mathrm{J}$$

1.3 理想电路元件

电路元件是电路的基本组成单元，是实际电气元件的理想模型，根据元件与外部连接的端子数目可分为二端、三端、四端元件等，按其可否向电路提供能量分为有源电路元件和无源电路元件。常用的电路元件有电阻元件、电容元件、电感元件、理想电压源和理想电流源等，它们都是二端元件。各元件电压、电流间的关系称为伏安关系特性或元件的约束关系，是本节讨论的重点。

1.3.1 无源电路元件

1）电阻元件

理想电阻元件是从实际电阻器抽象出来的理想模型，像电灯泡、电阻炉、电烙铁等这类实际电阻器件，当忽略其电感、电容作用时，可将它们抽象为只具有消耗电能性质的电阻元件。在任何时刻，它两端的电压和电流关系符合欧姆定律。

在电压和电流取关联参考方向下，即有

$$u=Ri \tag{1-6}$$

在非关联参考方向下，有

$$u=-iR \tag{1-7}$$

电阻元件的单位是欧姆（Ω），较大的单位有千欧（kΩ）、兆欧（MΩ），其换算关系为 $1\text{M}\Omega=10^3\text{k}\Omega=10^6\Omega$。电阻元件的图形符号如图 1-9(a)所示。

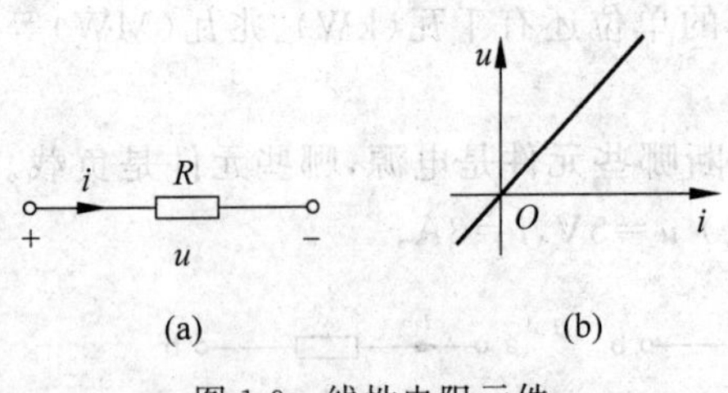

图 1-9　线性电阻元件

如果电阻元件的伏安特性曲线是一条通过坐标原点的直线，如图 1-9(b)所示，则称为线性电阻，否则为非线性电阻。电阻既表示电路元件，又表示元件的参数。

电阻的倒数称为电阻元件的电导，用 G 表示，即

$$G=\frac{1}{R}$$

电导的单位是西门子(S)。

在非关联参考方向下，式(1-6)可变为

$$i=Gu$$

在非关联参考方向下，式(1-7)可变为

$$i=-Gu$$

R 和 G 均为电阻元件的参数。

关联参考方向下，电阻元件吸收的功率为

$$p=ui=i^2R=\frac{u^2}{R} \tag{1-8}$$

或

$$p = ui = Gu^2 = \frac{i^2}{G}$$

式(1-8)表明：无论是关联参考方向，还是非关联参考方向，电阻元件的功率 p 总是正值，所以电阻元件总是吸收功率，因此电阻元件既是耗能元件，也是无源元件。

【例 1-3】 有一只额定功率为 150W，额定电压为 220V 的灯泡，求该灯泡的额定电流和电阻。

解：由

$$P = ui = \frac{u^2}{R}$$

得

$$i = \frac{P}{u} = \frac{150}{220} \approx 0.68(\mathrm{A})$$

$$R = \frac{u^2}{P} = \frac{220^2}{150} \approx 322.7(\Omega)$$

2）电容元件

理想电容元件是从实际电容器中抽象出来的理想化模型。实际电容器加上电压后，两块极板上将出现等量异号电荷，并在两极间形成电场。将电源移去后，电荷可继续聚集在极板上，电场继续存在。当忽略电容器的漏电阻和电感时，可将其抽象为只具有储存电磁能性质的电容元件。

电容元件的符号为 C，其库伏关系为

$$C = \frac{q}{u} \tag{1-9}$$

式(1-9)表明，电荷与电压的比值为正常数，称为电容，所以 C 既表示电容元件，又表示元件的参数，其图形符号及其库伏特性曲线如图 1-10 所示。可见，电容元件的库伏特性是 q-u 平面上通过坐标原点的一条直线。

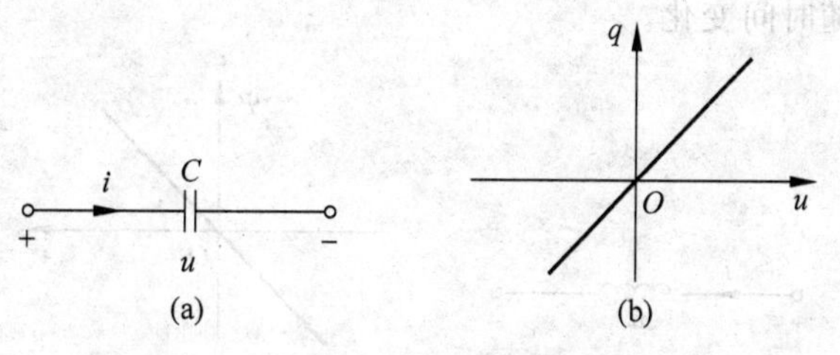

图 1-10　线性电容元件

电容的基本单位是法拉，简称法(F)。常用的单位还有微法(μF)和皮法(pF)，它们之间的换算关系为 $1\mathrm{F} = 10^6\mu\mathrm{F}$，$1\mu\mathrm{F} = 10^6\mathrm{pF}$。

关联参考方向下，电容元件的伏安关系为

$$i = \frac{\mathrm{d}q}{\mathrm{d}t} = C\frac{\mathrm{d}u}{\mathrm{d}t} \tag{1-10}$$

式(1-10)表明，电容元件电流的大小与其电压的变化率成正比，与电压的大小无关，体现了电容元件的动态特性，所以电容元件也称为动态元件。在直流稳态情况下，电容上电压恒定，则其电流为零，相当于开路。如果某时刻电容的电流为有限值，则其电压变化率必然为有限值，即电压在该时刻必然连续，不能跃变。

关联参考方向下，电容元件的瞬时功率为

$$p=ui=uC\frac{du}{dt}$$

根据式(1-5)，电容元件从 t_1 到 t_2 时间段内储存的能量为

$$W_C=\int_{t_1}^{t_2}p\,dt=\int_{t_1}^{t_2}uC\frac{du}{dt}dt=\int_{u(t_1)}^{u(t_2)}Cu\,du=\frac{1}{2}Cu^2(t_2)-\frac{1}{2}Cu^2(t_1)$$

若 $u(t_0)=0$，即电容无初始储能，从 t_0 到 t 这段时间内电容吸收的电能即为电容的储能，电容元件也称为储能元件。

3）电感元件

实际电感线圈是用导线绕制成的。电感元件是从实际电感线圈抽象出来的理想化模型。当电感线圈中通以电流后，将产生磁通，在其内部及周围建立磁场，储存能量，当忽略导线电阻及线圈匝与匝之间的电容时，可将其抽象为只具有储存磁场能性质的电感元件。

在线圈中通入电流 i，就会产生磁通 Φ。Φ 与 N 匝线圈交链的总磁通，称为磁通链，磁通链用 Ψ 表示，则 $\Psi=N\Phi$。当电感的电流 i 的参考方向与它产生的磁通的参考方向符合右手螺旋定则时，电感元件的韦安关系为

$$L=\frac{\Psi}{i} \tag{1-11}$$

电感元件的符号为 L，其图形符号及韦安特性曲线如图 1-11 所示。式(1-11)表明磁通链 Ψ 与电流 i 的比值为正的常数，称为自感系数或电感系数，简称自感或电感，所以 L 既表示电感元件，又表示元件的参数。

电感的基本单位是亨利，简称亨(H)。常用的单位还有毫亨(mH)和微亨(μH)，它们之间的换算关系为 $1\text{H}=10^3\text{mH}$，$1\text{mH}=10^3\mu\text{H}$。

可见，在任一时刻，电感元件的磁通链 Ψ 与通过它的电流 i 之间的韦安关系是一条通过原点的直线，且不随时间变化。

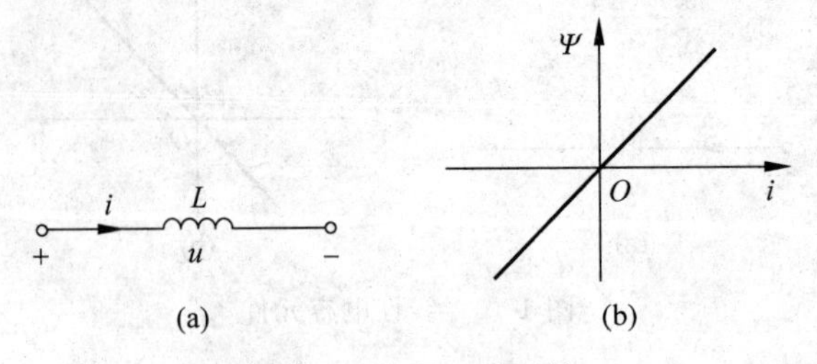

图 1-11　线性电感元件

当磁通链 Ψ 发生变化时，在电感两端会产生感应电压。若电压和电流取关联参考方向，电流和磁通的参考方向符合右手螺旋定则，根据电磁感应定律，可得电感元件的伏安关系为

$$u=\frac{d\Psi}{dt}=L\frac{di}{dt} \tag{1-12}$$

由式(1-12)可见，电感电压的大小与其电流变化率成正比，与电流大小无关，体现了电感元件的动态特性，所以电感元件也称为动态元件。在直流稳态情况下，电感中电流恒定，则其电压为零，相当于短路。如果某时刻电感的电压为有限值，则其电流变化率必然为有限

值，即电流在该时刻必然连续，不能跃变。

关联参考方向下，电感元件的瞬时功率为

$$p = ui = L\frac{\mathrm{d}i}{\mathrm{d}t}i$$

根据式(1-5)，电感元件从 t_1 到 t_2 时间段内储存的能量为

$$W_L = \int_{t_1}^{t_2} p\,\mathrm{d}t = \int_{t_1}^{t_2} L\frac{\mathrm{d}i}{\mathrm{d}t}i\,\mathrm{d}t = \int_{i(t_1)}^{i(t_2)} Li\,\mathrm{d}i = \frac{1}{2}Li^2(t_2) - \frac{1}{2}Li^2(t_1)$$

若 $i(t_0)=0$，即电感无初始储能，从 t_0 到 t 这段时间内电感吸收的电能即为电感的储能，电感元件也称为储能元件。

1.3.2　有源电路元件

有源电路元件可分为独立源和受控源，独立源包括理想电压源和理想电流源，受控源分为受控电压源和受控电流源。

1）理想电压源

理想电压源是电池、发电机等实际电压源的理想化模型，它是能够向外电路提供恒定或按规律变化电压的元件，符号及其参数如图 1-12(a)所示。其中“＋”“－”号表示电压源电压的参考极性，u_S 称为电压源的参数，即电压源的数值。当电压源的电压为恒定值时，称为恒压源或直流电压源，其伏安特性如图 1-12(b)所示，为平行于 i 轴的直线，表明其端电压与电流的大小及方向无关。

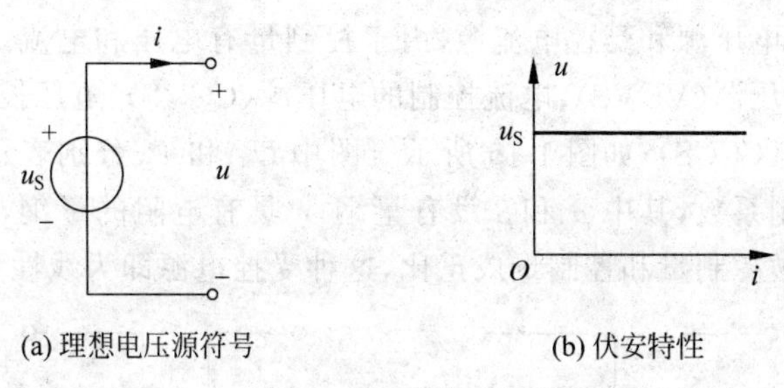

(a) 理想电压源符号　(b) 伏安特性

图 1-12　理想电压源符号与伏安特性

理想电压源具有以下两个基本性质。

(1) 电压源的电压恒定或是一定的时间函数，而与通过它的电流无关。

(2) 电压源的电流由与它连接的外电路决定。

当电压源 $u_S=0$ 时，电压源的伏安特性曲线与电流轴重合，相当于短路；当电压源不接外电路时，流过其电流为零，相当于开路。电压源作为一个电路元件，可以向外电路发出功率，也可以从外电路吸收功率。

2）理想电流源

理想电流源是光电池、电流互感器等实际电流源的理想化模型，它是能够向外电路提供恒定或按规律变化电流的元件，其符号及其参数如图 1-13(a)所示。其中箭头表示电流源电流的方向，i_S 称为电流源的参数，即电流源的

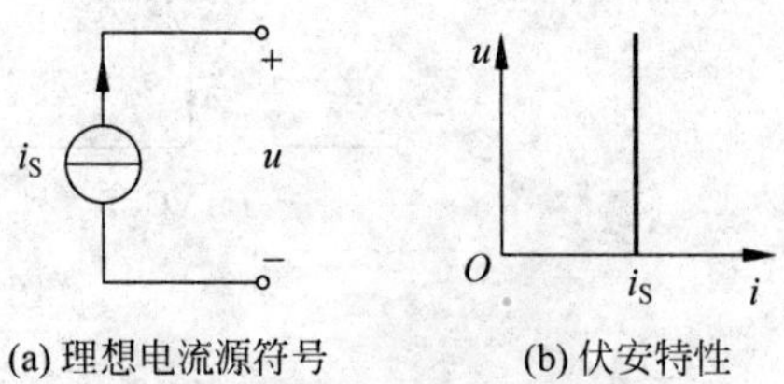

(a) 理想电流源符号　(b) 伏安特性

图 1-13　理想电流源符号与伏安特性

数值。当电流源的电流为恒定值时，则称为恒流源或直流电流源，其伏安特性如图 1-13(b) 所示，为平行于 u 轴的直线，表明电流与其端电压的大小及方向无关。

理想电流源具有以下两个基本性质。

(1) 电流源的电流恒定或是一定的时间函数，而与其两端的电压无关。

(2) 电流源的电压由与它连接的外电路决定。

当电流源 $i_S=0$ 时，电流源的伏安特性曲线与电压轴重合，相当于开路；当电流源两端短接时，其端电压为零，而流过电流为 i_S。同样，电流源作为一个电路元件，可以向外电路发出功率，也可以从外电路吸收功率。

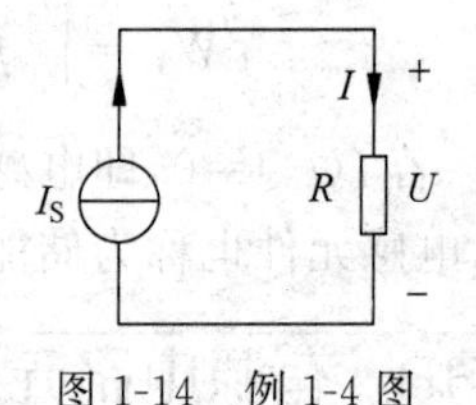

图 1-14　例 1-4 图

【例 1-4】　如图 1-14 所示电路中，已知 $I=2\text{A}, R=4\Omega$，试求 I_S 及 U。

解：电流源输出恒定电流，即

$$I_S=I=2\text{A}$$

电流源的端电压由外特性决定，即

$$U=IR=2\times 4=8(\text{V})$$

3) 受控源

理想电压源可与提供电压，理想电流源可以提供电流。受控源也可以提供电压或电流，但该电压或电流不是独立的，而是受电路中某个电压或电流控制的。受控电源可以表征某些电子器件，如晶体管、运算放大器等。本节仅讨论线性受控电源。

受控源分为受控电压源和受控电流源，由于控制量有电压和电流，所以受控源有四种，分别是电压控制的电压源(VCVS)、电流控制的电压源(CCVS)、电压控制的电流源(VCCS)和电流控制的电流源(CCCS)，如图 1-15 所示。图中 U_1 和 I_1 分别表示控制电压和控制电流，μ、r、g 和 β 是控制系数，其中 μ 和 β 没有量纲，r 具有电阻的量纲，g 具有电导的量纲。这些系数为常数时，被控制量和控制量成正比，这种受控电源即为线性受控源。

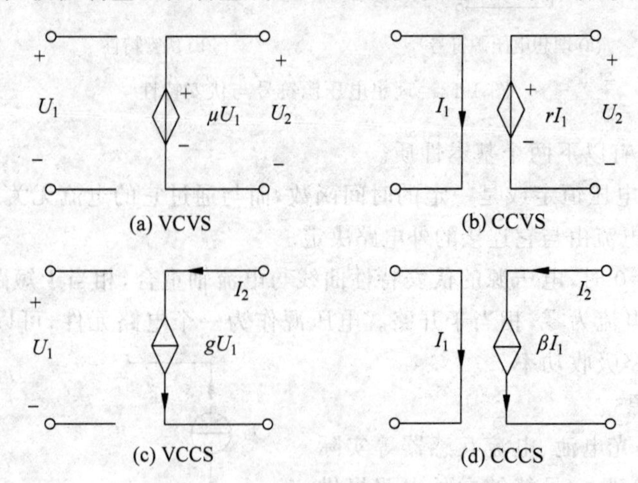

图 1-15　受控源

受控源与独立源在电路中的作用不同，独立源在电路中可以起激励作用，产生响应；而受控源不能脱离控制量独立存在，它不能作为激励，更不能产生响应。

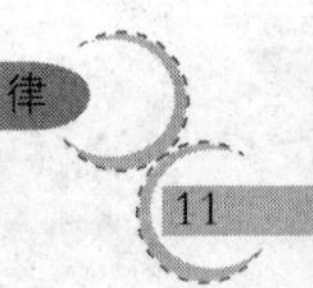

【例 1-5】 电路如图 1-16 所示，$I_S=6A$，$U_2=0.5U_1$，求电流 I。

解：控制电压

$$U_1=2I_S=2\times 6=12(\text{V})$$

所以

$$U_2=0.5U_1=0.5\times 12=6(\text{V})$$

$$I=\frac{U_2}{3}=\frac{6}{3}=2(\text{A})$$

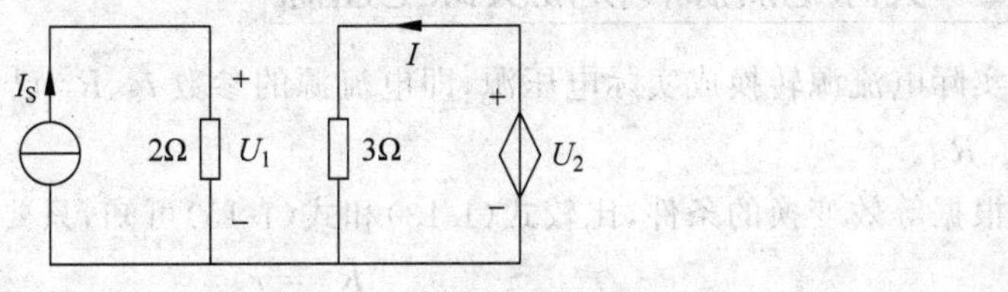

图 1-16　例 1-5 电路图

1.4　实际电源的两种模型

在实际工程中，理想电源并不存在，实际电源都有内阻存在。对于内阻，在实际电压源中采用内阻与理想电压源串联的方式表示；实际电流源中采用内阻与理想电流源并联的方式表示。

实际电压源与实际电流源的模型如图 1-17 所示。

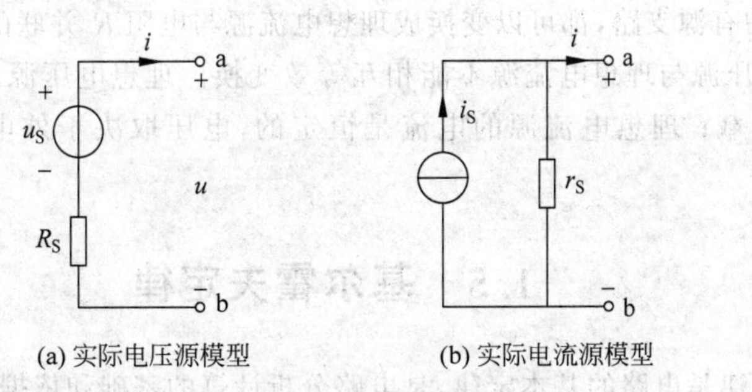

图 1-17　实际电源模型

实际电压源的端口特性为

$$u=u_S-iR_S \tag{1-13}$$

实际电流源的端口特性为

$$i=i_S-\frac{u}{r_S} \tag{1-14}$$

1.4.1　实际电压源转换成实际电流源

实际电压源转换成实际电流源，即电压源在参数 u_S、R_S 已知，求等效的实际电流源的参数 i_S、r_S。

式(1-14)可转换成为

$$u = i_S r_S - i r_S \tag{1-15}$$

根据等效变换的条件，比较式(1-13)和式(1-15)可知，只要满足：

$$\begin{cases} r_S = R_S \\ i_S = \dfrac{u_S}{R_S} \end{cases} \tag{1-16}$$

则图 1-17 所示两电路的外特性完全相同，两者可以相互置换。

1.4.2 实际电流源转换成实际电压源

实际电流源转换成实际电压源，即电流源的参数 i_S、R_S 已知，求等效的实际电压源的参数 u_S、R_S。

根据等效变换的条件，比较式(1-13)和式(1-15)可知，只要满足：

$$\begin{cases} R_S = r_S \\ u_S = r_S i_S \end{cases} \tag{1-17}$$

则图 1-17 所示两电路的外特性完全相同，两者可以相互置换。

实际电源在等效变换时应注意以下几点。

(1) 实际电源的相互转换，只是对电源的外电路而言的，对电源内部则是不等效的。如电流源，当外电路开路时，内阻仍有功率损耗；电压源开路时，内阻并不损耗功率。

(2) 电源变换时要注意两种电路模型的极性必须一致，即电流源流出电流的一端与电压源的正极性端相对应。

(3) 实际电源的相互转换中，不仅只限于内阻，可扩展至任一电阻。凡是理想电压源与某电阻 R 串联的有源支路，都可以变换成理想电流源与电阻 R 并联的有源支路，反之亦然。

(4) 理想电压源与理想电流源不能相互等效变换。理想电压源的电压恒定不变，电流取决于外电路负载；理想电流源的电流是恒定的，电压取决于外电路负载，故两者不能等效。

1.5 基尔霍夫定律

基尔霍夫定律是电路的基本定律，是电路分析计算的基础和依据，包括基尔霍夫电流定律(Kirchhoff's Current Law，KCL)和基尔霍夫电压定律(Kirchhoff's Voltage Law，KVL)。基尔霍夫电流定律描述了针对电路中某节点的各支路电流之间的关系，基尔霍夫电压定律描述了针对电路中某回路的各部分电压之间的关系。在介绍基尔霍夫定律之前，先了解电路的一些基本术语，电路如图 1-18 所示。

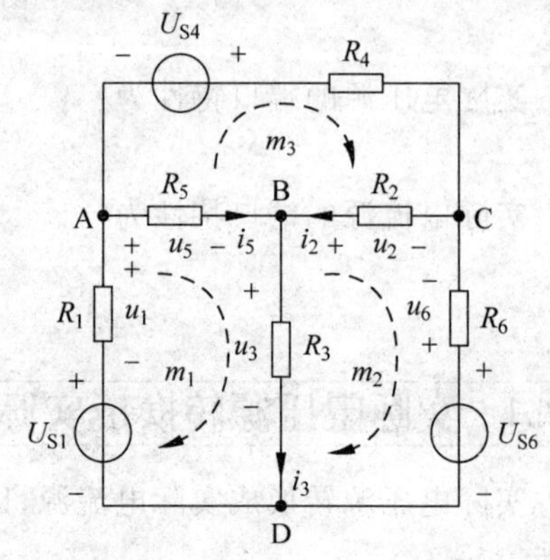

图 1-18 基本术语

(1) 支路：电路中每一个二端元件就是一条支路。为了分析方便，常把电路中流过同一电流的几个元件构成的分支也称为一条支路，用 b 表示。图 1-18 中有 6 条支路。

(2) 节点：元件之间的连接点就是节点。但是如果以分支为支路，则 3 条或 3 条以上支路的连接点称为节点，用 n 表示。图 1-18 中有 4 个节点。

(3) 回路：由若干条支路所组成的闭合路径称为回路，用 l 表示。图 1-18 所示电路中有 ABDA、ABCDA、BCDB 等 7 个回路。

(4) 网孔：平面电路中，内部不包含其他支路的回路称为网孔，用 m 表示。图 1-18 所示电路中有 3 个网孔：ABDA、BCDB、ABCA。

1.5.1 基尔霍夫电流定律

基尔霍夫电流定律也称为基尔霍夫第一定律。其内容是：任一时刻，对任一节点，所有支路电流的代数和恒等于零，即

$$\sum_{k=1}^{n} i_k = 0 \tag{1-18}$$

式(1-18)称为节点电流方程或 KCL 方程。建立 KCL 方程时，首先要设定各支路电流的参考方向，根据参考方向取符号，若流入节点的电流取“正”，则流出该节点的电流取“负”；反之亦然。

在图 1-18 所示电路中，根据 KCL，对节点 B，有

$$i_5 + i_2 - i_3 = 0$$

即

$$i_5 + i_2 = i_3$$

即对节点 B，流入节点的电流等于流出节点的电流。推广到任一节点，可以写成

$$\sum i_{入} = \sum i_{出} \tag{1-19}$$

基尔霍夫电流定律不仅适用于节点，也可以推广应用于包围几个节点的闭合面。例如在图示 1-19(a)所示三极管中，对虚线所示的闭合面来说，3 个电极电流关系满足 $I_B + I_C - I_E = 0$；再如图 1-18(b)所示，对于封闭面(图中虚线框)，有 $i_A - i_B + i_C = 0$。

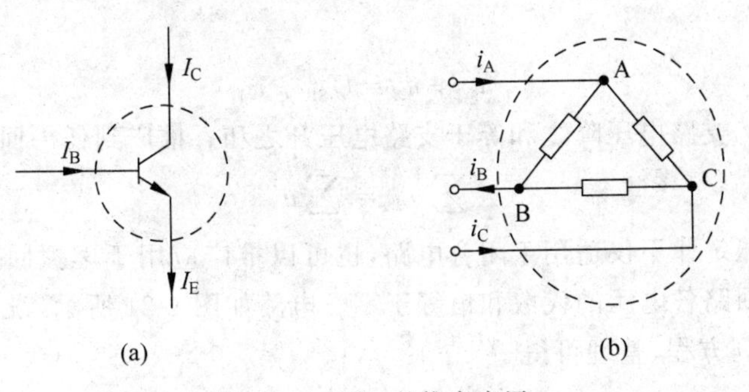

图 1-19　KCL 的推广应用

【例 1-6】 电路如图 1-20 所示，求电流 I_1、I_2。

解：根据 KCL，对节点 A，有

$$-I_1 + (-3) - 2 - 1 = 0$$

或

$$I_1 + 2 + 1 = -3$$

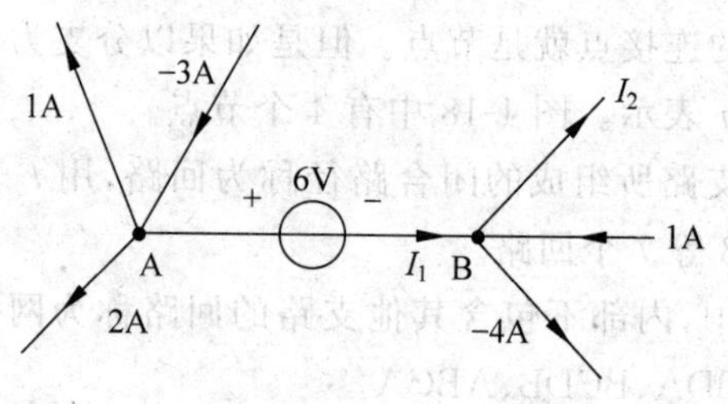

图 1-20 例 1-6 图

解得

$$I_1 = -6\text{A}$$

同理，对节点 B，有

$$I_1 + 1 = I_2 + (-4)$$

解得

$$I_2 = -1\text{A}$$

1.5.2 基尔霍夫电压定律

基尔霍夫电压定律又称为基尔霍夫第二定律，其内容是：任一时刻，沿任一闭合回路绕行一周，各部分元件电压的代数和等于零，即

$$\sum_{k=1}^{n} u_k = 0 \tag{1-20}$$

式(1-20)称为回路电压方程或 KVL 方程。建立 KVL 方程时，首先要设定各支路或元件的电压的参考方向，然后规定回路的绕行方向(顺时针或逆时针)，在绕行方向上，当元件电压方向与回路绕行方向一致时取"＋"号，相反时取"－"号，最后列写 KVL 方程。

例如图 1-18 所示电路中，选择回路 m_1，设回路绕行方向为顺时针，根据 KVL

$$u_5 + u_3 - U_{S1} - u_1 = 0$$

整理上式，有

$$u_5 + u_3 = U_{S1} + u_1$$

对于回路 m_1，支路电压降之和等于支路电压升之和。推广到任一回路，可以写成

$$\sum u_{升} = \sum u_{降} \tag{1-21}$$

基尔霍夫电压定律不仅适用于闭合电路，也可以推广应用于虚拟回路(开口电路)。即电路中任一虚拟回路各电压的代数和恒等于零。电路如图 1-21 所示，设回路绕行方向为顺时针，根据 KVL 列方程，整理可得

$$U = U_{S2} + u_1 - U_{S1}$$

总而言之，基尔霍夫定律与构成电路的元件性质无关，只与电路的连接方式有关。

【例 1-7】 电路如图 1-22 所示，若 $U_1 = 6\text{V}$，$U_2 = -2\text{V}$，$U_4 = -16\text{V}$，试求电压 U_3 及 U_{AC}。

解：回路方向选择顺时针，根据 KVL，有

$$U_3 = U_1 + U_2 - U_4 = 6 + (-2) - (-16)$$

解得

$$U_3 = 20\text{V}$$

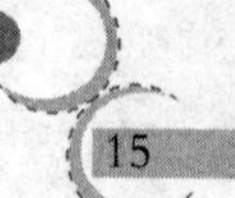

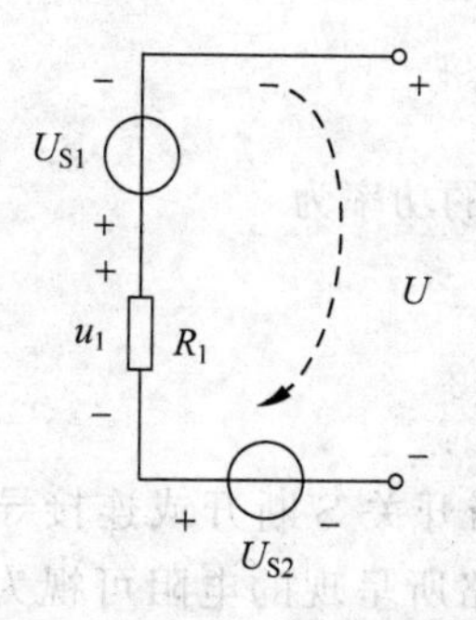

图 1-21　KVL 定律的推广应用

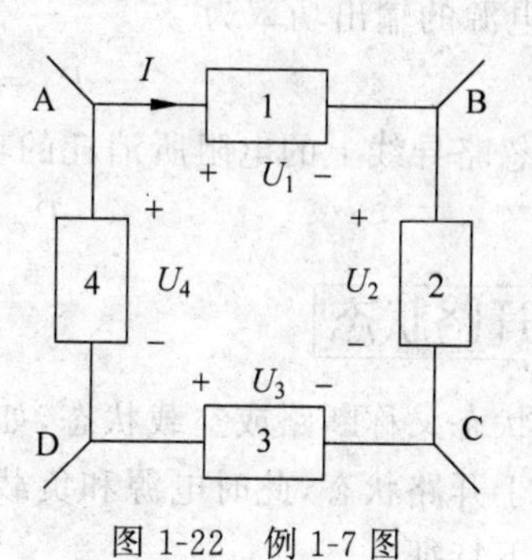

图 1-22　例 1-7 图

选择虚拟回路 ACDA，根据 KVL，有

$$U_{AC}=U_3+U_4=20+(-16)=4(\mathrm{V})$$

1.6　电路的基本工作状态

电路中，电源与负载相连接，根据所接负载的情况，电路有有载、开路、短路三种基本工作状态。现以图 1-23 所示的简单直流电路为例来分析电路的几种状态，图中电压源电压 U_S，其内阻为 R_0，U_1 为电源端电压，U_2 为负载端电压，R_L 为负载等效电阻。

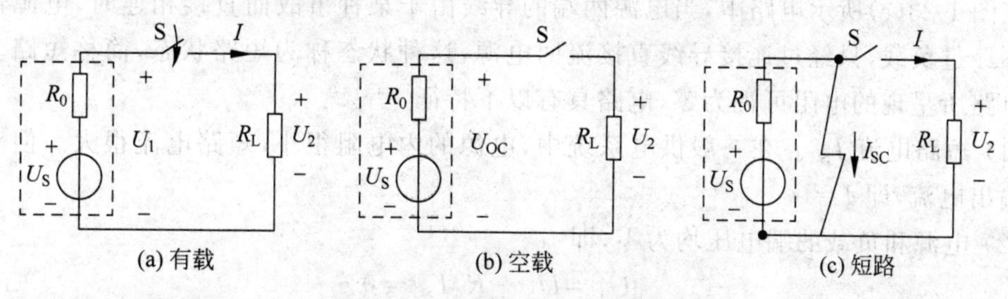

图 1-23　电路的三种工作状态

1.6.1　有载工作状态

在图 1-23(a)中，开关 S 闭合，使电源与负载接成闭合回路，这时电路处于通路状态，有电流流过，电源输出功率，负载吸收功率，这种状态称为有载状态。此时电路有以下特征。

(1) 电路中的电流为

$$I=\frac{U_S}{R_0+R_L} \tag{1-22}$$

当 U_S 和 R_0 一定时，电流由负载电阻 R_L 的大小决定。

(2) 电源的端电压为

$$U_1=U_S-R_0 I \tag{1-23}$$

电路中的负载是变动的，电流是变化的，所以电源端电压的大小也随之改变。若忽略线路上的压降，则负载的端电压等于电源的端电压，即

$$U_2=U_1$$

(3) 电源的输出功率为

$$P_1 = U_1 I = U_S I - R_0 I^2 \tag{1-24}$$

如果忽略导线上的电阻所消耗的功率,则负载所吸收的功率为

$$P_2 = U_2 I = U_1 I = P_1$$

1.6.2 开路状态

开路状态又称断路或空载状态,如图 1-23(b)所示,当开关 S 断开或连接导线断开时,电路就处于开路状态,此时电源和负载未构成通路,外电路所呈现的电阻可视为无穷大,电路具有如下特征。

(1) 电路中的电流为零,即 $I=0$。

(2) 电源的端电压 U_1 称为开路电压或空载电压,用 U_{OC} 表示。即

$$U_1 = U_{OC} = U_S - R_0 I = U_S$$

可见,这时电源的端电压等于电源的电压。

(3) 电源的输出功率 P_1 和负载所吸收的功率 P_2 均为零,即

$$P_1 = U_1 I = 0 \quad P_2 = U_2 I = 0$$

1.6.3 短路状态

在图 1-23(c)所示电路中,当电源两端的导线由于某种事故而直接相连时,电源输出的电流不经过负载,只经过连接导线直接流回电源,这种状态称为短路状态,简称短路。短路时外电路所呈现的电阻可视为零,电路具有以下特征。

(1) 短路电流 I_{SC}。在一般供电系统中,电源的内电阻很小,短路电流很大。但对外电路无输出电流,即 $I=0$。

(2) 电源和负载的端电压均为零,即

$$\begin{cases} U_1 = U_S - R_0 I_{SC} = 0 \\ U_2 = 0 \\ I_{SC} = \dfrac{U_S}{R_0} \end{cases} \tag{1-25}$$

上式表明电源的电压全部落在电源的内阻上,因而无输出电压。

(3) 电源的输出功率 P_1 和负载所吸收的功率 P_2 均为零,这时电源发出的功率全部消耗在内电阻上,即

$$\begin{cases} P_1 = U_1 I \\ P_2 = U_2 I \\ P_{U_S} = U_S I_{SC} = \dfrac{U_S^2}{R_0} = I_{SC}^2 R_0 \end{cases} \tag{1-26}$$

由于电源发出的功率全部消耗在内电阻上,因而会使电源发热以致损坏。短路通常是一种严重的事故状态,如果电源短路事故未迅速排除,很大的短路电流将会烧毁电源、导线及电气设备,所以应严加防止。

为了保证电气设备和器件能安全、可靠、经济地工作,规定了每种设备和器件在工作时所允许的最大电压、最大电流和最大功率,这些参数称为电气设备的额定值,常用下标符号

N 表示，如额定电压 U_N、额定电流 I_N、额定功率 P_N。

电气设备应尽量工作在额定状态，这种状态又称为满载状态。电流和功率低于额定值的工作状态称为轻载；高于额定值的工作状态称为过载。在一般情况下，设备不应过载运行。在实际电路中常安装自动开关、热继电器等保护装置，用于在过载时自动切断电源，保障电路上的设备安全。

本章小结

(1) 电路模型是对实际电路的电磁性质进行科学抽象的结果，是理想电路元件的组合。

(2) 在对电路进行分析时，首先要标出电压、电流的参考方向，才能对电路进行分析计算。在规定参考方向的条件下，功率有正负之分。任一时刻，整个电路功率平衡。

(3) 基尔霍夫定律是电路分析的基本定律。

(4) 独立电源是忽略实际电源内阻损耗的结果。电压源的电压为给定的时间函数，其电流由外电路决定；而电流源的电流也为给定的时间函数，其电压由外电路决定。

(5) 受控电源的电压或电流受到其他支路的电压或电流控制，通常有 4 种类型：VCVS、VCCS、CCVS 和 CCCS。

(6) 通常情况下，电路有有载、开路、短路三种基本工作状态。

习　题　1

1-1　电路如图 1-24 所示，求各元件的端电压或通过的电流。

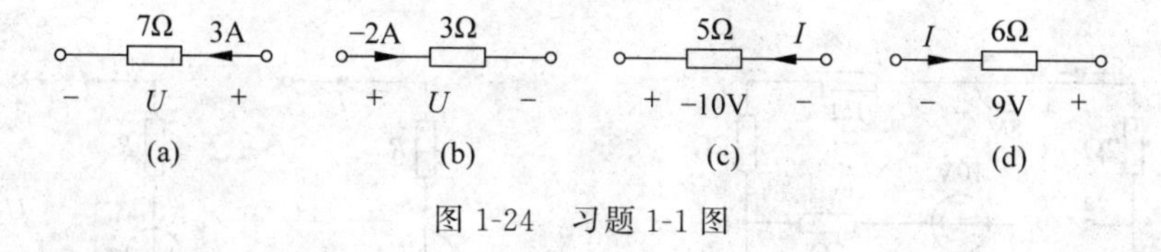

图 1-24　习题 1-1 图

1-2　在图 1-25 中，已知 $u_1=-6\text{V}$，$u_2=4\text{V}$。求：(1)求电压 u_{ab}；(2)试问 a、b 两点哪点电位高？

1-3　电路如图 1-26 所示，求各元件的功率并判断功率性质。

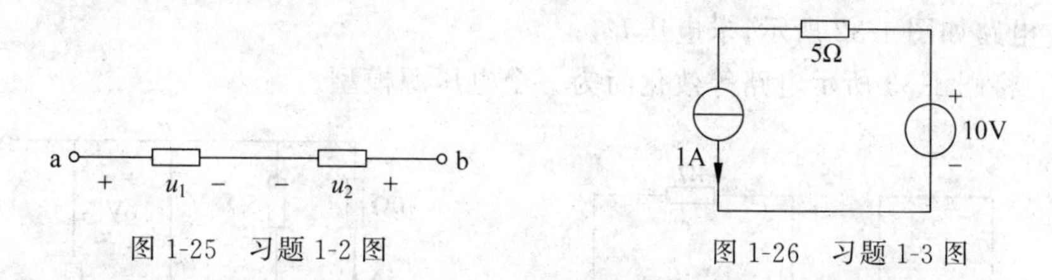

图 1-25　习题 1-2 图　　图 1-26　习题 1-3 图

1-4　电路如图 1-27 所示，在(a)、(b)电路中，分别求：(1)电流 i；(2)电位 V_a、V_b、V_c；(3)电压 u_{ab}、u_{bc}。

1-5　电压、电流的参考方向如图 1-28 所示，写出各元件的 u 和 i 的约束方程。

1-6　求图 1-29 所示电路中的电压 U_{ab}。

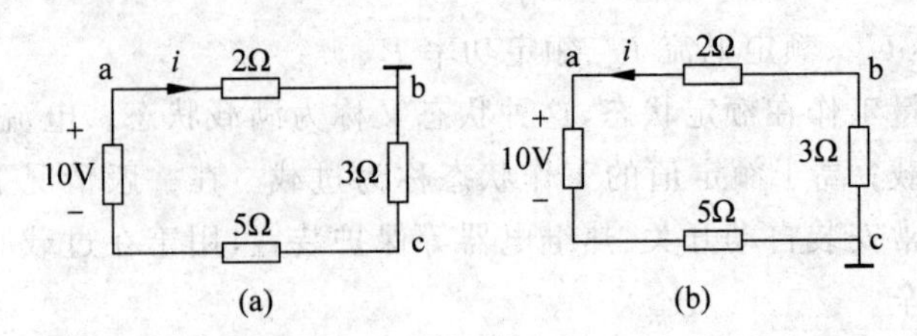

图 1-27　习题 1-4 图

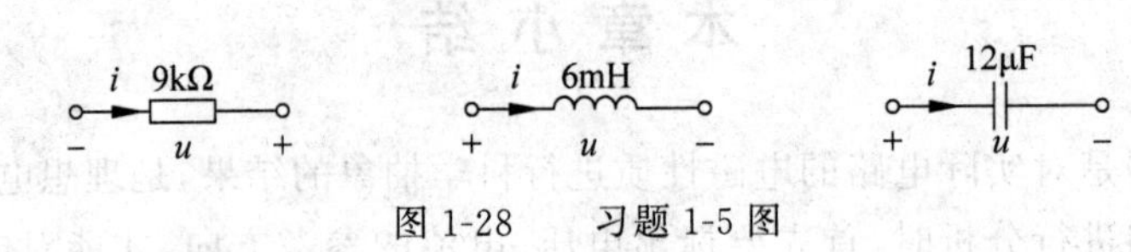

图 1-28　习题 1-5 图

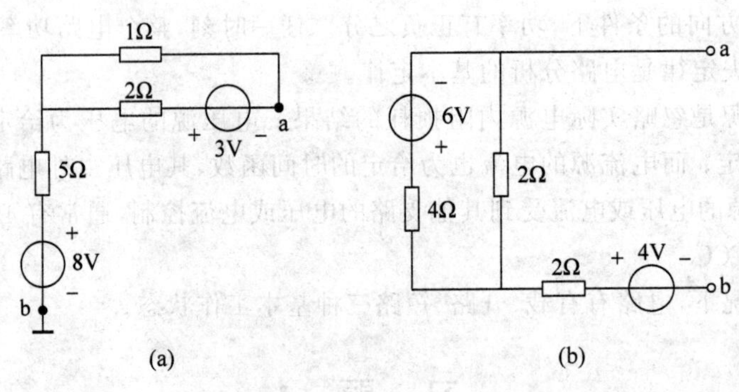

图 1-29　习题 1-6 图

1-7　求图 1-30 所示电路中的电压 U_{ac}、U_{ab} 和电流 I。

1-8　试写出图 1-31 所示各支路中电压与电流的关系。

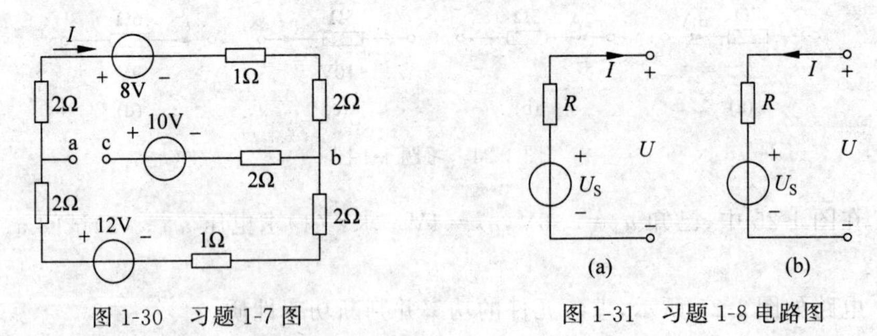

图 1-30　习题 1-7 图　　　　图 1-31　习题 1-8 电路图

1-9　电路如图 1-32 所示，求电压 U。

1-10　将图 1-33 所示电路等效化简为一个电压源模型。

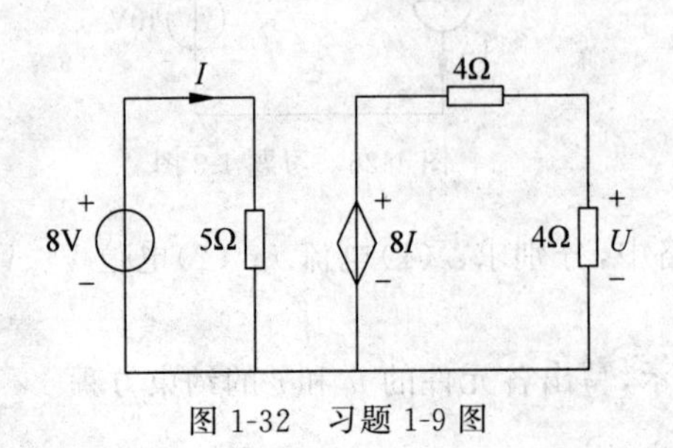

图 1-32　习题 1-9 图

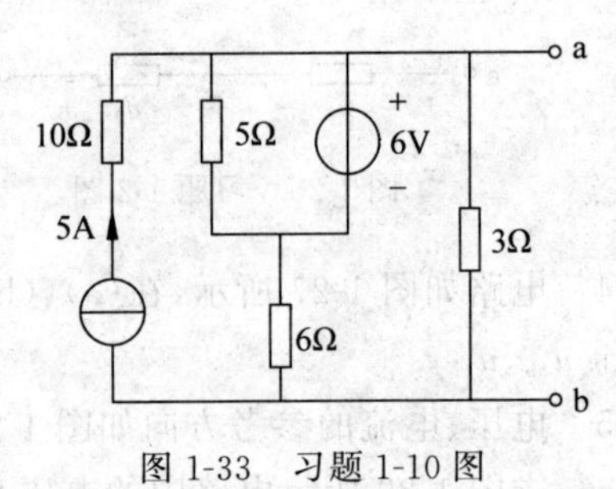

图 1-33　习题 1-10 图

1-11　将图 1-34 所示电路等效化简为一个电流源模型。

1-12　电路如图 1-35 所示，有一直流电源，其额定功率 $P_N=100\text{W}$，额定电压 $U_N=50\text{V}$，内阻 $R_0=0.5\Omega$，负载电阻 R 可以调节，试求：(1)额定工作状态下的电流和负载电阻；(2)开路状态下的电源端电压；(3)电源短路状态下的电流。

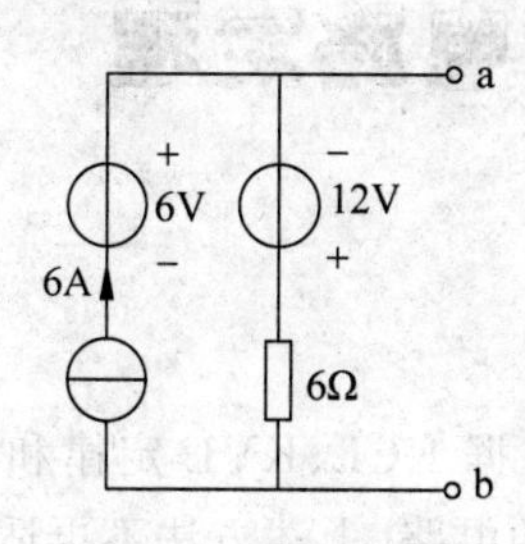

图 1-34　习题 1-11 图

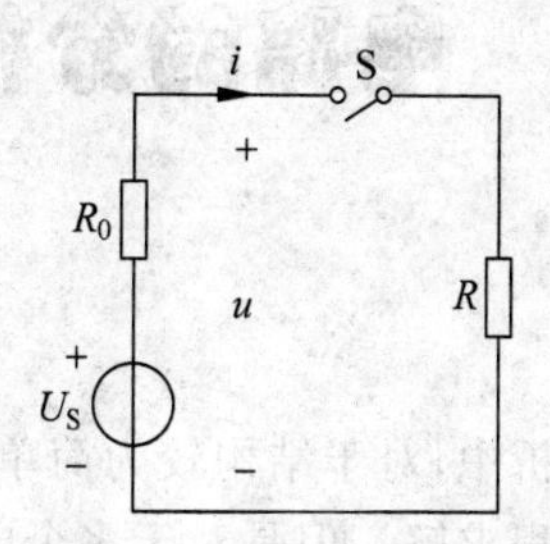

图 1-35　习题 1-12 图

电路的分析方法及电路定理

在电路分析中，对于结构较为简单的电路，可以根据 KCL、KVL 定律和电阻的伏安关系直接列写方程求解。但是对于多个电源、结构复杂的电路，上述方法不再适用。本章介绍的电路分析方法及电路定理就是针对复杂电路常用的一些分析计算方法，其中包括网络的化简、支路电流法、叠加定理和戴维南定理等。

2.1 网络的化简

在电路分析中，常将电路中某部分复杂网络等效变换为一个简单网络，从而使复杂电路的分析变为简单电路的分析，这一过程称为网络的化简。

网络化简必须强调"等效"，就是说，用化简后的简单网络代替原复杂网络后，并不影响原网络以外的电路工作，即它们端口的伏安特性相同。因此，"等效"是指对网络以外的电路等效，相互代替的网络内部并不等效。

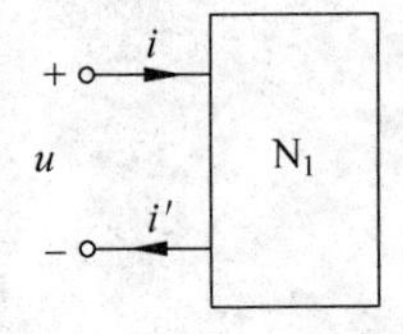

图 2-1 一端口网络

在图 2-1 所示电路中，N_1 是我们研究的整个电路的一部分，可以把这一部分作为一个整体看待。这个整体有两个端子与外部相连时，则被称为二端网络。若二端网络满足从一个端子的流入电流等于从另一个端子的流出电流（$i=i'$），则称该网络为一端口网络。若一端口网络内部不含独立电源，称为无源一端口网络。若一端口网络内部含有独立电源，称为有源一端口网络。

2.1.1 无源一端口网络的化简

由电阻或电阻与受控源组合构成的网络均属于无源一端口网络。

1）电阻网络的等效化简

在图 2-2(a)中，虚线框中由 5 个电阻构成的电路可以用一个电阻 R_{eq} 替代，见图 2-2(b)所示，使整个电路得以简化。进行替代的条件是使图 2-2(a)、(b)中端子 a-b 右侧的部分有相同的伏安特性，电阻 R_{eq} 称为网络的等效电阻。

【例 2-1】 试求图 2-3(a)所示电路的等效电阻 R_{eq}，已知 $R_1=5\Omega$，$R_2=2\Omega$，$R_3=16\Omega$，$R_4=40\Omega$，$R_5=10\Omega$，$R_6=60\Omega$，$R_7=10\Omega$，$R_8=5\Omega$，$R_9=10\Omega$。

解：R_4 和 R_6 并联，其等效电阻为

$$R_{46}=\frac{40\times 60}{40+60}=24(\Omega)$$

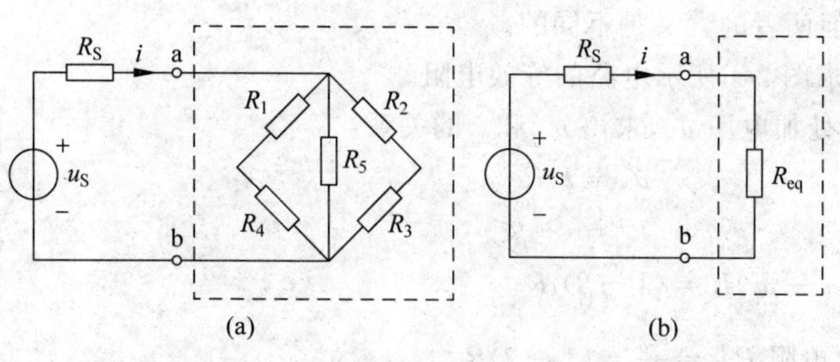

图 2-2　等效电阻

R_7 和 R_9 并联，其等效电阻为

$$R_{79}=\frac{10\times 10}{10+10}=5(\Omega)$$

网络化简如图 2-3(b)所示。

R_8 与 R_{79} 串联，其等效电阻为

$$R_{879}=5+5=10(\Omega)$$

网络化简如图 2-3(c)后，可以看出，R_3 与 R_{46} 串联后再与 R_5 并联、再与 R_2 串联、再与 R_{879} 并联、再与 R_1 串联，得

$$R_{eq}=10\Omega$$

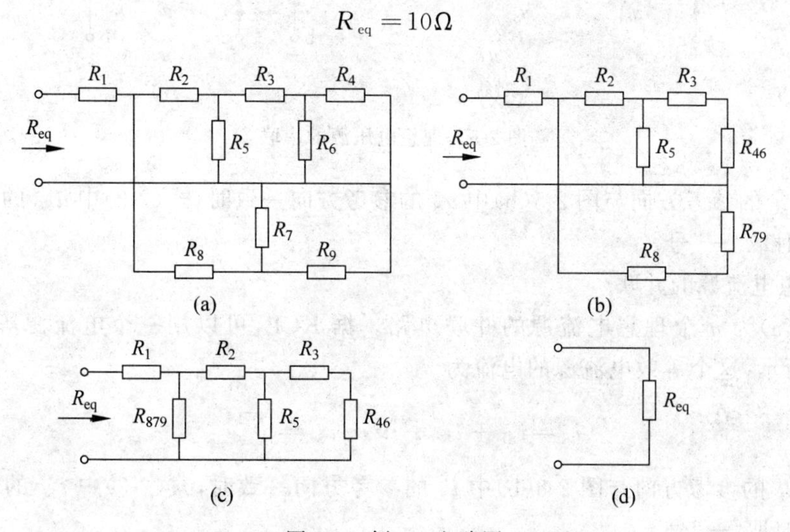

图 2-3　例 2-1 电路图

2）含有受控源网络的等效化简

如果一个无源一端口内部仅含有电阻元件，则应用电阻的串、并联等方法，可以求得它的等效电阻。如果无源一端口内部不仅含有电阻，还含有受控源，则不论端口内部如何复杂，把端口电压与端口电流的比值定义为一端口的输入电阻，即

$$R_{in}\overset{\text{def}}{=\!=\!=}\frac{u}{i}\tag{2-1}$$

端口的输入电阻在数值上与端口的等效电阻相等，所以，可以根据式(2-1)测量一个网络的等效电阻，这种求端口输入电阻的方法称为电压电流法。即在端口加以电压源 u_S，然后求出端口电压与端口电流的比值即为等效电阻。端口的输入电阻在数值上尽管与端口的

等效电阻相等，但两者的含义是不同的。

【例 2-2】 求图 2-4 所示电路的等效电阻。

解：在端口处加电压 u_S，求出 u_S 和 i 的关系：

$$u_S = I_1 R$$

$$I_1 = i - \beta i$$

所以 $u_S = (i - \beta i)R = (1-\beta)iR$。

端口的输入电阻 $R_{eq} = \dfrac{u_S}{i} = (1-\beta)R$。

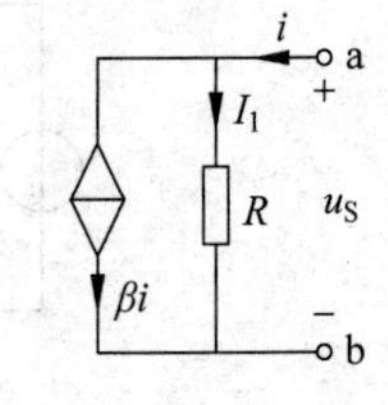

图 2-4 例 2-2 电路图

2.1.2 有源一端口网络的化简

1）理想电压源的串联

图 2-5(a)为 n 个理想电压源的串联电路。根据 KVL 定律，可以用一个电压源等效替代，如图 2-5(b)所示，这个等效电压源的电压为

$$u_S = u_{S1} + u_{S2} + \cdots + u_{Sn} = \sum_{k=1}^{n} u_{Sk} \tag{2-2}$$

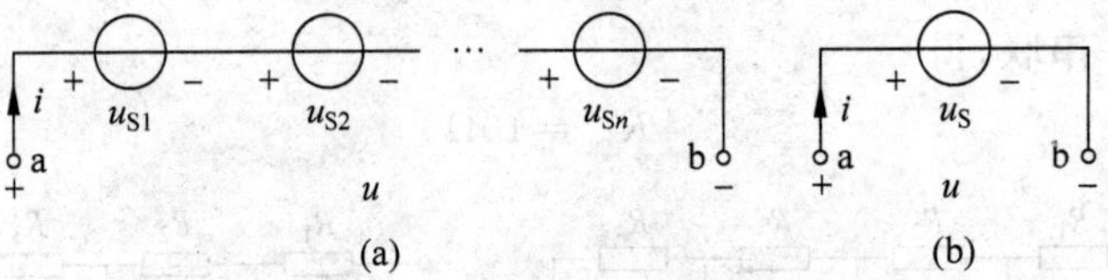

图 2-5 理想电压源的串联

如果 u_{Sk} 的参考方向与图 2-5(b)中 u_S 的参考方向一致时，式(2-2)中 u_{Sk} 的前面取"+"号，不一致时取"−"号。

2）理想电流源的并联

图 2-6(a)为 n 个理想电流源的并联电路。据 KCL，可以用一个电流源等效替代，如图 2-6(b)所示，这个等效电流源的电流为

$$i_S = i_{S1} + i_{S2} + \cdots + i_{Sn} = \sum_{k=1}^{n} i_{Sk} \tag{2-3}$$

如果 i_{Sk} 的参考方向与图 2-6(b)中 i_S 的参考方向一致时，式(2-3)中 i_{Sk} 的前面取"+"号，不一致时取"−"号。

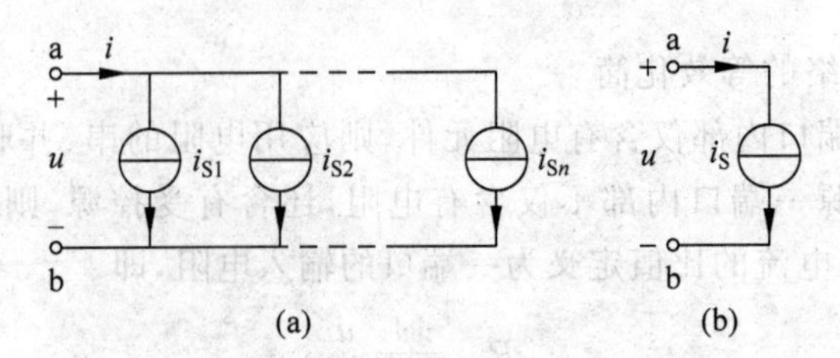

图 2-6 理想电流源的并联

注意：只有电压相等、极性一致的理想电压源才允许并联，否则违背 KVL 定律。其等效电路为其中任一理想电压源，但是这个并联组合向外部提供的电流在各个理想电压源之

间如何分配则无法确定。

同理，只有电流相等且方向一致的电流源才允许串联，否则违背 KCL 定律。其等效电路为其中任一理想电流源，但是这个串联组合的总电压如何在各个理想电流源之间分配则无法确定。

3）理想电源的等效变换

任意元件或支路与电压源并联时，对端口电压无影响，如图 2-7(a)所示。根据等效变换的条件，图 2-7(a)电路可以等效变换为图 2-7(b)电路。也就是说，电压源与任何元件或支路并联时，可等效为电压源。

同理，任意元件或支路与电流源串联时，对端口电流无影响，如图 2-8(a)所示。根据等效变换的条件，图 2-8(a)电路可以等效变换为图 2-8(b)电路。也就是说，电流源与任何元件或支路串联时，可等效为电流源。

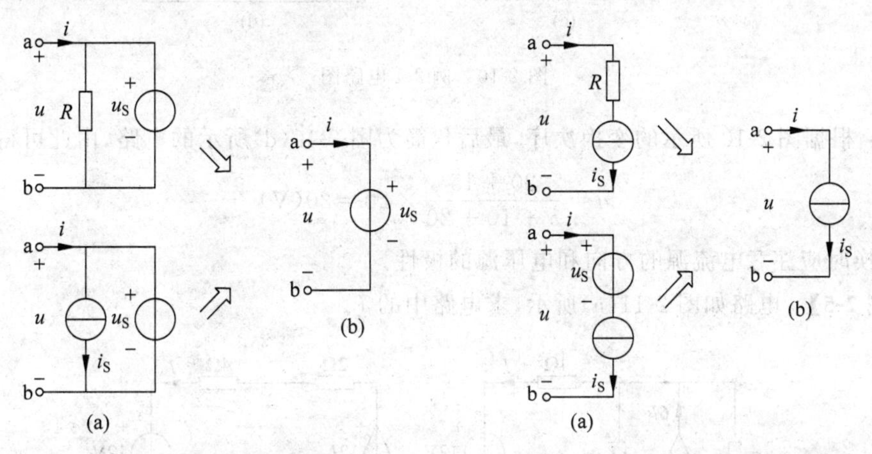

图 2-7　理想电压源与支路的并联　　　　图 2-8　理想电流源与支路的串联

【例 2-3】　试求图 2-9(a)所示电路的最简等效电路。

解：由图 2-9(a)，9V 电压源与 2Ω 电阻和 10A 电流源的并联，等效为 9V 电压源，如图 2-9(b)所示；3A 电流源与 9V 电压源和 6Ω 电阻的串联，等效为 3A 的电流源，如图 2-9(c)所示。

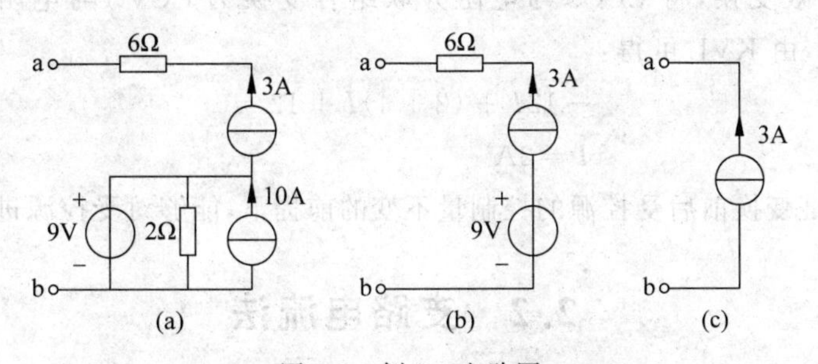

图 2-9　例 2-3 电路图

4）实际电源模型的等效互换

利用 1.4 节介绍的实际电源模型的等效互换，可将复杂的有源二端网络化简为简单的有源二端网络。

【例 2-4】 试用电源等效变换计算图 2-10(a)中 20Ω 电阻上的端电压 u。

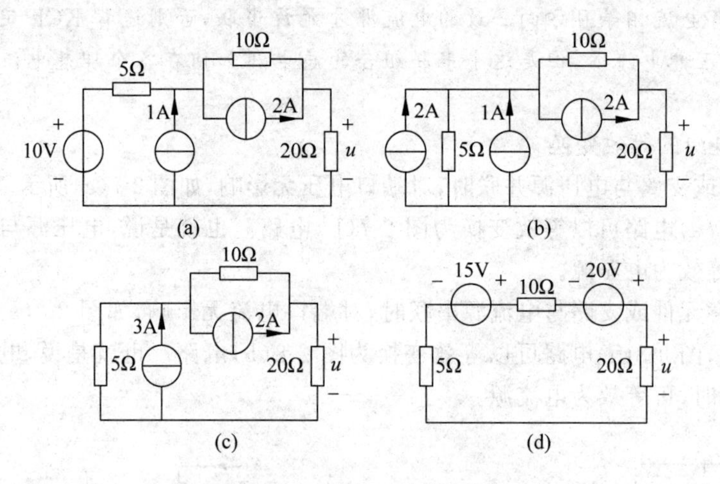

图 2-10 例 2-4 电路图

解：根据图 2-10 所示的变换次序，最后化简为图 2-10(d)所示的电路，由此可得

$$u=\frac{20+15}{5+10+20}\times 20=20(\mathrm{V})$$

变换时应注意电流源的方向和电压源的极性。

【例 2-5】 电路如图 2-11(a)所示，求电路中的 I。

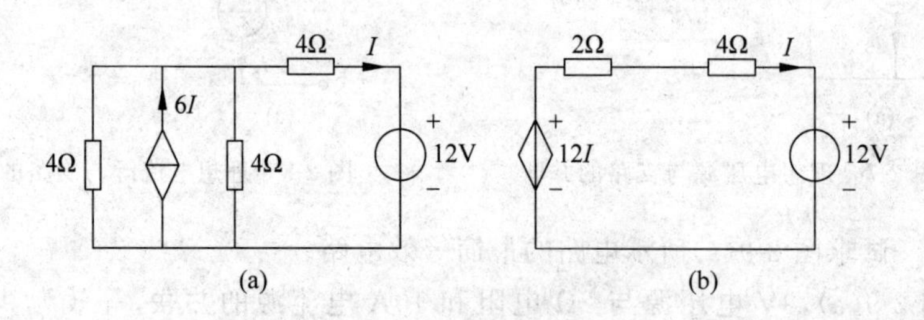

图 2-11 例 2-5 电路图

解：根据等效变换，将 CCCS 与电阻并联组合变换为 CCVS 与电阻串联的组合，如图 2-11(b)所示，由 KVL 可得：

$$-12I+(2+4)I+12=0$$

$$I=2\mathrm{A}$$

因此，在保证变换前后受控源的控制量不变的前提下，能够对受控源进行等效变换。

2.2 支路电流法

基尔霍夫定律是分析电路的基本定律。但是，盲目地列写 KCL、KVL 方程不一定能完善地解决问题，这里涉及 KCL、KVL 方程独立性的问题。下面先研究这个问题。

在图 2-12 所示电路中，为了简便，这里把电压源 u_{S1} 与电阻 R_1 的串联、电压源 u_{S2} 与电阻 R_2 的串联、电阻 R_3 分别视为一条支路，则该电路有两个节点和 3 条支路。对于这两个节点可列出两个电流方程：

节点1　　$i_1+i_2-i_3=0$

节点2　　$i_3-i_2-i_1=0$

以上两个方程中，每一支路电流都出现两次，一次为正，一次为负。因此，这两个方程只有一个是独立的。这个结果可推广到一般情形：在含有 n 个节点的电路中，独立的 KCL 方程可列写 $n-1$ 个。

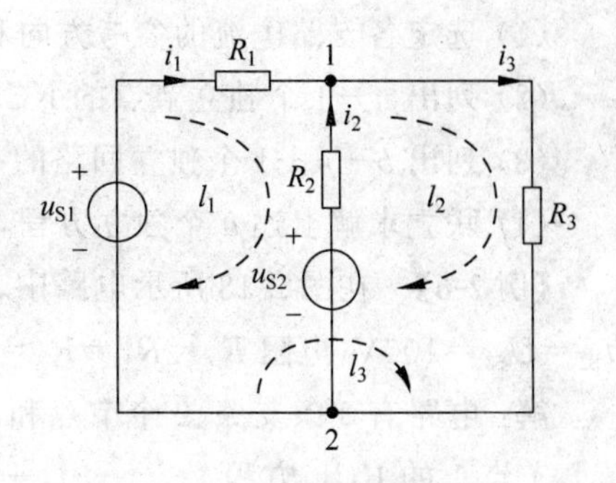

图 2-12　简单电路

观察图 2-12 中的两个回路 l_1 和 l_2，按照所设定的回路绕行方向，可列 KVL 方程为

回路 l_1　　$i_1R_1-i_2R_2+u_{S2}-u_{S1}=0$　　(2-4)

回路 l_2　　$i_3R_3+i_2R_2-u_{S2}=0$　　(2-5)

回路 l_3　　$i_1R_1+i_3R_2-u_{S1}=0$　　(2-6)

观察可知，方程(2-6)可由方程(2-4)和方程(2-5)相加得到，所以方程(2-6)不是独立的，而方程(2-4)和方程(2-5)是互相独立的，也就是说，该电路的两个网孔所对应的 KVL 方程是互相独立的。

一般而言，如果电路有 b 条支路、n 个节点，则独立的 KVL 方程数为 $m=b-n+1$ 个。这 $b-n+1$ 个回路称为独立回路。在平面上，没有任何支路相互交叉的平面电路中，网孔数恰等于 $b-n+1$ 个，这些网孔也称为独立网孔。

归纳起来，对于有 n 个节点和 b 条支路的电路一定有 $n-1$ 个独立的 KCL 方程，$b-n+1$ 个独立的 KVL 方程。联立求解这些方程，可得各支路电流和电压。

支路电流法是以支路电流为未知量，通过列写电路独立的 KCL 和 KVL 方程来求解电路的方法。现以图 2-12 所示电路为例说明具体方法。

若把流过同一电流的串联元件作为一条支路，在图 2-12 中共有三条支路和两个节点。若选节点 2 为参考点，则对节点 1 有一个独立的 KCL 方程，即

$$i_1+i_2-i_3=0$$

选独立回路 l_1 和 l_2，并按 l_1 和 l_2 的绕行方向可列两个独立的 KVL 方程。电阻上电压与其电流取关联参考方向，当元件电压与绕行方向一致时取正，反之取负。从而有

$$i_1R_1-i_2R_2+u_{S2}-u_{S1}=0$$

$$i_2R_2+i_3R_3-u_{S2}=0$$

与电流方程联立，得方程组：

$$\begin{cases}i_1+i_2-i_3=0\\ i_1R_1-i_2R_2+u_{S2}-u_{S1}=0\\ i_2R_2+i_3R_3-u_{S2}=0\end{cases}\tag{2-7}$$

式(2-7)即为以支路电流 i_1、i_2 和 i_3 为求解变量的一组独立方程，其中电阻上电压按欧姆定律代入。若电源和电阻参数为已知量，从而可解得各支路电流。各支路电流求解出来后，各支路对应的电压、功率也就迎刃而解了。

由此可得出支路电流法的一般步骤如下。

(1) 选定各支路电流的参考方向和独立回路的绕行方向。

(2) 列出 $n-1$ 个独立节点的 KCL 方程。

(3) 列出 $b-n+1$ 个独立回路的 KVL 方程。

(4) 联立求解上述 b 个独立方程,得待求的支路电流,进而求出其他所需量。

【例 2-6】 在图 2-13 所示电路中,试用支路电流法求电流 I_1、I_2、I_3。已知 $U_{S1}=220V$,$U_{S2}=U_{S3}=100V$,电阻 $R_1=R_2=R_3=10\Omega$。

解:电路有 3 条支路、2 个节点和 2 个网孔。

节点 1 的 KCL 方程: $I_1+I_2+I_3=0$

回路 l_1 的 KVL 方程: $I_1R_1-I_2R_2+U_{S2}-U_{S1}=0$

回路 l_2 的 KVL 方程: $I_2R_2-I_3R_3+U_{S3}-U_{S2}=0$

代入数值联立求解,可得 $I_1=8A$,$I_2=I_3=-4A$

【例 2-7】 在图 2-14 中,$i_S=10A$,$u_S=6V$,$R_1=R_2=2\Omega$,求 i_1、i_2 和 u。

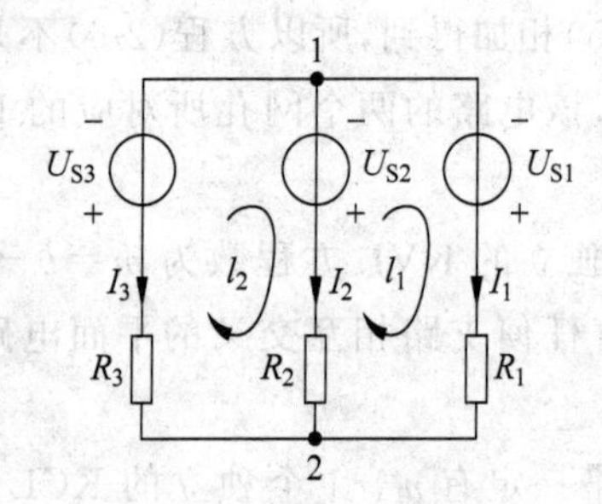

图 2-13 例 2-6 电路图

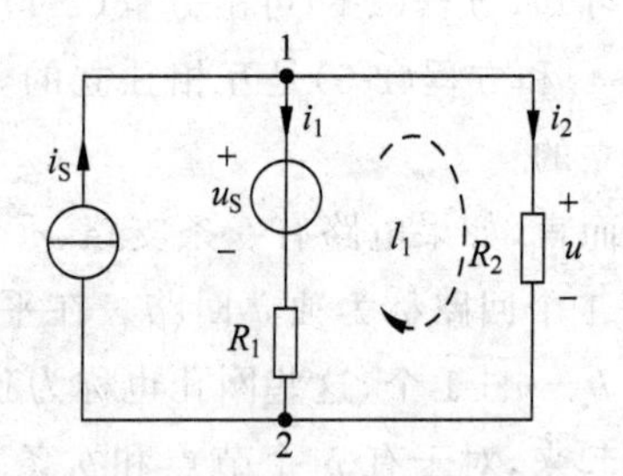

图 2-14 例 2-7 电路图

解:此电路有 3 条支路,2 个节点,即 $n=2$,$b=3$。

节点 1 $i_2+i_1=i_S$

回路 l_1 $i_2R_2-i_1R_1=u_S$

解方程,得 $i_1=3.5A$ $i_2=6.5A$

由欧姆定律得 $u=i_2R_2=6.5\times2=13(V)$

由此题可以看出,当电路中某一支路含有电流源时,可少列写一个 KVL 方程,且在列写 KVL 方程时要避开电流源。

用支路电流法求解电路时,对于支路数较多的电路,所列的联立方程就较多,不便求解,这时可选用其他方法。

2.3 节点电压法

电路中各节点之间的电压称为节点电压。以节点电压为变量的电路分析方法称为节点电压法。对于多条支路而又只有两个节点的复杂电路,当各电压源电压、电阻已知时,如果能求出两节点之间的电压,那么各支路电流很容易用欧姆定律计算出来,比用支路电流法求解要方便得多。这里仅讨论用节点电压法分析只有两个节点的电路。

图 2-15 所示电路只有两个节点,设节点电压为 U_{ab},选定图中所示电流参考方向,则各

支路电流为

$$I_1=\frac{U_{S1}-U_{ab}}{R_1}\quad I_2=\frac{U_{ab}+U_{S2}}{R_2}\quad I_3=\frac{U_{ab}}{R_3}\tag{2-8}$$

由 KCL 定律，在节点 a，有

$$I_1=I_2+I_3\tag{2-9}$$

将式(2-9)代入式(2-8)，得

$$U_{ab}=\frac{\dfrac{U_{S1}}{R_1}-\dfrac{U_{S2}}{R_2}}{\dfrac{1}{R_1}+\dfrac{1}{R_2}+\dfrac{1}{R_3}}=\frac{\sum\dfrac{U_S}{R}}{\sum\dfrac{1}{R}}$$

上式称为弥尔曼公式。式中分母为两节点之间各支路的电阻倒数之和；分子为各支路理想电压源与本支路电阻相除后的代数和。当理想电压源与节点电压的参考方向一致时取“+”号，相反时取“−”号。

【例 2-8】 试用节点电压法求图 2-16 所示电路中各支路的电流。

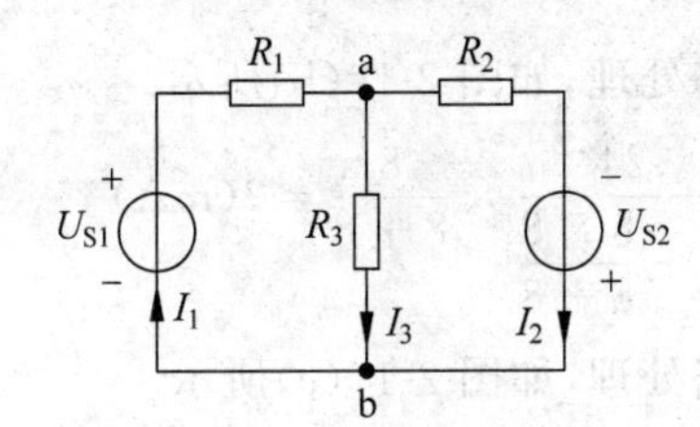

图 2-15　两节点电路

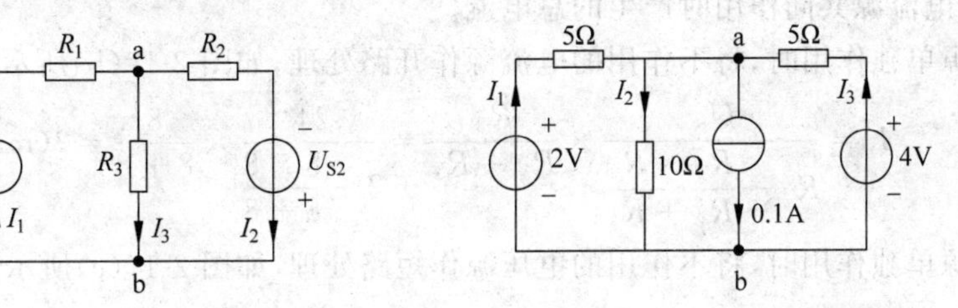

图 2-16　例 2-8 电路图

解：

$$U_{ab}=\frac{\dfrac{2}{5}+\dfrac{4}{5}-0.1}{\dfrac{1}{5}+\dfrac{1}{5}+\dfrac{1}{10}}=\frac{1.1}{0.5}=2.2(\mathrm{V})$$

$$I_1=\frac{2-U_{ab}}{5}=\frac{2-2.2}{5}=-0.04(\mathrm{A})$$

$$I_2=\frac{U_{ab}}{10}=\frac{2.2}{10}=0.22(\mathrm{A})$$

$$I_3=\frac{4-U_{ab}}{5}=\frac{4-2.2}{5}=0.36(\mathrm{A})$$

2.4　叠加定理

叠加定理是线性电路分析的基本方法之一，可描述为：在线性电路中，如果有多个独立电流源同时作用，那么它们在任一支路中产生的电流(或电压)等于各个独立电源分别单独作用时在该支路中产生的电流(或电压)的代数和。

叠加定理的分析步骤如下。

(1) 将原电路分解成每个独立电源单独作用的电路，并标出各支路电流、电压的参考方向。

(2) 对各个独立电源单独作用的电路分别进行求解。

(3) 对结果进行叠加(求代数和)。

【例 2-9】 电路如图 2-17(a)所示，$R_1=2\text{k}\Omega$，$R_2=R_3=8\text{k}\Omega$，$U_S=24\text{V}$，$I_S=6\text{mA}$，应用叠加定理求 I。

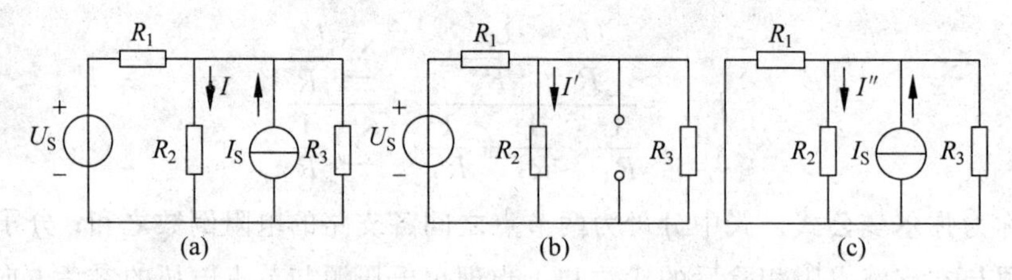

图 2-17　例 2-9 电路图

解：根据叠加定理，先分别求出电压源、电流源分别单独作用时产生的电流，再叠加得到电压源、电流源共同作用时产生的总电流。

电压源单独作用时，将不作用的电流源作开路处理，如图 2-17(b)所示。

$$I'=\frac{U_S}{R_1+\dfrac{R_2\times R_3}{R_2+R_3}}\times\frac{R_3}{R_2+R_3}=\frac{24}{2+\dfrac{8\times 8}{8+8}}\times\frac{8}{8+8}=2(\text{mA})$$

电流源单独作用时，将不作用的电压源作短路处理，如图 2-17(c)所示。

$$I''=\frac{\dfrac{1}{R_2}}{\dfrac{1}{R_1}+\dfrac{1}{R_2}+\dfrac{1}{R_3}}\times I_S=\frac{\dfrac{1}{8}}{\dfrac{1}{2}+\dfrac{1}{8}+\dfrac{1}{8}}\times 6=1(\text{mA})$$

根据叠加定理，电压源、电流源共同作用时，电路中的电流

$$I=I'+I''=2+1=3(\text{mA})$$

应用叠加定理时要注意的问题如下。

(1) 叠加定理只适用于线性电路，不适用于非线性电路。

(2) 独立电源可以作为激励源，受控源不能作为激励源。

(3) 在叠加的各分电路中，置零的独立电压源用短路代替，置零的独立电流源用开路代替，受控源保留在各分电路中，但其控制量和被控制量都有所改变。

(4) 功率不是电压或电流的一次函数，因此不能用叠加定理计算。

(5) 叠加(求代数和)时以原电路中电压(或电流)的参考方向为准，若某个独立电压单独作用，电压(或电流)的参考方向与原电路中电压(或电流)的参考方向一致时，取“+”，不一致时取“−”。

2.5　戴维南定理和诺顿定理

利用前面介绍的几种电路分析方法，可以求出一个复杂电路中的全部未知电流或电压，但在许多实际问题中，往往只需要求出其中一个支路(或元件)的电流或电压，在这种情况

下，可以考虑等效电源定理。等效电源定理有两种，即戴维南定理和诺顿定理。

2.5.1 戴维南定理

在图 2-18(a)所示电路中，若只求支路电流 I_3，可以把这个电路划分为两部分，一部分是待求支路(R_3 支路)，另一部分是有源二端网络，如图 2-18(b)所示。

假若有源二端网络能够化简为一个等值的电压源，即能够化简为一个恒压源 U_{OC} 和一个内阻 R_{eq} 相串联的电路，则复杂电路就变成一个电压源与待求支路相串联的简单电路，如图 2-18(c)所示，戴维南定理即可解决这个问题。

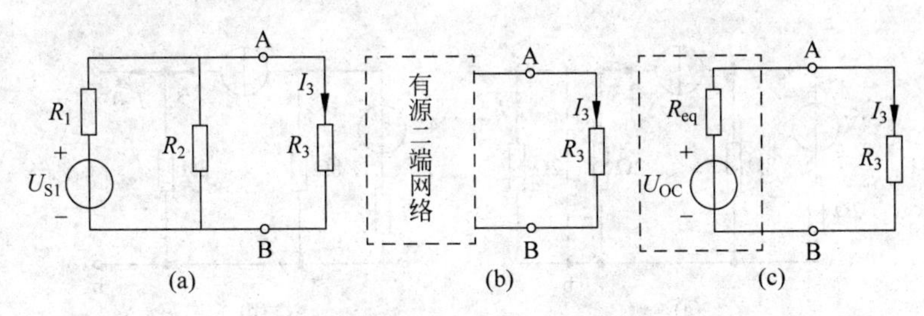

图 2-18　戴维南定理

戴维南定理指出：任何一个线性有源两端网络对外电路的作用都可以用一个理想电压源 U_{OC} 与电阻 R_{eq} 的串联来代替，其中 U_{OC} 等于该有源二端网络的开路电压，R_{eq} 等于该有源二端网络中所有独立电源置零后的等效电阻。含源二端网络的电压源和电阻串联的等效电路(等效电源)称作戴维南等效电路。

应该注意的是，用一个电压源等效代替有源二端网络，只是指它们对外电路的作用等效，它们对内电路的电流、电压、功率一般并不等值。

如果只需要计算复杂电路中某一条支路的电流，应用戴维南定理是很方便的。用戴维南定理求解电路的一般步骤如下。

(1) 将待求支路断开，得到一个有源二端网络。

(2) 求出有源二端网络的开路电压 U_{OC}。

(3) 将有源二端网络中的全部电源置零(电压源视为短路，电流源视为开路)，求出其等效电阻 R_{eq}。

(4) 画出由开路电压、等效电阻及待求支路组成的戴维南等效电路图，计算待求电流。

【例 2-10】 求如图 2-19(a)所示电路的戴维南等效电路。

解：由图 2-19(a)所示电路可得开路电压 u_{OC} 为

$$u_{OC}=\frac{20-2}{3+6}\times 6+2=14(\text{V})$$

将图 2-19(a)电路中的所有独立电源置零，得到无源二端网络，如图 2-19(b)所示。从而求得等效电阻为

$$R_{eq}=6//3+2=4(\Omega)$$

画出戴维南等效电路，如图 2-19(c)所示。

【例 2-11】 应用戴维南定理求图 2-20(a)所示电路的电流 I。

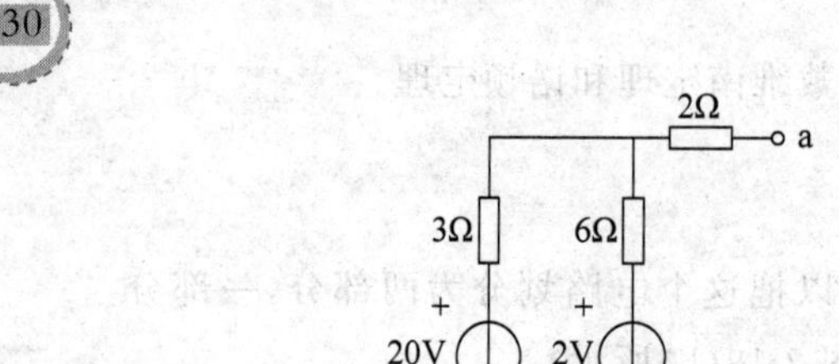

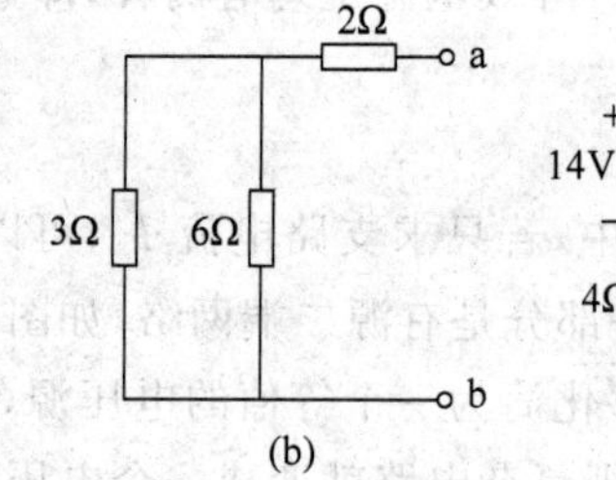

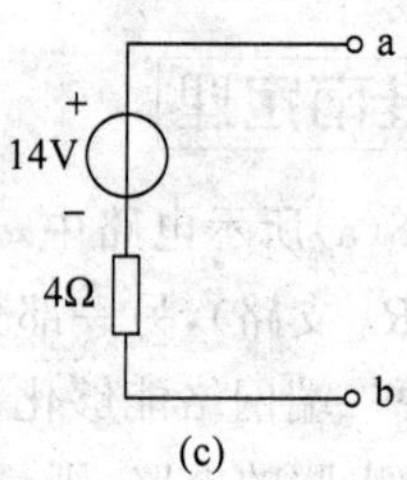

图 2-19　例 2-10 电路图

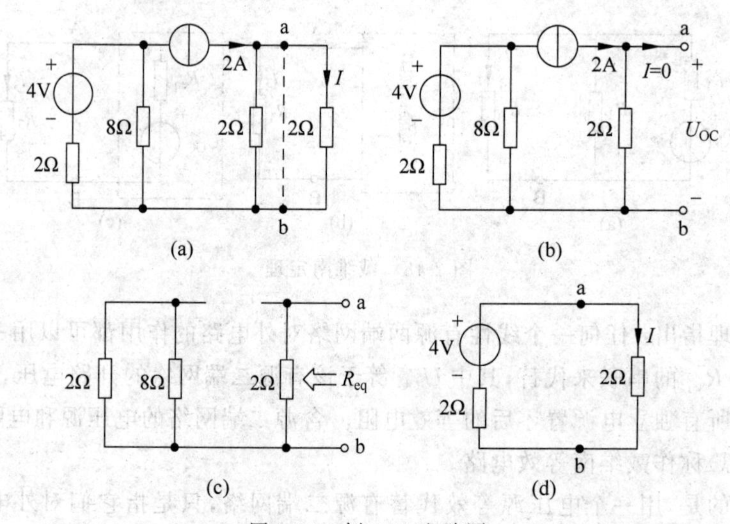

图 2-20　例 2-11 电路图

解：(1) 求开路电压 U_{OC}

将待求支路从 a、b 两端取出，画出求开路电压 U_{OC} 的电路图，如图 2-20(b)所示，则

$$U_{OC} = 2 \times 2 = 4(\mathrm{V})$$

(2) 求等效电阻 R_{eq}

将图 2-20(b)中的电压源和电流源置零，画出求等效电阻 R_{eq} 的电路图，如图 2-20(c)所示，得

$$R_{eq} = 2\Omega$$

(3) 求电流 I

画出图 2-20(d)戴维南等效电路图，将待求支路接入 a、b 两端，得

$$I = \frac{4}{2+2} = 1(\mathrm{A})$$

2.5.2 诺顿定理

诺顿定理指出：任何一个线性有源二端网络，对外电路的作用都可以用理想电流源 i_{SC} 与一个电阻 R_{eq} 并联的组合等效代替，其中 i_{SC} 等于该有源二端网络的短路电流，R_{eq} 等于该有源二端网络中所有独立电源置零后的等效电阻，其中 $i_{SC} = \frac{u_{OC}}{R_{eq}}$。如图 2-21(b)为诺顿

等效电路。

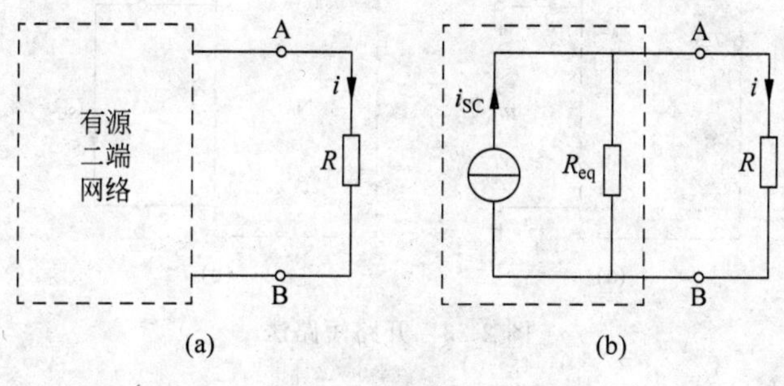

图 2-21　诺顿定理

【例 2-12】　用诺顿定理求图 2-22(a)所示电路中流过 10Ω 电阻的电流 i。

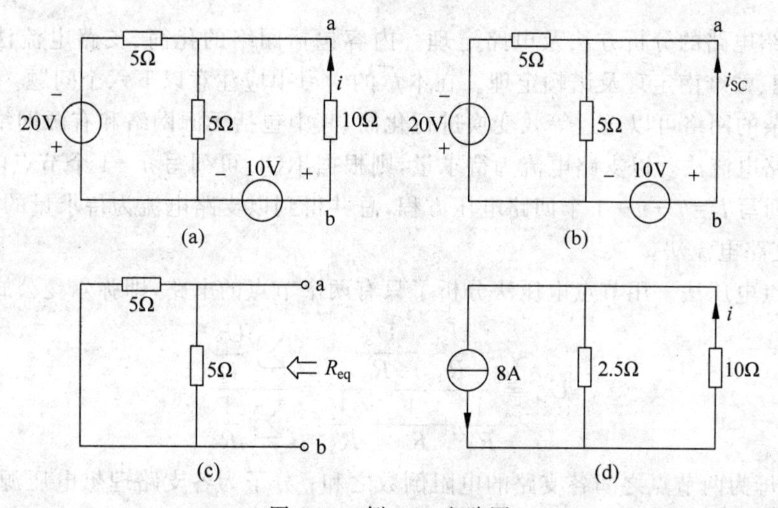

图 2-22　例 2-12 电路图

解：(1) 把 10Ω 电阻去掉，如图 2-22(b)所示，求短路电流 i_{SC}，由叠加定理可得

$$i_{SC}=\frac{20}{5}+\frac{10}{5//5}=4+4=8(\mathrm{A})$$

(2) 求等效电阻 R_{eq}，将电压源置零，如图 2-22(c)所示，可得

$$R_0=\frac{5\times5}{5+5}=2.5(\Omega)$$

(3) 诺顿等效电路如图 2-22(d)所示，则

$$i=8\times\frac{2.5}{10+2.5}=1.6(\mathrm{A})$$

需要注意的是，有源二端网络 N_0 的开路电压 u_{OC} 和短路电流 i_{SC} 的参考方向对外电路应一致，如图 2-23 所示，网络的等效电阻 $R_{eq}=\frac{u_{OC}}{i_{SC}}$。此方法适用于任何线性电阻电路，尤其适用于含有受控源的有源二端网络的等效电阻的计算。在求 u_{OC} 和 i_{SC} 时，N_0 内所有独立源均应保留，这种方法称为开路短路法。

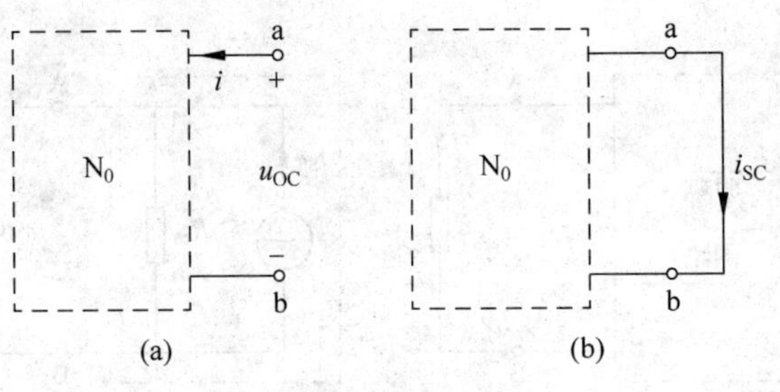

图 2-23　开路短路法

本章小结

本章介绍电路的分析方法及电路定理。内容包括网络的化简、支路电流法、节点电压法、叠加定理、戴维南定理及诺顿定理。在本章的学习中应注意以下六个问题。

(1) 复杂的网络可以通过等效变换进行化简,其中包括无源网络和有源网络的化简。

(2) 支路电流法。以支路电流为待求量,则根据 KCL 可列写 $n-1$ 个节点电流方程,根据 KVL 可列写 $l=b-n+1$ 个回路电压方程,总共得到以支路电流为待求量的 b 个独立方程,这就是支路电流法。

(3) 节点电压法。用节点电压法分析了只有两个节点的电路,即弥尔曼公式:

$$U_{ab}=\frac{\frac{U_{S1}}{R_1}-\frac{U_{S2}}{R_2}}{\frac{1}{R_1}+\frac{1}{R_2}+\frac{1}{R_3}}=\frac{\sum\frac{U_S}{R}}{\sum\frac{1}{R}}$$

式中分母为两节点之间各支路的电阻倒数之和;分子为各支路理想电压源与本支路电阻相除后的代数和。当理想电压源与节点电压的参考方向一致时取"+"号,相反时取"−"号。

(4) 叠加定理。在线性电路中,若有 n 个独立电源同时作用在某一支路上所产生的电流或电压,等于各个独立电源单独作用(此时其他独立源均为零值)时,在该支路上所产生的电流或电压的代数和,叠加定理只适用于线性电路。

(5) 戴维南定理。任何线性有源二端网络,总可以用电压源与电阻的串联支路来等效替代。电压源的电压等于原有源二端网络的开路电压;串联电阻等于原有源二端网络所有独立电源置零时在其端口所得的等效电阻。

(6) 诺顿定理。任何线性有源二端网络,总可以用电流源与电阻的并联组合来等效。电流源的电流等于原有源二端网络在端口处的短路电流;其并联电阻等于原有源二端网络所有独立电源置零时在其端口所得的等效电阻。

习　题　2

2-1　试求图 2-24 所示网络的等效电阻。

2-2　试求图 2-25 所示网络的等效电阻。

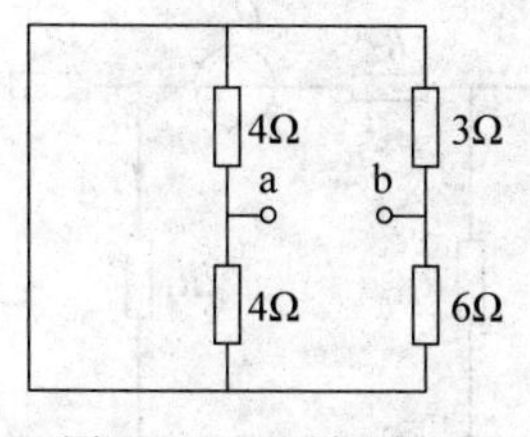

图 2-24 习题 2-1 图

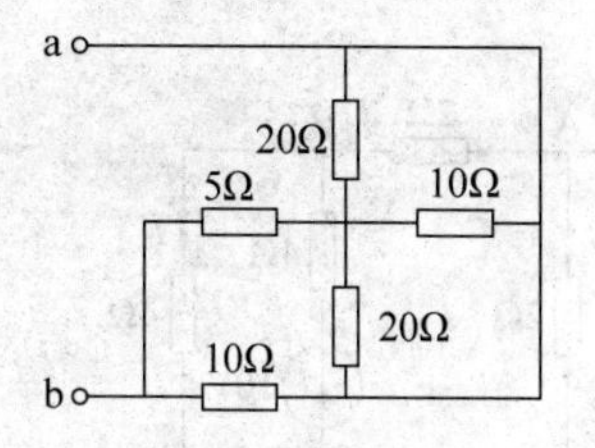

图 2-25 习题 2-2 图

2-3 求图 2-26 所示电路的等效电流源模型。

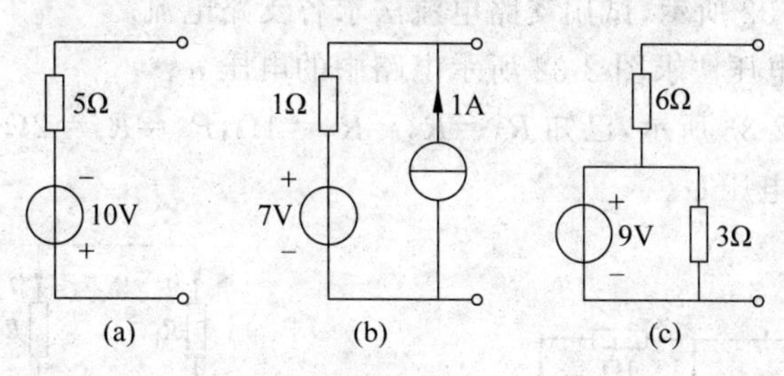

图 2-26 习题 2-3 图

2-4 图 2-27 所示电路的等效电压源模型。

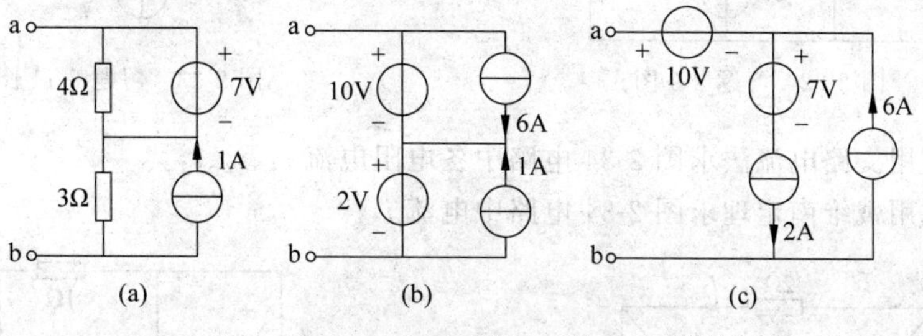

图 2-27 习题 2-4 图

2-5 试用等效变换法计算图 2-28 中 16Ω 电阻吸收的功率。

2-6 电路如图 2-29 所示，试用电源的等效变换求电压 u。

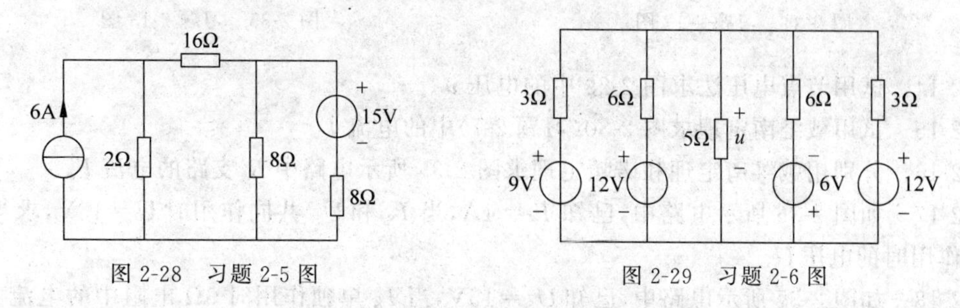

图 2-28 习题 2-5 图　　图 2-29 习题 2-6 图

2-7 如图 2-30 所示电路，试用电源的等效变换法求电流 I。

2-8 如图 2-31 所示电路，试用电源的等效变换法求电流 i。已知 $I_{S1}=1A, U_{S2}=U_{S4}=1V, R_1=R_2=R_3=R_4=1\Omega$。

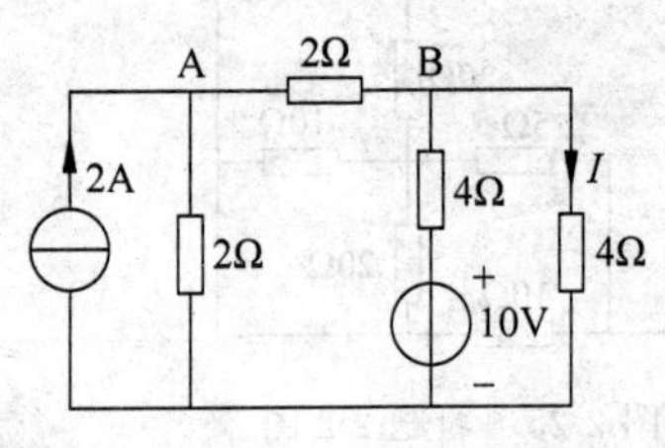

图 2-30 习题 2-7 图

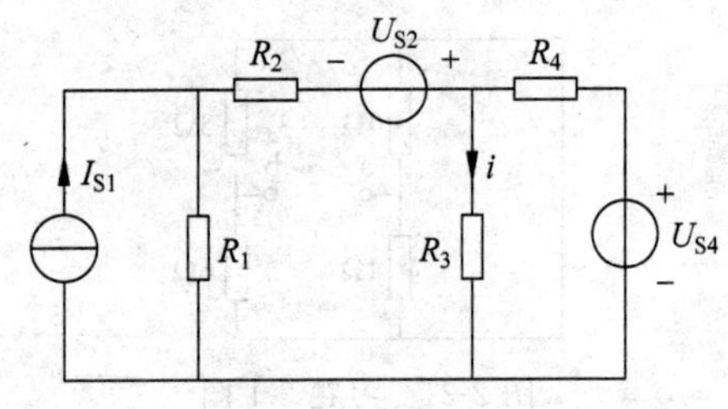

图 2-31 习题 2-8 图

2-9 电路如图 2-32 所示，试用支路电流法求各支路电流。

2-10 试用节点电压法求图 2-32 所示电路中的电压 u。

2-11 电路如图 2-33 所示，已知 $R_1=R_2=R_3=1\Omega$，$R_4=R_5=2\Omega$，$i_S=1\text{A}$，试用支路电流法求各支路电流和电压 U。

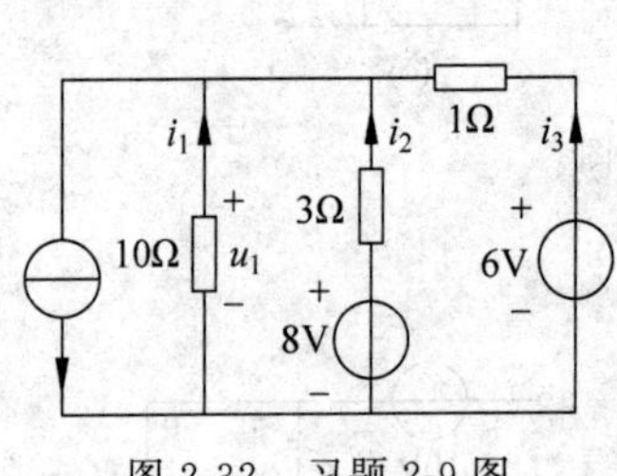

图 2-32 习题 2-9 图

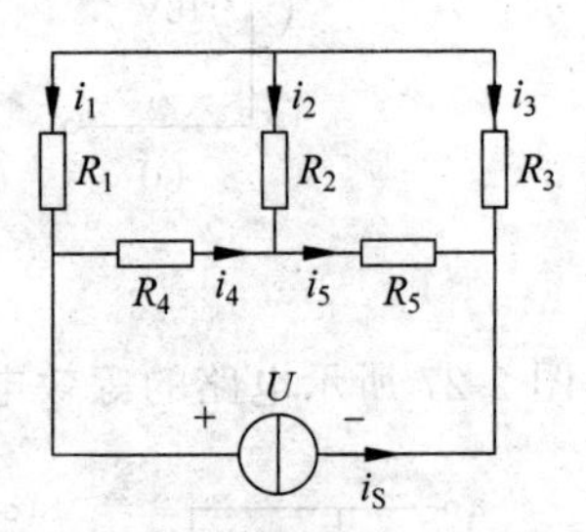

图 2-33 习题 2-11 图

2-12 试用支路电流法求图 2-34 电路中各电阻电流 i_1、i_2、i_3。

2-13 试用戴维南定理求图 2-34 电路中电流 i_3。

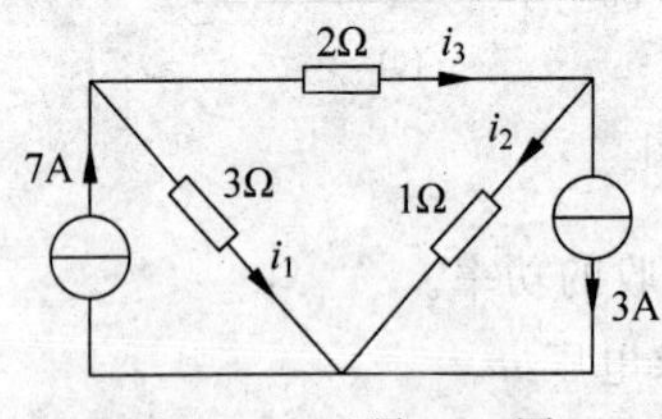

图 2-34 习题 2-12 图

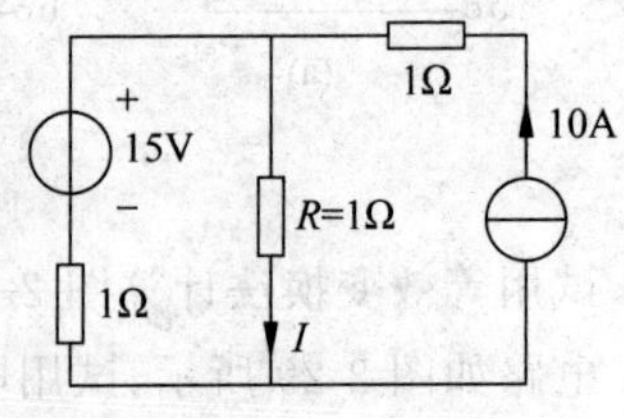

图 2-35 习题 2-13 图

2-14 试用节点电压法求图 2-29 中的电压 u。

2-15 试用戴维南定理求图 2-30(习题 2-7)中的电流 I。

2-16 分别用戴维南定理和诺顿定理求图 2-35 所示电路中 R 支路的电流 I。

2-17 如图 2-36 所示电路中，已知 $I_S=4\text{A}$，当 I_S 和 U_S 共同作用时 $U=16\text{V}$，求当 U_S 单独作用时的电压 U。

2-18 如图 2-37 所示电路中，已知 $U_S=15\text{V}$，当 I_S 单独作用时 3Ω 电阻中的电流 $I_1=2\text{A}$。当 I_S 和 U_S 共同作用时，2Ω 电阻中的电流 I 为多少？

2-19 试用戴维南定理求图 2-38 所示电路中的电流 I。已知 $U_S=10\text{V}$，$I_S=2\text{A}$，$R_1=R_2=R_3=10\Omega$。

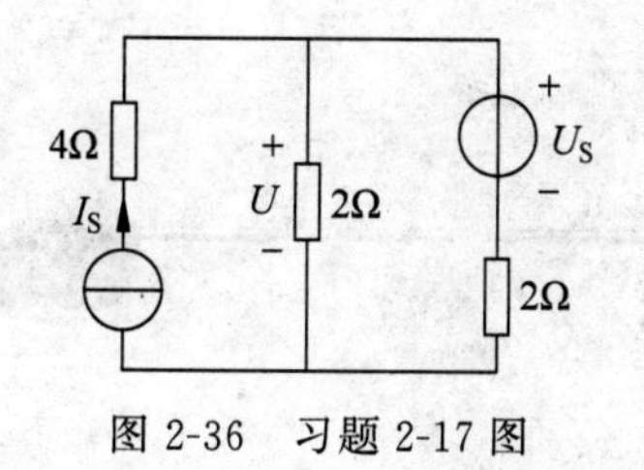

图 2-36　习题 2-17 图

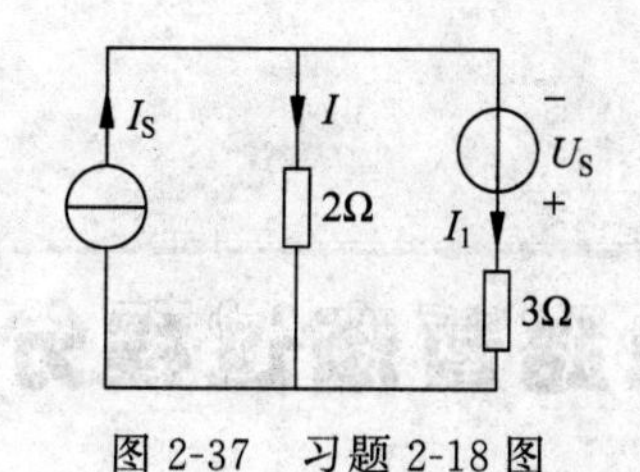

图 2-37　习题 2-18 图

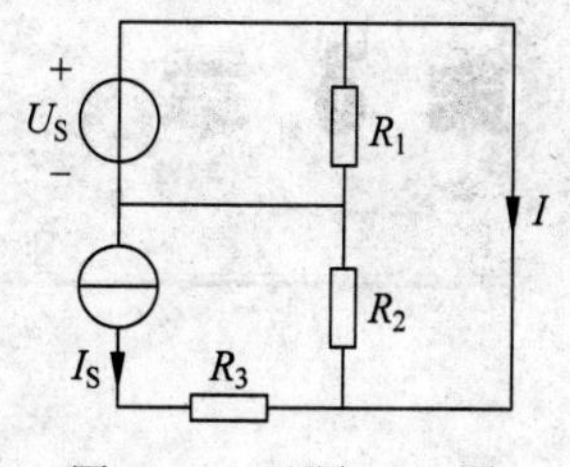

图 2-38　习题 2-19 图

电路暂态过程分析

在线性电路中，当电源电压或电流恒定或周期性变化时，电路中所有响应是恒定的或按周期性规律变化的，电路的这种工作状态称为稳态。电路从一种稳态到另一种稳态的过程称为暂态过程，又叫作过渡过程。

电路的暂态过程一般都很短暂，但对其的分析却很重要。一方面，在电子技术中利用电路的暂态规律可以产生振荡信号、改善和变换信号波形、实现电子继电器的延时动作等；另一方面在电力系统中，暂态过程中产生的过电压可能会击穿电气设备的绝缘，过电流可能会产生过大的机械力或引起电气设备和元件的局部过热，从而使其遭受机械损坏或热损坏，甚至造成人身安全事故。因此，对暂态过程的研究可以充分利用电路的暂态过程来满足人们的需要，又可尽量防止暂态过程中可能发生的危害。

3.1 换路定律与电路的初始值

3.1.1 换路与换路定律

1. 换路

如图 3-1 所示的实验电路，三个 10V、10W 的灯泡 R_1、R_2、R_3 分别与 1Ω 电阻、1F 电容和 50H 电感串联后接到 10V 电源上。S 闭合前，三个灯泡都不亮。当 S 闭合后，A 灯立刻变亮；B 灯先闪亮一下，然后逐渐变暗，直至熄灭；而 C 灯则是逐渐变亮。实验表明，电阻支路的 A 灯，从一种稳态到达另一种稳态没有过渡过程，而电容和电感支路的 B 灯和 C 灯则有过渡过程，即存在暂态过程。

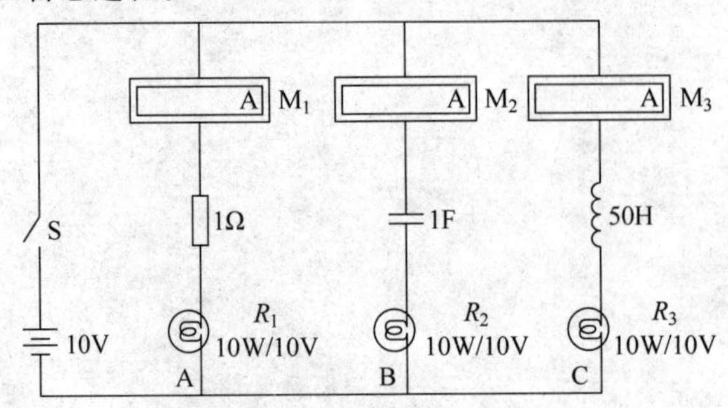

图 3-1　RLC 并联电路在开关闭合时的现象

通过以上分析可知，电路发生过渡过程的原因：一是电路中含有储能元件电容或电感，由于其中的能量不能跃变，由一个稳态过渡到另一个稳态需要时间；二是换路，即电路的接通、断开、短路、电源或电路中的参数突然改变。

2. 换路定律

由于电路中储能元件的能量不能跃变，即电容的储能 $W_C=\frac{1}{2}Cu_C^2$ 和电感的储能 $W_L=\frac{1}{2}Li_L^2$ 不能跃变。因此，当电路发生过渡过程时，由于 C、L 为常数，故电容上的电压 u_C 一般不能跃变；故电感中的电流 i_L 一般也不能跃变。

设 $t=0$ 为换路瞬间，以 $t=0_-$ 表示换路前的终了瞬间，$t=0_+$ 表示换路后的初始瞬间。0_+ 和 0_- 在数值上都等于 0，前者是指 t 从负值趋近于零，后者是指 t 从正值趋近于零。在 $t=0_-$ 到 $t=0_+$ 的换路瞬间，电容元件的电压和电感元件的电流不能突变。这就是换路定律，用公式表示为

$$\begin{cases}u_C(0_+)=u_C(0_-)\\ i_L(0_+)=i_L(0_-)\end{cases}\tag{3-1}$$

3.1.2 初始值的确定

根据换路定律可以确定换路后瞬间电容电压、电感电流以及电路中其他各元件的电压和电流，统称其为电路的初始值。确定初始值的步骤如下。

(1) 根据换路前($t=0_-$)的稳态电路，计算 $u_C(0_-)$和 $i_L(0_-)$。

(2) 根据换路定律，确定 $u_C(0_+)$和 $i_L(0_+)$。

(3) 根据 $u_C(0_+)$和 $i_L(0_+)$的值，确定电容和电感的状态，并画出 $t=0_+$ 时的等效电路图。

在 $t=0_+$ 电路中，电容元件视为恒压源，其电压为 $u_C(0_+)$。如果 $u_C(0_+)=0$，电容元件视为短路。电感元件视为恒流源，其电流为 $i_L(0_+)$。如果 $i_L(0_+)=0$，电感元件视为开路。

(4) 按换路后的等效电路，应用电路的基本定律和基本分析方法，计算各元件电压和电流的初始值。

【例 3-1】 电路如图 3-2(a)所示，$U=12\text{V}$，$R_1=2\text{k}\Omega$，$R_2=3\text{k}\Omega$，$R_3=4\text{k}\Omega$，设换路前电路处于稳态，在 $t=0$ 时将开关 S 断开。试求：$i(0_+)$、$i_L(0_+)$、$i_C(0_+)$和 $u_L(0_+)$、$u_C(0_+)$。

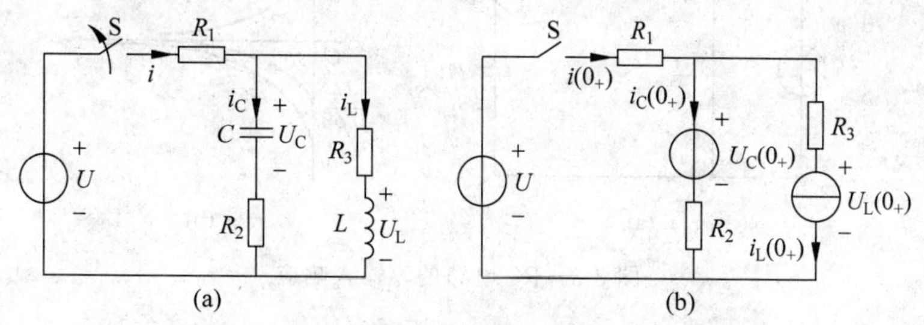

图 3-2　例 3-1 电路图

解：由换路前的稳态电路，先求出换路前电容电压 $u_C(0_-)$和电感电流 $i_L(0_-)$。在直流稳态时，电容相当于开路，电感相当于短路，故

$$i_L(0_-)=\frac{U}{R_1+R_3}=\frac{12}{2+4}=2(\text{mA})$$

$$u_C(0_-)=i_L(0_-)R_3=2\times 4=8(\text{V})$$

根据换路定则，得

$$i_L(0_+)=i_L(0_-)=2\text{mA}$$
$$u_C(0_+)=u_C(0_-)=8\text{V}$$

为求 $i(0_+)$、$i_C(0_+)$和 $u_L(0_+)$可画出 $t=0_+$时的等效电路，如图 3-1(b)所示。

$$i(0_+)=0$$
$$i_C(0_+)=-i_L(0_+)=-2(\text{mA})$$
$$u_L(0_+)=u_C(0_+)-i_L(0_+)(R_2+R_3)=8-2\times(3+4)=-6(\text{V})$$

由以上结果可知，换路前后电容上的电压不能跃变，电感中的电流不能跃变，但在换路瞬间电路中其他电压和电流(如 $i(0_+)$、$i_C(0_+)$和 $u_L(0_+)$等)的初始值是可以突变的。

3.2 一阶 RC 电路的响应

在电路分析中，将电路在外部输入或内部储能的作用下产生的电压或电流称为响应。如果电路中只有一个储能元件，则响应的微分方程是一阶微分方程，这样的电路称为一阶电路。本节对一阶 RC 电路的不同响应进行分析。

3.2.1 RC 电路的零输入响应

换路后，电路中没有激励源，只有一个储能元件，为已经充有电压的电容 C，由电容 C 的初始能量作用而使电路产生的响应，称为一阶 RC 电路的零输入响应。

如图 3-3(a)所示的 RC 电路，$t<0$ 时，开关 S 在 1 的位置，电路处于稳态，电容 C 被电压源充电到电压 $u_C(0_-)=U_0$。在 $t=0$ 时换路，即将开关倒向 2 的位置，根据换路定则知 $u_C(0_+)=u_C(0_-)=U_0$，此时外部激励为零，在内部储能的作用下，电容 C 通过电阻 R 进行放电，因此 RC 电路的零输入响应也就是电容元件通过电阻元件的放电过程。

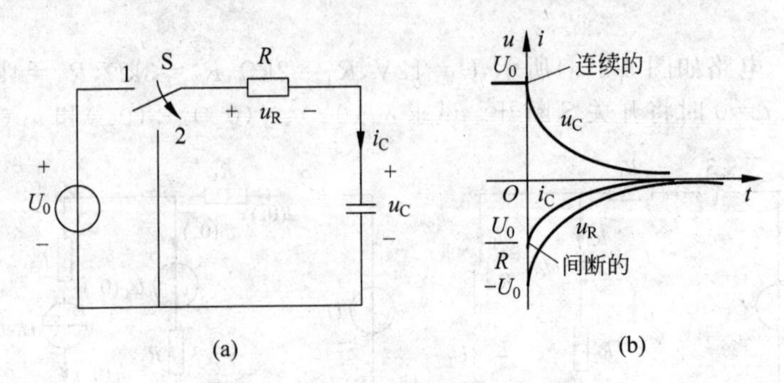

图 3-3 RC 电路的零输入响应

在图 3-3(a)所示的电压电流的参考方向下，换路后($t\geqslant 0$)电路的 KVL 方程为

$$i_C R+u_C=0 \tag{3-2}$$

将 $i_C=C\dfrac{\mathrm{d}u_C}{\mathrm{d}t}$代入上式，得

$$RC\frac{\mathrm{d}u_C}{\mathrm{d}t}+u_C=0 \tag{3-3}$$

式(3-3)为一阶常系数线性齐次微分方程，解此方程，代入初始条件 $u_C(0_+)=U_0$ 得

$$u_C(t)=u_C(0_+)e^{-\frac{t}{RC}}=U_0e^{-\frac{t}{RC}} \quad t\geqslant 0 \tag{3-4}$$

式(3-4)表明，电容放电时，电压 $u_C(t)$ 随时间按指数规律衰减，直至为零。

电容的放电电流为

$$i_C(t)=C\frac{du_C(t)}{dt}=-\frac{U_0}{R}e^{-\frac{t}{RC}} \quad t\geqslant 0 \tag{3-5}$$

电阻上的电压

$$u_R(t)=iR=-U_0e^{-\frac{t}{RC}} \quad t\geqslant 0 \tag{3-6}$$

式(3-5)和式(3-6)中的"－"号表示放电电流及电阻上电压的实际方向与图中参考方向相反。$u_C(t)$、$i_C(t)$和 $u_R(t)$变化曲线如图3-3(b)所示。

式(3-4)中，令

$$\tau=RC \tag{3-7}$$

τ 称为RC电路的时间常数，则有

$$u_C(t)=U_0e^{-\frac{t}{\tau}} \quad t\geqslant 0$$

当电阻 R 和电容 C 的单位分别为欧姆(Ω)和法(F)时，τ 的单位为s。

电压、电流衰减的快慢取决于时间常数 τ 的大小。τ 的大小是由电路参数决定的，对于同一个电路，时间常数是定值。图3-4(a)中，当 $t=\tau$ 时电容电压 $u_C(\tau)=U_0e^{-1}=0.368U_0$。可以看出RC电路零输入响应时间常数 τ 的物理意义为：电容元件上的电压 $u_C(t)$下降到初始值 U_0 的0.368时所需的时间。从理论上讲只有经过 $t\to\infty$ 时间，电路才能达到稳态，但当 $t=(3\sim5)\tau$ 时，u_C 与稳态值仅差5%～0.7%，所以在工程实际中通常认为经过$(3\sim5)\tau$后电路的过渡过程已经结束，电路已经进入稳定状态。时间常数 τ 越小，电压衰减越快，τ 越大，衰减越缓慢，如图3-4(b)所示。

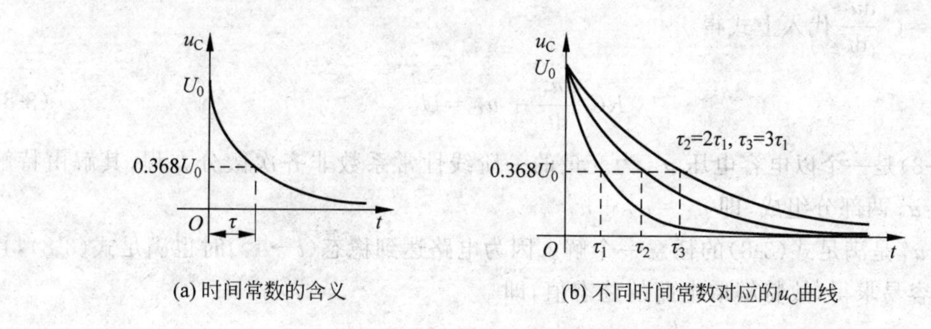

(a) 时间常数的含义　　(b) 不同时间常数对应的uC曲线

图3-4　电压 u_C 随时间 t 变化图

【例3-2】 电路如图3-5所示，已知 $U_S=50V$，$R_1=10k\Omega$，$R_2=R_3=5k\Omega$，$C=100\mu F$，开关S在 $t=0$ 时开关从1打到2的位置，S动作前电路已进入稳态，求 $u_C(t)$。

解：S闭合前电路已进入稳态，此时

$$u_C(0_-)=U_S=50V$$

根据换路定律

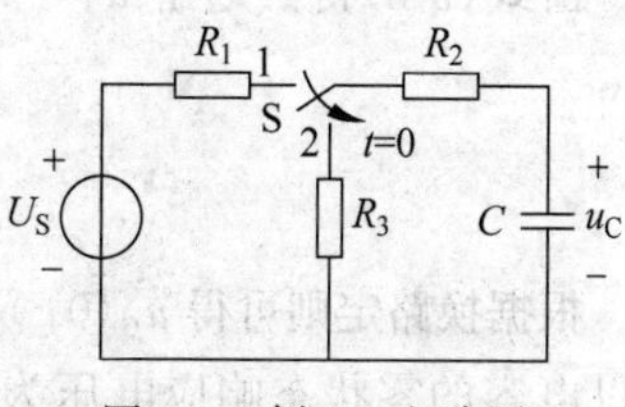

图3-5　例3-2电路图

$$u_C(0_+)=u_C(0_-)=50\text{V}$$

时间常数

$$\tau=(R_2+R_3)C=10\times10^3\times100\times10^{-6}=1(\text{s})$$

所以

$$u_C(t)=u_C(0_+)\text{e}^{-\frac{t}{\tau}}=50\text{e}^{-\frac{t}{1}}=50\text{e}^{-t}(\text{V})\quad t\geqslant0$$

3.2.2 RC电路的零状态响应

RC电路的零状态响应是指RC电路中的电容初始电压为零时，换路后由电路中的外加激励在电路中各处产生的响应。

如图3-6(a)所示的电路，在开关S闭合前电路处于零状态，即电容电压 $u_C(0_-)=0$，没有初始储能。设 $t=0$ 时将S闭合，电路与恒压源接通，给电容充电。

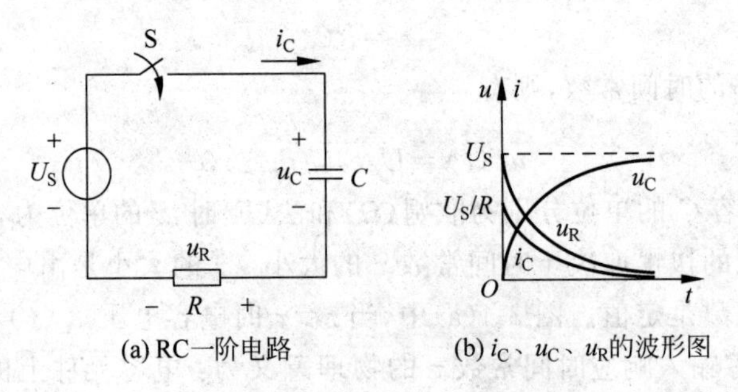

(a) RC一阶电路　　(b) i_C、u_C、u_R的波形图

图3-6　RC电路的零状态响应

当 $t>0$ 时，由KVL得

$$u_C+i_CR=U_S$$

将 $i_C=C\dfrac{\text{d}u_C}{\text{d}t}$ 代入上式得

$$RC\frac{\text{d}u_C}{\text{d}t}+u_C=U_S \tag{3-8}$$

式(3-8)是一个以电容电压 u_C 为变量的一阶线性常系数非齐次微分方程，其解由特解 u'_C 和通解 u''_C 两部分组成，即 $u_C=u'_C+u''_C$。

特解 u'_C 是满足式(3-8)的任意一个解。因为电路达到稳态($t\to\infty$)时也满足式(3-8)，且稳态值很容易求得，故特解取电路的稳态值，即

$$u'_C=u_C(t)\big|_{t\to\infty}=u_C(\infty)=U_S$$

由式(3-8)得其通解 $u''_C=A\text{e}^{pt}$，其特征根 $p=-\dfrac{1}{RC}$。

所以

$$u_C(t)=U_S+A\text{e}^{-\frac{t}{RC}} \tag{3-9}$$

根据换路定则可得 $u_C(0_+)=u_C(0_-)=0$，将初始条件代入式(3-9)得 $A=-U_S=-u_C(\infty)$。所以电容的零状态响应电压为

$$u_C(t)=u_C(\infty)-u_C(\infty)\text{e}^{-\frac{t}{RC}}=u_C(\infty)(1-\text{e}^{-\frac{t}{\tau}})=U_S(1-\text{e}^{-\frac{t}{\tau}}) \tag{3-10}$$

u_C 随时间的变化曲线如图 3-6(b)所示。可见，u_C 从零初始值开始，随时间按指数规律逐渐增长，直至稳态值 U_S，充电过程结束。其中，$\tau=RC$ 为充电回路的时间常数，其值等于电路电压上升到 $0.632U_S$ 时所经历的时间。在充电过程中，u_C 增长的快慢和 τ 有关。

RC 电路充电过程中，充电电流和电阻上的电压分别为

$$i_C(t)=C\frac{du_C(t)}{dt}=\frac{U_S}{R}e^{-\frac{t}{\tau}}\quad t\geqslant 0 \tag{3-11}$$

$$u_R(t)=i_CR=U_Se^{-\frac{t}{\tau}}\quad t\geqslant 0 \tag{3-12}$$

如图 3-6(b)所示为 u_C、i_C、u_R 随时间变化的曲线。

【例 3-3】 如图 3-6(a)所示 RC 串联电路，已知 $U_S=40\text{V}$，$R=5\text{k}\Omega$，$C=100\mu\text{F}$，电容原先未带电荷。在 $t=0$ 时，开关 S 闭合，试求：(1)换路后电路的时间常数；(2)换路后最大充电电流；(3)换路后 u_C 和 i_C 随时间变化的曲线；(4)S 闭合 1.5s 时 u_C 和 i_C 的数值。

解：(1) 时间常数为

$$\tau=RC=5\times10^3\times100\times10^{-6}=0.5(\text{s})$$

(2) 开关 S 刚闭合时充电电流最大，其值为

$$i_{\max}=\frac{U_S}{R}=\frac{40}{5\times10^3}(\text{A})=8(\text{mA})$$

(3) 由式(3-10)和式(3-11)可得

$$u_C(t)=U_S(1-e^{-\frac{t}{\tau}})=40\times(1-e^{-2t})(\text{V})\quad t\geqslant 0$$

$$i_C(t)=\frac{U_S}{R}e^{-\frac{t}{\tau}}=\frac{40}{5\times10^3}e^{-2t}(\text{A})=8e^{-2t}(\text{mA})\quad t\geqslant 0$$

u_C、i_C 随时间变化的曲线如图 3-7 所示。

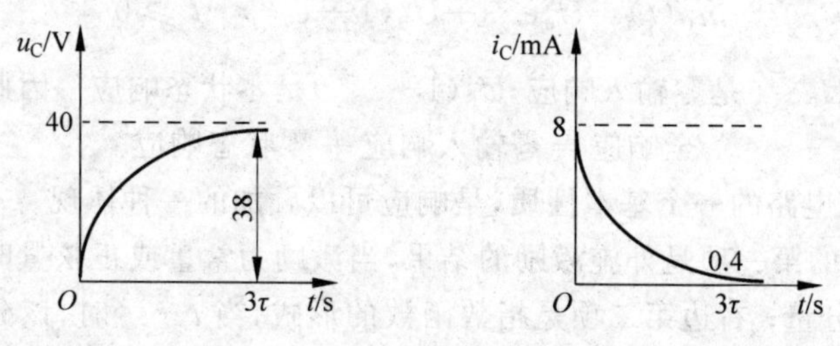

图 3-7　u_C、i_C 随时间变化的曲线

(4) S 闭合 1.5s 时 u_C 和 i_C 为

$$u_C(1.5)=40\times(1-e^{-2\times1.5})=40\times(1-e^{-3})=40\times(1-0.05)=38(\text{V})$$

$$i_C(1.5)=8e^{-2\times1.5}=0.4(\text{mA})$$

3.2.3　RC 电路的全响应

当外加激励和初始储能都不为零时，RC 电路的响应称为 RC 电路的全响应。

如图 3-8(a)所示电路，$t<0$ 时，开关 S 闭合于 1 侧。电容 C 被电压源 U_0 充电到电压为 $u_C(0_-)=U_0$。$t=0$ 时，开关 S 由 1 打到 2 侧，则换路后的电路方程为

$$u_R+u_C=U_S$$

其解仍为

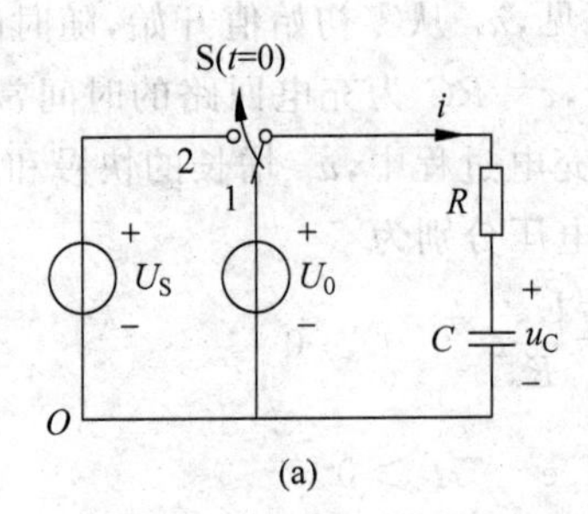

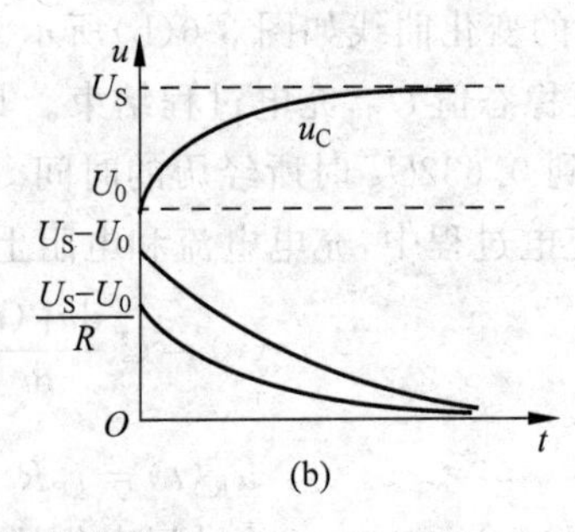

图 3-8　RC 电路的全响应

$$u_C = u'_C + u''_C = U_S + A\mathrm{e}^{-\frac{t}{\tau}}$$

把初始条件 $u_C(0_+) = u_C(0_-) = U_0$ 代入上式，有

$$U_0 = U_S + A$$

$$A = U_0 - U_S$$

RC 电路的全响应为

$$u_C(t) = U_S + (U_0 - U_S)\mathrm{e}^{-\frac{t}{\tau}} \quad t \geqslant 0 \tag{3-13}$$

$$u_R(t) = U_S - u_C(t) = (U_S - U_0)\mathrm{e}^{-\frac{t}{\tau}} \quad t \geqslant 0 \tag{3-14}$$

$$i = C\,\frac{\mathrm{d}u_C}{\mathrm{d}t} = \frac{U_S - U_0}{R}\mathrm{e}^{-\frac{t}{\tau}} \quad t \geqslant 0 \tag{3-15}$$

$U_S < U_0$ 时 u_C、u_R 和 i 随时间变化的曲线如图 3-8(b)所示。

RC 电路的全响应式(3-13)还可以改写成下面的形式：

$$u_C(t) = U_0\mathrm{e}^{-\frac{t}{\tau}} + U_S(1 - \mathrm{e}^{-\frac{t}{\tau}}) \quad t \geqslant 0 \tag{3-16}$$

显然，上式中 $U_0\mathrm{e}^{-\frac{t}{\tau}}$ 是零输入响应，$U_S(1-\mathrm{e}^{-\frac{t}{\tau}})$ 是零状态响应。因此，有

全响应 = 零输入响应 + 零状态响应

这是线性动态电路的一个基本性质，是响应可以叠加的一种体现。

式(3-13)右边的第一项是外施激励的结果，当激励为常量或正弦量时，它也为常量或正弦量，故称为稳态分量；右边第二项是指数函数的形式，当 $t\rightarrow\infty$ 时，该分量衰减为零，因此称为暂态分量。因此，有

全响应 = 稳态分量 + 暂态分量

式(3-16)中，U_S 为电路达到新稳态时电容元件上的电压，为稳态分量，可表示为 $u_C(\infty)$；U_0 为电容元件上的初始储能，即电容电压的初始值，可表示为 $u_C(0_+)$。

式(3-13)可表示为

$$u_C(t) = u_C(\infty) + [u_C(0_+) - u_C(\infty)]\mathrm{e}^{-\frac{t}{\tau}} \quad t \geqslant 0 \tag{3-17}$$

3.3　一阶 RL 电路的响应

由电阻元件和电感元件组成的电路称为 RL 电路。RL 电路是另一种典型一阶电路。同 RC 暂态分析一样，下面分别讨论 RL 电路的零输入响应、零状态响应和全响应。

3.3.1 RL电路的零输入响应

如图 3-9(a)所示，$t<0$ 时，开关处于 1 的位置，电路已处于稳态，通过电感的电流 $i_L(0_-)=\dfrac{U_S}{R}=I_0$。在 $t=0$ 时将开关 S 由位置 1 合到位置 2，根据换路定则 $i_L(0_+)=i_L(0_-)=\dfrac{U_S}{R}=I_0$，此时外部激励为零，在内部储能的作用下，电感电流将从初始值 I_0 逐渐衰减到零。

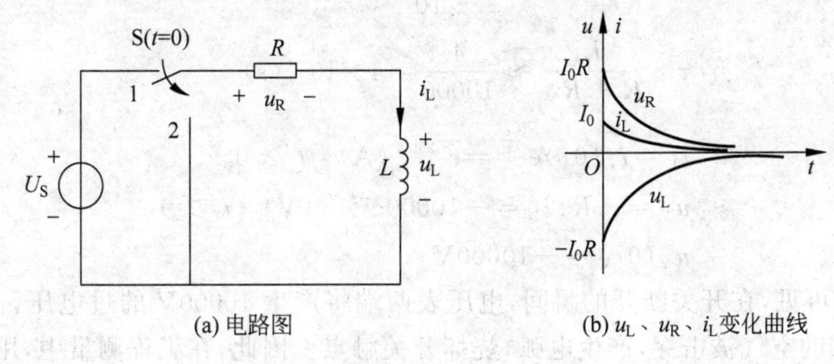

(a) 电路图　　(b) u_L、u_R、i_L变化曲线

图 3-9　RL电路的零输入响应

换路后的电路方程为

$$i_LR+u_L=0 \quad t\geqslant 0$$

将 $u_L=L\dfrac{di_L}{dt}$代入上式，得

$$L\frac{di_L}{dt}+i_LR=0 \quad t\geqslant 0 \tag{3-18}$$

电路的初始条件为

$$i_L(0_+)=\frac{U_S}{R}=I_0$$

这是一个一阶常系数线性齐次微分方程。同 RC 电路零输入响应的分析一样，可得

$$i_L=i_L(0_+)e^{-\frac{t}{\tau}}=I_0e^{-\frac{t}{\tau}} \quad t\geqslant 0 \tag{3-19}$$

式(3-19)中，$\tau=\dfrac{L}{R}$称为 RL 电路的时间常数。R 为由电感两端看进去的戴维南等效电阻，当 R 的单位为 Ω，L 的单位为 H 时，τ 的单位为 s。

电感电压和电阻电压分别为

$$u_L(t)=L\frac{di_L(t)}{dt}=-RI_{L0}e^{-\frac{t}{\tau}} \quad t\geqslant 0 \tag{3-20}$$

$$u_R(t)=i_LR=I_{L0}Re^{-\frac{t}{\tau}} \quad t\geqslant 0 \tag{3-21}$$

$u_L(t)$、$i_L(t)$和 $u_R(t)$随时间变化曲线如图 3-9(b)所示，它们都随时间按同一指数规律不断衰减并趋于零，可见 RL 电路零输入响应过程实质上是电感不断放出能量、电阻不断消耗能量的过程，电感中原先存储的磁场能量最后全被电阻转换为热能消耗掉。

【例 3-4】 如图 3-10 所示，已知电压表的量程为 450V，内阻为 10kΩ，$R=10\Omega$，$L=4\text{H}$。$t=0$ 时，打开开关 S，求 $t\geqslant 0$ 时电压表的电压 u_V 及 $t=0_+$ 时电压表承受的电压。

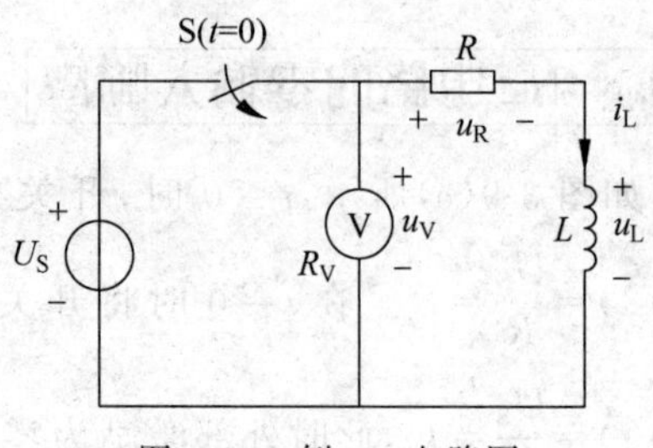

图 3-10 例 3-4 电路图

解：由换路定则得

$$i_L(0_+)=i_L(0_-)=\frac{10}{10}=1(\text{A})$$

$$\tau=\frac{L}{R+R_V}\approx\frac{4}{10000}=4\times10^{-4}(\text{s})$$

$$i_L=i_L(0_+)e^{-\frac{t}{\tau}}=e^{-2500t}(\text{A})\quad t\geqslant 0$$

$$u_V=-R_V i_L=-10000e^{-2500t}(\text{V})\quad t\geqslant 0$$

$$u_V(0_+)=-10000\text{V}$$

由例 3-4 可见，在开关断开的瞬间，电压表两端将产生 10000V 的过电压，击穿电压表，同时开关两端的空气被击穿，产生电弧，烧坏开关触点。因此，在工程测量中，用电压表测量电感线圈的电压时，在开关断开前必须将电压表去掉，以防电流在极短的时间内急剧为零，使电感两端产生很高的感应电压，而使得电压表被击穿。

电感电压的突变有时也可以利用。例如在汽车点火上，利用拉开开关时电感线圈产生的高电压击穿火花间隙，产生电火花而将汽缸点燃。

3.3.2 RL 电路的零状态响应

如图 3-11 所示电路，电感元件 L 中无初始储能，电路中电流为 0。$t=0$ 时，将开关 S 闭合，在图示的电压电流的参考方向下，根据基尔霍夫电压定律可得

$$i_L R+u_L=u_S$$

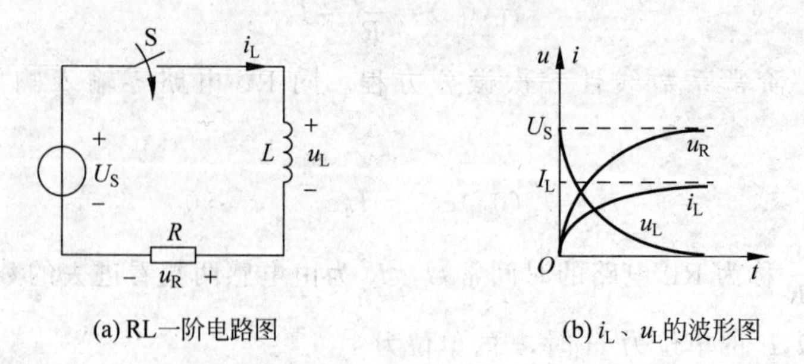

(a) RL一阶电路图　　(b) i_L、u_L的波形图

图 3-11 RL 电路的零状态响应

将 $u_L=L\dfrac{di_L}{dt}$代入上式，得

$$L\frac{di_L}{dt}+i_L R=U_S \tag{3-22}$$

式(3-22)为一阶常系数线性非齐次方程，解此方程，代入初始条件可得

$$i_L(t)=i_L(\infty)(1-e^{-\frac{t}{\tau}})=\frac{U_S}{R}(1-e^{-\frac{t}{\tau}})\quad t\geqslant 0 \tag{3-23}$$

式中：$i_L(\infty)$为电路达到新稳态时电感电流的值。

电感电压和电阻电压分别为

$$u_L(t)=L\frac{di_L(t)}{dt}=U_S e^{-\frac{t}{\tau}}\quad t\geqslant 0 \tag{3-24}$$

$$u_R=Ri=U_S(1-e^{-\frac{t}{\tau}})\quad t\geqslant 0 \tag{3-25}$$

$i_L(t)$、$u_L(t)$、$u_R(t)$随时间变化曲线如图3-11(b)所示。可见，电感电流和电容电压的增长规律相同，都是按指数规律由初始值增加到稳态值。过渡过程进行的快慢同样取决于电路的时间常数$\tau=\dfrac{L}{R}$。

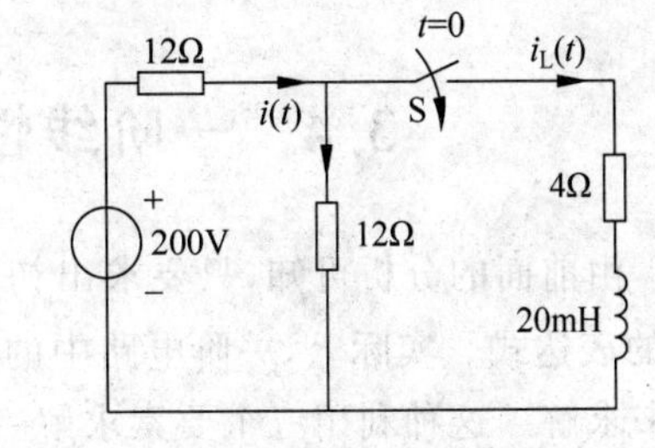

图3-12　例3-5电路图

【例3-5】　如图3-12所示电路，$t=0$时开关闭合，求$i_L(t)$及$t=3$ms时的电流值。

解：由换路前$i_L(0_-)=0$得

$$i_L(0_+)=i_L(0_-)=0$$

换路后电源电流的稳态值为

$$i(\infty)=\frac{200}{12+\dfrac{12\times 4}{12+4}}=\frac{40}{3}(\mathrm{A})$$

电感电流的稳态值由4Ω电阻和12Ω电阻分流得

$$i_L(\infty)=\frac{12}{12+4}i(\infty)=\frac{12}{16}\times\frac{40}{3}=10(\mathrm{A})$$

换路后等效电阻

$$R=\frac{12\times 12}{12+12}+4=10(\Omega)$$

时间常数为

$$\tau=\frac{L}{R}=\frac{20\times 10^{-3}}{10}=2\times 10^{-3}(\mathrm{s})$$

电流$i_L(t)$的零状态响应为

$$i_L(t)=i_L(\infty)\left(1-e^{-\frac{t}{\tau}}\right)=10\times\left(1-e^{-\frac{t}{2\times 10^{-3}}}\right)=10-10e^{-500t}(\mathrm{A})\quad t\geqslant 0$$

$t=3$ms时，有

$$i_L(t)\big|_{t=0.003}=10-10e^{-500\times 0.003}=7.769(\mathrm{A})$$

3.3.3　RL电路的全响应

在图3-11(a)中，若换路前电感电流的初始值为I_0，则换路后RL电路的全响应与RC电路的全响应相似，可以表示为如下形式：

$$\underbrace{i_L(t)}_{\text{全响应}}=\underbrace{I_0 e^{-\frac{t}{\tau}}}_{\text{零输入响应}}+\underbrace{\frac{U_S}{R}\left(1-e^{-\frac{t}{\tau}}\right)}_{\text{零状态响应}}\quad t\geqslant 0 \tag{3-26}$$

式(3-26)还可以改写成如下形式：

$$\underbrace{i_{\mathrm{L}}(t)}_{\text{全响应}} = \underbrace{\frac{U_{\mathrm{S}}}{R}}_{\text{稳态分量}} + \underbrace{\left(I_0 - \frac{U_{\mathrm{S}}}{R}\right)\mathrm{e}^{-\frac{t}{\tau}}}_{\text{暂态分量}} \quad t \geqslant 0 \tag{3-27}$$

式(3-27)中：$\frac{U_{\mathrm{S}}}{R}$为换路后稳态时电感元件上的电流，称为稳态分量，可用$i_{\mathrm{L}}(\infty)$表示；I_0为电感元件电流的初始值，可用$i_{\mathrm{L}}(0_+)$表示。因此，式(3-27)可表示为

$$i_{\mathrm{L}}(t) = i_{\mathrm{L}}(\infty) + [i_{\mathrm{L}}(0_+) - i_{\mathrm{L}}(\infty)]\mathrm{e}^{-\frac{t}{\tau}} \quad t \geqslant 0 \tag{3-28}$$

3.4 一阶线性电路暂态分析的三要素法

由前面的分析可知，只要求出初始值、稳态值和时间常数这三个要素，就能确定u_{C}和i_{L}的表达式。实际上，一阶电路中的电压或电流都是按指数规律变化的，都可以利用三要素来求解。这种利用三个要素求解一阶电路电压或电流随时间变化规律的方法称为三要素法，其一般形式为

$$f(t) = f(\infty) + [f(0_+) - f(\infty)]\mathrm{e}^{-\frac{t}{\tau}} \quad t \geqslant 0 \tag{3-29}$$

式(3-29)中：$f(t)$表示一阶电路中任意电压或电流，$f(0_+)$表示初始值、$f(\infty)$表示稳态值，τ为时间常数。这三个量称为一阶电路的三要素。对于任意一阶线性电路，只要确定这三个量，代入式(3-29)便可直接写出电路的暂态响应。

利用三要素法求解电路的步骤如下。

(1) 求初始值$f(0_+)$。方法同3.1.2小节所述。

(2) 求稳态值$f(\infty)$。方法为：画出换路后电路达到稳定时的等效电路(直流激励下电容元件视为开路，电感元件视为短路)，计算各电压、电流值。

(3) 求时间常数τ。$\tau = RC$或$\tau = \frac{L}{R}$，其中R是换路后的电路中从储能元件两端看进去的无源二端网络(将理想电压源短路，理想电流源开路)的等效电阻。

(4) 将上述三要素代入式(3-29)中，求得电路的响应。

需要注意的是式(3-29)只适用于外加激励为恒定直流的一阶线性电路。

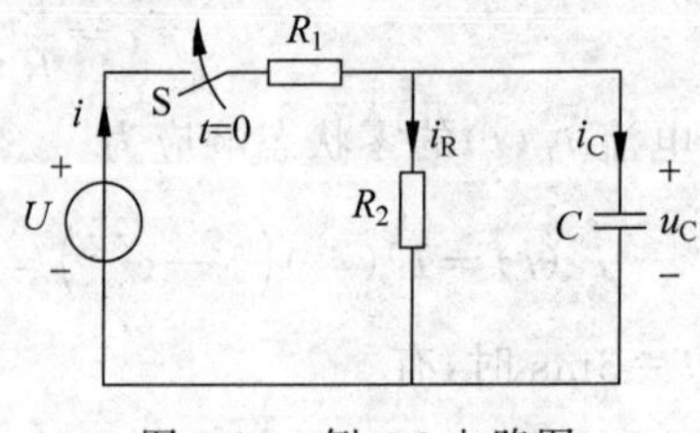

图3-13　例3-6电路图

【例3-6】 在图3-13所示电路中，已知$U = 12\mathrm{V}$，$R_1 = R_2 = 10\mathrm{k\Omega}$，$C = 1000\mathrm{pF}$。开关闭合前电路处于零状态，$u_{\mathrm{C}}(0_-) = 0$。试求开关S闭合后电容电压$u_{\mathrm{C}}$和电路电流$i_{\mathrm{C}}$、$i_{\mathrm{R}}$和$i$。

解：(1) 电容支路

$t = 0_+$瞬间，$u_{\mathrm{C}}(0_+) = 0$，R_2被短路，$i_{\mathrm{R}} = 0$，电路相当于R_1、C串联电路，所以

$$i_{\mathrm{C}}(0_+) = i_{\mathrm{C}}(0_-) = \frac{U}{R_1} = \frac{12}{10 \times 10^3}(\mathrm{A}) = 1.2(\mathrm{mA})$$

$t = \infty$时，C相当于开路元件，电路相当于R_1、R_2串联电路，所以

$$i_R(\infty)=i(\infty)=\frac{U}{R_1+R_2}=\frac{12}{(10+10)\times 10^3}(\text{A})=0.6(\text{mA})$$

$$u_C(\infty)=u_{R_2}(\infty)=U\times\frac{R_2}{R_1+R_2}=\frac{12\times 10}{10+10}=6(\text{V})$$

时间常数

$$\tau=RC=(R_1//R_2)C=\frac{10\times 10}{10+10}\times 10^3\times 1000\times 10^{-12}=5\times 10^{-6}(\text{s})$$

电容电压的零状态响应为

$$u_C(t)=u_C(\infty)+[u_C(0_+)-u_C(\infty)]\mathrm{e}^{-\frac{t}{\tau}}$$

所以

$$u_C(t)=(6-6\mathrm{e}^{-2\times 10^5 t})(\text{V})$$

电流响应

$$i=C\frac{\mathrm{d}u_C}{\mathrm{d}t}=1.2\mathrm{e}^{-2\times 10^5 t}(\text{mA})$$

(2) 电阻 R_2 支路

电压响应为 $u_{R_2}=u_C=(6-6\mathrm{e}^{-2\times 10^5 t})(\text{V})$

电流响应为 $i_R=\frac{u_{R_2}}{R_2}=0.6\times(1-\mathrm{e}^{-2\times 10^5 t})(\text{mA})$

根据 KCL 有 $i=i_C+i_R=0.6\times(1+\mathrm{e}^{-2\times 10^5 t})(\text{mA})$

本章小结

本章介绍了电路的过渡过程、换路定则、一阶 RC 电路和 RL 电路的零输入响应、零状态响应和全响应及三要素法。主要内容归纳如下。

(1) 电路从一个稳定的状态变化到另一个稳定状态的过程,称为暂态过程。

(2) 当电路的结构或参数发生变化时,称为换路。换路时电容电压不能跃变,电感电流不能跃变,即

$$u_C(0_+)=u_C(0_-)$$
$$i_L(0_+)=i_L(0_-)$$

(3) 初始值的确定:利用换路定律求出 $t=0_+$ 时的电容电压、电感电流,再利用电路的基本定律,求出电路中其他变量的初始值。

(4) 一阶电路的响应如下。

① 零输入响应是指无电源激励,仅有初始储能引起的响应,其实质是储能元件放电的过程。

② 零状态响应是指换路前初始储能为零,仅有外加激励引起的响应,其实质是电源给储能元件充电的过程。

③ 全响应是指电源激励和初始储能共同作用的结果，其实质是零输入响应和零状态响应的叠加，同时又可以看作为稳态分量和暂态分量之和。

(5) 时间常数 τ。时间常数 τ 决定过渡过程进行的快慢：τ 越大，暂态过程越慢；τ 越小，暂态过程越快。在 RC 电路中 $\tau=RC$，在 RL 电路中 $\tau=\frac{L}{R}$。

(6) 三要素法。利用三要素法可以简单地求解一阶电路的各种响应，其一般形式为

$$f(t)=f(\infty)+[f(0_+)-f(\infty)]e^{-\frac{t}{\tau}}$$

式中：$f(t)$ 为响应；$f(\infty)$ 为响应的稳态值；$f(0_+)$ 为响应的初始值；τ 为电路的时间常数。

习　题　3

3-1　在图 3-14 所示电路中，开关 S 在 $t=0$ 时动作，试分析电路在 $t=0_+$ 时刻电容元件上电压、电流的初始值。

3-2　在图 3-15 所示电路中，开关 S 闭合前电路已处于稳态，试确定 S 闭合后电压 u_C 和电流 i_C、i_1、i_2 的初始值。

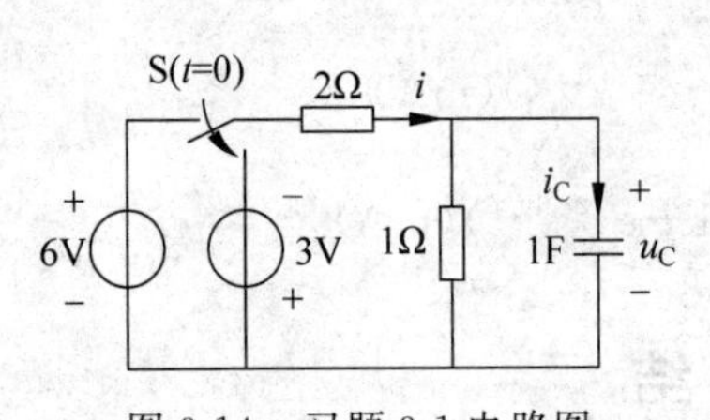

图 3-14　习题 3-1 电路图

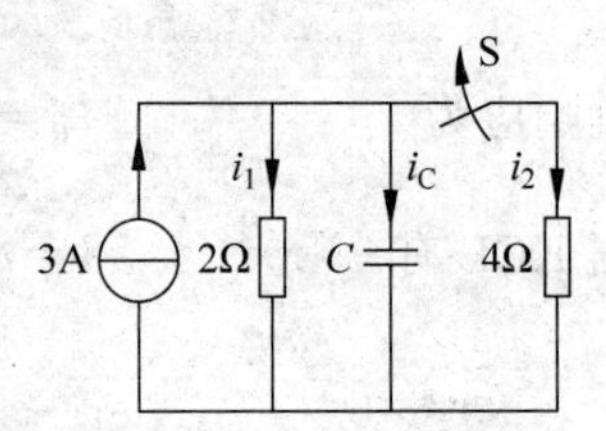

图 3-15　习题 3-2 电路图

3-3　图 3-16 所示各电路换路前都处于稳态，试求换路后电流 i 的初始值 $i(0_+)$ 和稳态值 $i(\infty)$。

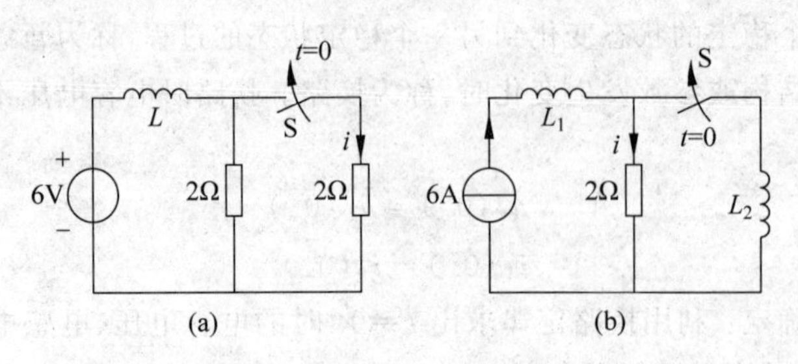

图 3-16　习题 3-3 电路图

3-4　图 3-17 所示电路原已处于稳态，在 $t=0$ 时，将开关 S 闭合，试求开关闭合后的 u_C 和 i_C。

3-5　100μF 的电容器，设其初始电压为 220V。今将其通过电阻 R 放电，当放电 0.06s 时测得电容电压 $u_C=10$V，试求电阻 R 的值。

3-6　图 3-18 所示电路原已稳定。当 $t=0$ 时将开关闭合，求 $t\geqslant0$ 时的 u_C 和 i_C。

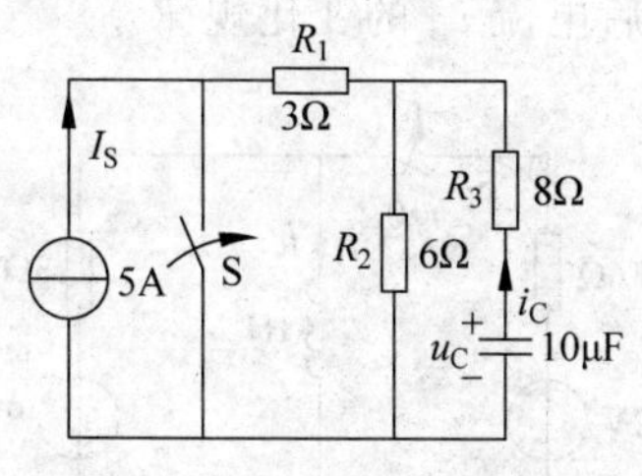

图 3-17 习题 3-4 电路图

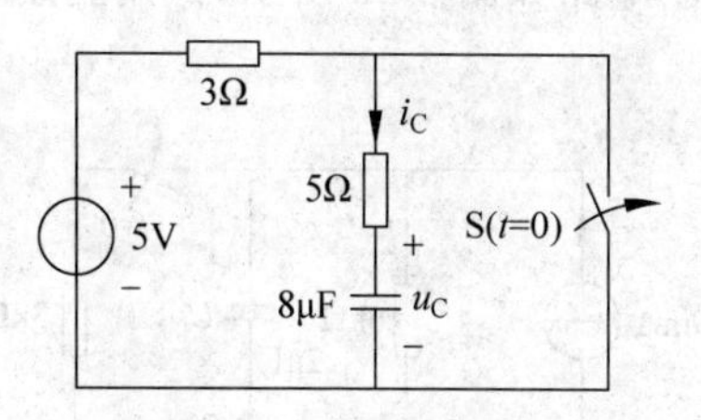

图 3-18 习题 3-6 电路图

3-7 在图 3-19 中，已知 $U_S=6V$，$R=1k\Omega$，$C=2\mu F$，换路前电容器未储能。试求：

(1) 换路后，电压 u_C 的变化规律。

(2) 换路后经过 4ms 时，u_C 值是多少？

(3) 电容器充电至 6V 时，需要多长时间？

3-8 在图 3-20 所示电路中，已知 $R_2=R_3=10k\Omega$，$R_1=5k\Omega$，$C=20\mu F$，开关 S 闭合前电容无储能，求 S 闭合后电容电压 u_C。

3-9 在图 3-21 所示的电路中，$R=4\Omega$、$L=5H$ 的电感线圈从电压 $U=110V$ 的直流电源上切断后，立即接在电阻 $R_1=6\Omega$ 上，求断闸后 $t=1s$ 时的电流。

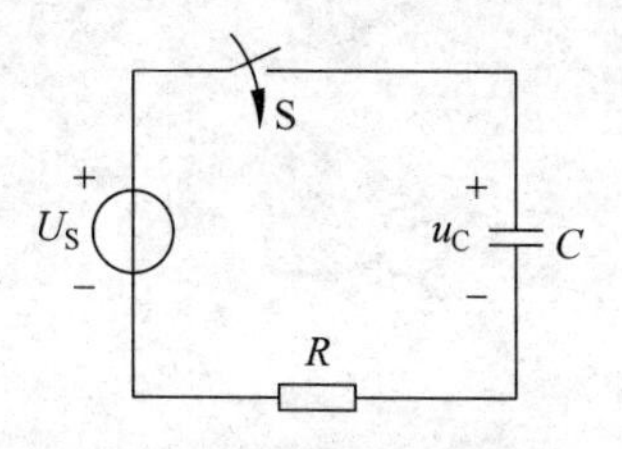

图 3-19 习题 3-7 电路图

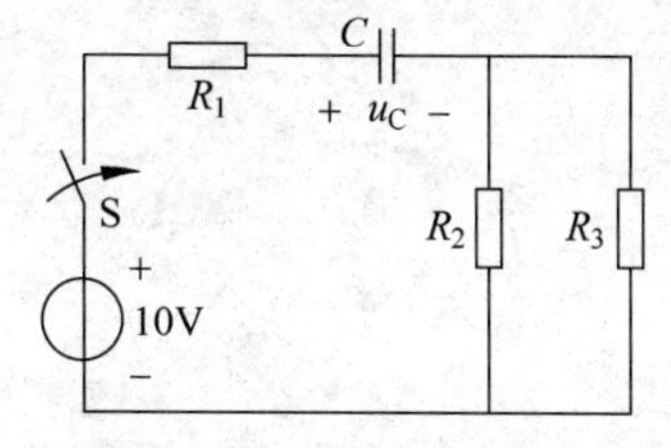

图 3-20 习题 3-8 电路图

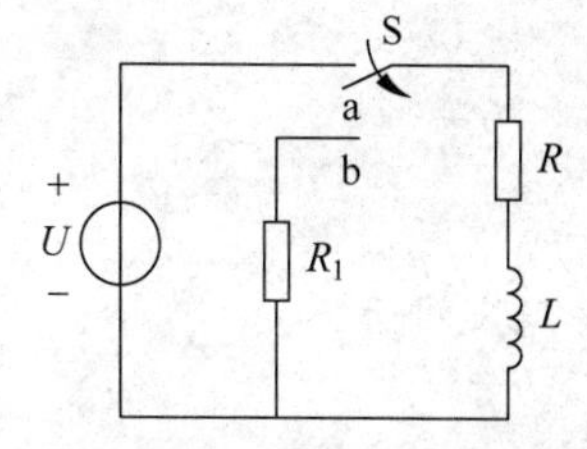

图 3-21 习题 3-9 电路图

3-10 在图 3-22 所示电路中，当开关 S 闭合时，电压表指示的线圈端电压为 2V，当开关 S 突然断开时，问此瞬间电压表承受多大电压（线圈电阻 $R=1\Omega$，电压表内阻 $R_0=20k\Omega$）。

3-11 在图 3-23 所示电路中，$t=0$ 时，开关 S 闭合，求 $t\geqslant 0$ 时的 $i_L(t)$。

3-12 如图 3-24 所示电路原先已稳定，在 $t=0$ 时开关 S 闭合，试用三要素法求 $u_C(t)$。已知 $U_S=18V$，$R_1=3\Omega$，$R_2=2\Omega$，$R_3=6\Omega$，$C=1F$。

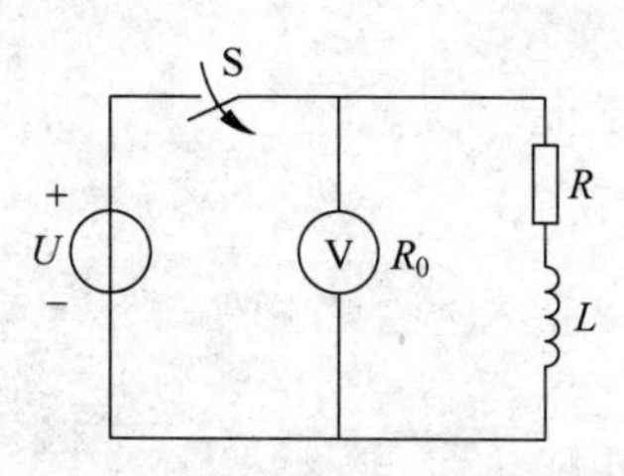

图 3-22 习题 3-10 电路图

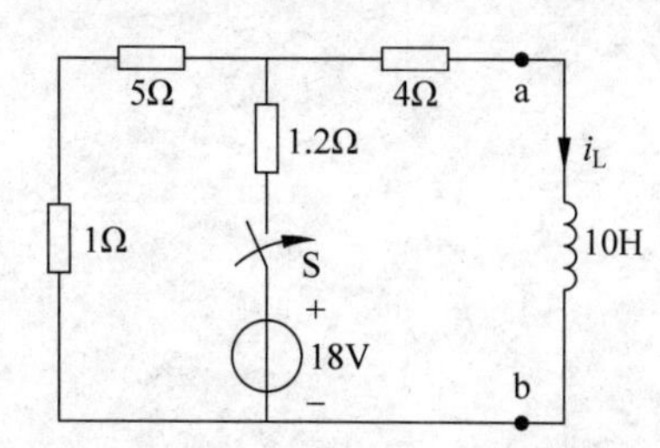

图 3-23 习题 3-11 电路图

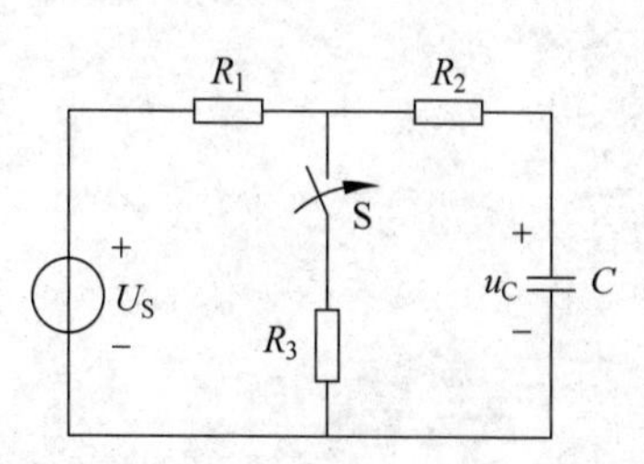

图 3-24 习题 3-12 电路图

3-13 某电路的电流为 $i_L(t)=10+2e^{-10t}A$，试问它的三要素各为多少？

3-14 电路如图 3-25 所示，在开关闭合前电路已处于稳态，求开关闭合后的电压 u_C。

3-15　电路如图 3-26 所示，试用三要素法求换路后电流 i_L 的变化规律。

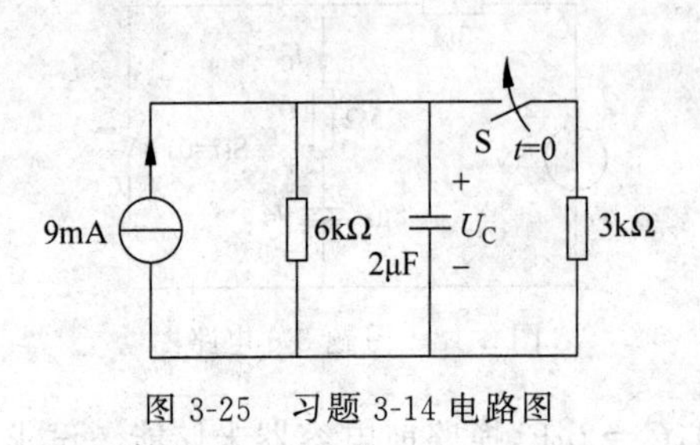

图 3-25　习题 3-14 电路图

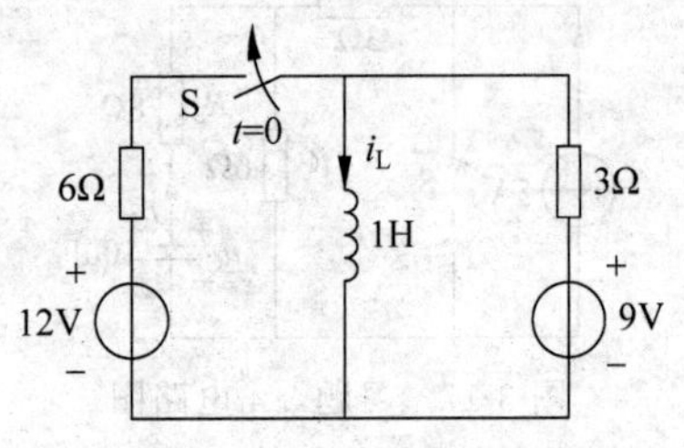

图 3-26　习题 3-15 电路图

正弦交流电路

4.1 正弦交流电路的基本概念

在电路中，凡是随时间按正弦规律周期性变化的电压和电流统称为正弦量，或称为正弦交流电。本节以电流为例，来说明正弦量的特征。

设正弦电流的数学表达式为

$$i = I_m \sin(\omega t + \varphi_i) \tag{4-1}$$

式(4-1)的波形图如图 4-1 所示，其中 I_m、ω、φ_i 为常数，t 为变化量。由式(4-1)可以看出，对正弦电流 i 来说，如果 I_m、ω、φ_i 已知，则它与时间 t 的关系就是唯一确定的。因此，把 I_m、ω、φ_i 称为正弦交流电的三要素。

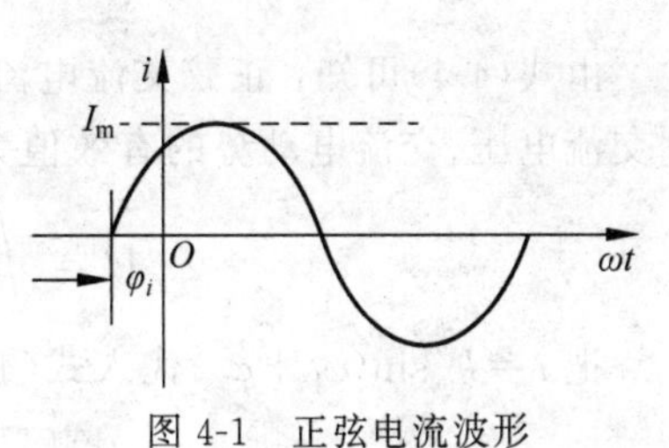

图 4-1 正弦电流波形

4.1.1 交流电的周期、频率和角频率

正弦量变化一次所需的时间称为周期，用字母 T 表示，单位是 s(秒)。正弦量每秒变化的次数称为频率，用字母 f 表示，单位为 Hz(赫兹)。从定义可知，周期与频率互为倒数，即

$$f = \frac{1}{T} \tag{4-2}$$

我国电力系统采用 50Hz 作为标准频率，又称工业频率，简称工频。周期均可以表示正弦量变化的快慢，正弦量变化的快慢还可以用角频率描述，角频率就是正弦量在每秒变化的弧度，用字母 ω 表示，单位为 rad/s(弧度/秒)。周期、频率、角频率的关系为

$$\omega = \frac{2\pi}{T} = 2\pi f \tag{4-3}$$

4.1.2 交流电的瞬时值、最大值和有效值

正弦量在任意瞬间的值称为瞬时值，用小写字母表示，如 i、u、e 分别表示电流、电压、电动势的瞬时值。正弦量在整个变化过程中所能达到的极值称为最大值，又称振幅或幅值，它确定了正弦量变化的范围，用大写字母加小写字母 m 下标表示，如 I_m、U_m、E_m 分别表示正弦电流、电压、电动势的最大值。

正弦量的瞬时值是随时间时刻在变化的，任何瞬间的值不能代表整个正弦量的大小，最

大值只能代表正弦量达到极值的瞬间的大小，同样不适合表征正弦量的大小。在工程技术中，通常需要一个特定值来表征正弦量的大小。由于正弦电流（电压）和直流电流（电压）作用于电阻时都会产生热效应，因此考虑根据其热效应来确定正弦量的大小。一个正弦交流电流和一个直流电流在相等的时间内通过同一电阻 R 所产生的热量相同，则这个直流电流就称为该交流电流的有效值，用大写字母表示，如 I、U、E 分别表示正弦电流、电压、电动势的有效值。

当正弦交流电流流过电阻 R 时，该电阻在一个周期 T 内产生的热量为

$$Q_1 = 0.24\int_0^T i^2 R\,\mathrm{d}t$$

当直流电流流过同一电阻 R 时，在相同的时间 T 内产生的热量为

$$Q_2 = 0.24 I^2 RT$$

当 $Q_1 = Q_2$ 时，得

$$\int_0^T i^2 R\,\mathrm{d}t = I^2 RT$$

所以，交流电的有效值为

$$I = \sqrt{\frac{1}{T}\int_0^T i^2\,\mathrm{d}t} \tag{4-4}$$

由式(4-4)可知：正弦交流电流的有效值为它在一个周期内的方均根值，同样也可以得到交流电压、交流电动势的有效值为

$$U = \sqrt{\frac{1}{T}\int_0^T u^2\,\mathrm{d}t} \quad E = \sqrt{\frac{1}{T}\int_0^T e^2\,\mathrm{d}t}$$

把 $i = I_{\mathrm{m}}\sin(\omega t + \varphi_i)$ 代入式(4-4)得

$$I = \sqrt{\frac{1}{T}\int_0^T I_{\mathrm{m}}^2 \sin^2 \omega t\,\mathrm{d}t} = \frac{I_{\mathrm{m}}}{\sqrt{2}} = 0.707 I_{\mathrm{m}}$$

与此类似，正弦交流电压、电动势的有效值与最大值的关系为

$$U_{\mathrm{m}} = \sqrt{2}U \tag{4-5}$$

$$E_{\mathrm{m}} = \sqrt{2}E \tag{4-6}$$

由此可见，正弦交流电的最大值等于其有效值的$\sqrt{2}$倍。因此，可以把正弦量 i 改写为

$$i = \sqrt{2} I \sin(\omega t + \varphi_i) \tag{4-7}$$

可见，也可以用 I、ω、φ_i 表示正弦交流电的三要素。一般的交流电压表和电流表的读数指的就是有效值，电气设备标牌上的额定值等都是有效值。但是，电气设备与电子器件的耐压是按最大值选取的，否则，当设备的交流电流（电压）达到最大值时设备就有被击穿损坏的危险。

4.1.3 交流电的相位、初相位和相位差

在式(4-7)中，随时间变化的角度 $\omega t + \varphi_i$ 称为正弦交流电的相位或相位角，它反映了正弦交流电随时间变化的进程。其中，φ_i 是正弦量在 $t=0$ 时的相位，称为初相位，简称初相，其单位用弧度或度来表示，取值范围为 $|\varphi_i| \leqslant \pi$。

显然，正弦量的初相与计时起点有关，所取的计时起点不同，正弦量的初相不同，其初始

值就不同。计时起点可以根据需要任意选择，当电路中同时存在多个同频率的正弦量时，可以选择某一正弦量由负方向变化通过零值的瞬间作为计时起点，这个正弦量的初相就为零，称这个正弦量为参考正弦量，这时，其他正弦量的初相也就确定了。

在电路中，两个同频率正弦量相位之差称为相位差，用字母 φ 表示，例如，设两个同频率正弦量为

$$u = U_m \sin(\omega t + \varphi_u)$$
$$i = I_m \sin(\omega t + \varphi_i)$$

则它们的相位差 φ 为

$$\varphi = (\omega t + \varphi_u) - (\omega t + \varphi_i) = \varphi_u - \varphi_i \tag{4-8}$$

可见，两个同频率正弦量的相位差等于它们的初相之差，它是一个与时间和计时起点无关的常数，即当正弦量的计时起点改变时，其相位和初相都会随之改变，但它们的相位差 φ 保持不变，通常情况下 $|\varphi| \leqslant \pi$。相位差的存在使两个同频率正弦量的变化进程不同，根据 φ 的不同，有以下四种变化进程。

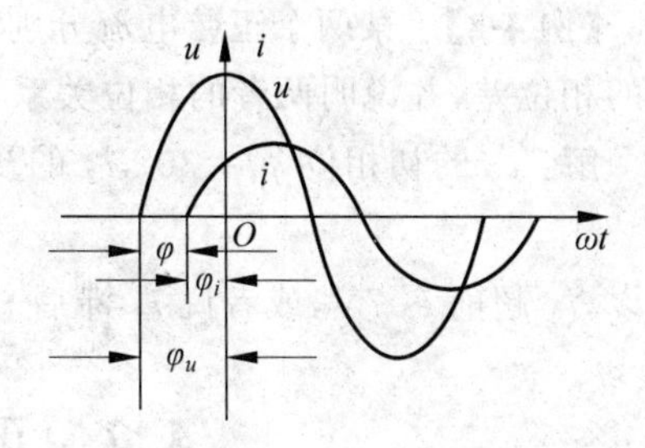

图 4-2　两个同频率正弦量的相位差

(1) 当 $\varphi > 0$，即 $\varphi_u > \varphi_i$ 时，在相位上电压 u 比电流 i 先达到最大值，称电压超前电流 φ 角，称电流滞后电压 φ 角，如图 4-2 所示。

(2) 当 $\varphi = 0$，即 $\varphi_u = \varphi_i$ 时，表示两个正弦量的变化进程相同，称电压 u 与电流 i 同相，如图 4-3(a)所示。

(3) 当 $\varphi = \pm\pi$ 时，表示两个正弦量的变化进程相反，称电压 u 与电流 i 反相，如图 4-3(b)所示。

(4) 当 $\varphi = \pm\frac{\pi}{2}$ 时，表示两个正弦量的变化进程相差 90°，称电压 u 与电流 i 正交，如图 4-3(c)所示。

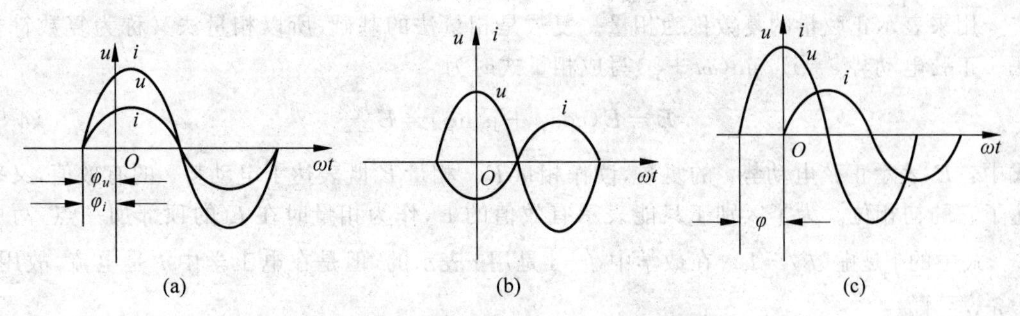

图 4-3　两个同频率正弦量的相位关系

注意：以上关于相位关系的讨论，只是针对相同频率的正弦量来说的，两个不同频率的正弦量的相位差是随时间变化的，不是常数，因此讨论其相位关系是没有意义的。

【例 4-1】　有一正弦交流电压，频率为 50Hz，最大值为 310V，当 $t = 0$ 时，其瞬时值为 268V，试写出其瞬时值的表达式。

解：设该电压的瞬时值表达式为

$$u = U_m \sin(\omega t + \varphi_u)$$

当 $t=0$ 时，其电压为 268V，最大值为 310V，则

$$268 = 310\sin\varphi_u$$

则

$$\varphi_u = 60° \text{ 或 } \varphi_u = 120°$$

又因为

$$\omega = 2\pi f = 2\pi \times 50 = 314(\text{rad/s})$$

因此，正弦交流电压瞬时值表达式为

$$u = 310\sin(314t + 60°)\text{V} \quad \text{或} \quad u = 310\sin(314t + 120°)\text{V}$$

【例 4-2】 某两个正弦电流分别为 $i_1 = 5\sin(\omega t + 30°)\text{A}$，$i_2 = 10\sin(\omega t - 45°)\text{A}$，试求两者的相位差，并说明两者的相位关系。

解： i_1 的初相位 $\varphi_1 = 30°$，i_2 的初相位 $\varphi_2 = -45°$，所以 i_1 与 i_2 的相位差为

$$\varphi = \varphi_1 - \varphi_2 = 75°$$

所以，i_1 超前 i_2 75°，或者说 i_2 滞后 i_1 75°。

4.2 正弦量的相量表示法

通过上面的学习可以知道，一个正弦量具有最大值、角频率及初相，并可以用正弦函数及其波形图直观地表示出来。但是，如果直接利用正弦函数及其波形图来分析计算电路，将会十分的烦琐。为此引入了“相量法”的概念，把三角函数运算简化为复数形式的代数运算，极大地简化了正弦交流电路的分析计算过程。相量法是以复数和复数的运算为基础的，为此首先介绍一下有关复数的基础知识。

4.2.1 相量

1. 相量法

用来表示正弦量的复数称为相量。复数是相量法的基础，所以相量法又称为复数符号法。正弦电动势 $e = E_m \sin(\omega t + \varphi)$ 写成相量式时为

$$\dot{E} = E(\cos\varphi + \text{j}\sin\varphi) = E\angle\varphi \tag{4-9}$$

式中：$\dot{E}$ 表示正弦电动势 e 的复数，读作相量 E。相量 E 既表达了电动势 e 的有效值，又表达了它的初相位。为了区别于只能表示有效值的 E，作为相量时在 E 的顶部加一点，写成 $\dot{E}$。式中的 j 是虚数 $\sqrt{-1}$。在数学中 $\sqrt{-1}$ 是用 i 表示的，但是在电工学中 i 是电流，故用 j 表示 $\sqrt{-1}$。

将正弦量转换成为相量式以后，正弦量的四则运算就变为复数的四则运算，这就简便得多了。运用复数计算交流电路时，相量的直角坐标式与极坐标式之间可以互相转换。

需要说明的是，相量是表示正弦量的一种方式，相量不是时间函数。相量是正弦量的复数表示形式，但不是正弦量。此外，相量的相加或相减只能是同频率正弦量的相加或相减。

【例 4-3】 已知 $e_1 = 50\sqrt{2}\sin(\omega t + 30°)\text{V}$，$e_2 = 150\sqrt{2}\sin(\omega t - 30°)\text{V}$。求 e_1 和 e_2 的和。

解： 本题可利用 e_1 和 e_2 的已知函数式求它们的和，但化简过程相当烦琐，如利用相量

法求和，则很简便。

e_1 和 e_2 的相量式为

$$\dot{E}_1 = 50 \times (\cos 30° + \mathrm{j}\sin 30°) = (43.3 + \mathrm{j}25)\mathrm{V}$$

$$\dot{E}_2 = 100 \times (\cos 30° - \mathrm{j}\sin 30°) = (86.6 - \mathrm{j}50)\mathrm{V}$$

相量 $\dot{E}_1$ 与 $\dot{E}_2$ 的和为

$$\dot{E} = \dot{E}_1 + \dot{E}_2 = 43.3 + \mathrm{j}25 + 86.6 - \mathrm{j}50 = (129.9 - \mathrm{j}25)\mathrm{V}$$

将上式转换成极坐标式为

$$\dot{E} = E\angle\varphi = \sqrt{(129.9)^2 + (25)^2}\angle \arctan\frac{-25}{129.9}$$

$$= 132.3\angle -10.9°\mathrm{V}$$

式中：φ 为 e 的初相位。

从相量式可得 e 的函数式

$$e = e_1 + e_2 = 132.3\sqrt{2}\sin(\omega t - 10.9°)\mathrm{V}$$

2. 相量图

相量可以用有向线段在复平面上表示出来。线段的长度代表正弦量的最大值或有效值，称为相量的模；线段与横轴的夹角表示正弦量的初相位，称为相量的辐角，且认为线段是以角频率 ω 按逆时针方向旋转的。图 4-4 是正弦电动势 e_1 和 e_2 的相量在复平面上的表示法。

同频率的若干相量画在同一个复平面上构成了相量图。相量图能清晰地表示出各相量的数值和相位关系。例如从图 4-4 可以看出 $E_1 > E_2$，且相量 $\dot{E}_1$ 超前于相量 $\dot{E}_2$ 相位差 $\varphi_1 - \varphi_2$。

3. j 的几何意义

j 既是一个虚数单位，同时又是一个旋转因子。因为任何相量与 j 相乘意味着该相量按逆时针方向旋转了 90°。现举例说明如下。

在图 4-5 中，设相量 $\dot{A}$ 的模为 1，辐角为 30°，其相量式为

$$\dot{A} = 1\angle 30° = \cos 30° + \mathrm{j}\sin 30° = 0.866 + \mathrm{j}0.5$$

现将 $\dot{A}$ 乘以 j，得

$$\mathrm{j}\dot{A} = \mathrm{j}\angle 30° = \mathrm{j}(0.866 + \mathrm{j}0.5) = -0.5 + \mathrm{j}0.866 = 1\angle 120°$$

这里要注意，$\mathrm{j}\dot{A}$ 的辐角为 $\arctan\frac{0.866}{-0.5} = -60°$ 或 120°。但是由于该相量的复数是 $-0.5+\mathrm{j}0.866$，其坐标在第二象限，故辐角应该是 120°，而不是 $-60°$。

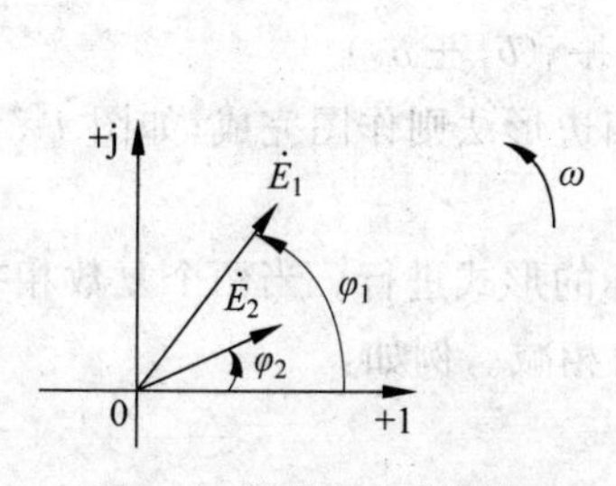

图 4-4 复平面上的相量

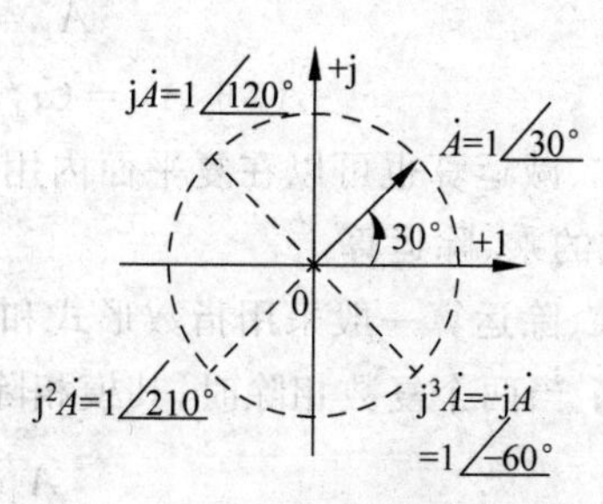

图 4-5 相量乘以 j

4.2.2 复数

1. 复数的表示方法

(1) 复数的代数形式。

设 A 为一个复数，则其代数形式为

$$A = a + \mathrm{j}b$$

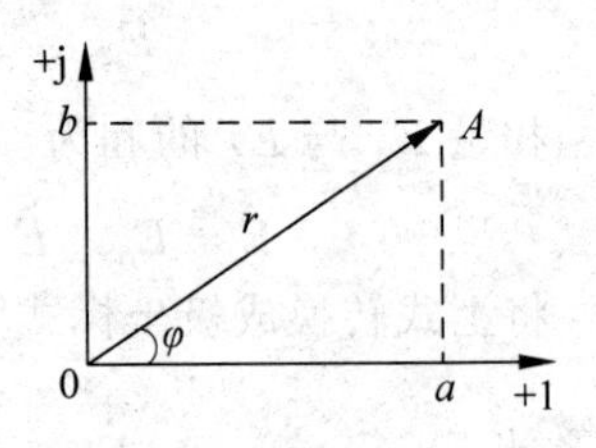

图 4-6 复数的表示

式中：a、b 是任意实数，分别是复数的实部和虚部；j 为虚数单位，$\mathrm{j}=\sqrt{-1}$。虚数单位在数学中用 i 表示，在电工技术中，为了与电流相区别，则用 j 来表示虚数单位。复数 A 也可以用复平面内的一条有向线段表示，如图 4-6 所示，线段的长度用 r 表示，称为复数 A 的模，r 与实轴方向的夹角用 φ 表示，称为复数 A 的辐角。

$$r = \sqrt{a^2 + b^2} \quad \varphi = \arctan \frac{b}{a} \tag{4-10}$$

(2) 复数的三角函数形式。由式(4-10)得

$$a = r\cos\varphi \quad b = r\sin\varphi$$

则有

$$A = r\cos\varphi + \mathrm{j}r\sin\varphi = r(\cos\varphi + \mathrm{j}\sin\varphi)$$

根据欧拉公式 $e^{\mathrm{j}\varphi} = \cos\varphi + \mathrm{j}r\sin\varphi$ 可以得出复数的指数形式。

(3) 复数的指数形式。复数的指数形式为

$$A = r e^{\mathrm{j}\varphi}$$

(4) 复数的极坐标形式。复数的极坐标形式为

$$A = r\angle\varphi$$

以上是四种复数形式，它们之间可以互相转换。

2. 复数的运算

(1) 复数的加、减运算

复数的加、减运算一般采用代数形式和三角函数形式，即复数的实部与实部相加减，虚部与虚部相加减。例如：

$$A_1 = a_1 + \mathrm{j}b_1$$
$$A_2 = a_2 + \mathrm{j}b_2$$

则
$$A_1 \pm A_2 = (a_1 \pm a_2) + \mathrm{j}(b_1 \pm b_2)$$

复数的加、减运算也可以在复平面内用平行四边形法则作图完成，如图 4-7 所示。

(2) 复数的乘、除运算

复数的乘、除运算一般采用指数形式和极坐标的形式进行。当两个复数相乘时，其模相乘，辐角相加；当两个复数相除时，其模相除，辐角相减。例如：

$$A_1 = r_1 e^{\mathrm{j}\varphi_1}$$

$$A_2 = r_2 e^{\mathrm{j}\varphi_2}$$

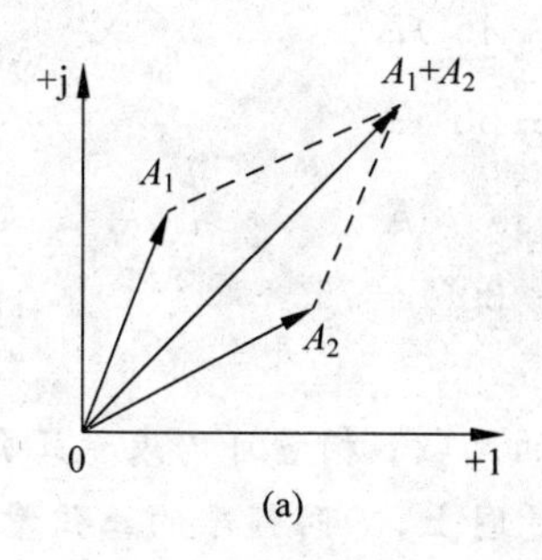

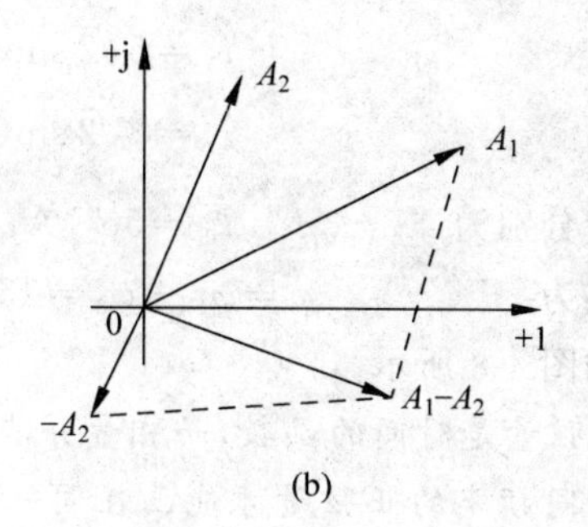

图 4-7 复数的加、减运算

则

$$A_1A_2=r_1r_2\mathrm{e}^{\mathrm{j}(\varphi_1+\varphi_2)}$$

$$\frac{A_1}{A_2}=\frac{r_1}{r_2}\mathrm{e}^{\mathrm{j}(\varphi_1-\varphi_2)}$$

注意：复数中关于虚数单位j，常有下列关系：

$$\mathrm{j}^2=-1\quad \mathrm{j}^3=-\mathrm{j}\quad \mathrm{j}^4=1\quad \mathrm{j}^{-1}=\frac{1}{\mathrm{j}}=-\mathrm{j}$$

另外，j与90°辐角之间的关系为

$$\mathrm{j}=\cos90^\circ+\mathrm{j}\sin90^\circ=\mathrm{e}^{\mathrm{j}90^\circ}=\angle 90^\circ$$

$$-\mathrm{j}=\cos90^\circ-\mathrm{j}\sin90^\circ=\mathrm{e}^{-\mathrm{j}90^\circ}=\angle -90^\circ$$

4.2.3 相量表示法

一个正弦量是由其有效值(最大值)、角频率、初相位决定的。在分析线性电路时，正弦激励和响应均为同频率的正弦量，因此，可以把角频率这一要素作为已知量，这样，正弦量就可以由有效值(最大值)、初相位来决定了。由复数的指数形式可知，复数也有两个要素，即复数的模和辐角。这样就可以将正弦量用复数来描述，用复数的模表示正弦量的大小，用复数的辐角表示正弦量的初相位，这种用来表示正弦量的复数称为正弦量的相量。

例如，正弦电压 $u=U_\mathrm{m}\sin(\omega t+\varphi_u)$，其最大值相量形式为 $\dot{U}_\mathrm{m}=U_\mathrm{m}\mathrm{e}^{\mathrm{j}\varphi_u}$，其有效值相量形式为 $\dot{U}=U\mathrm{e}^{\mathrm{j}\varphi_u}$。

为了与一般的复数相区别，用来表示正弦量的复数用大写字母加上“.”表示。

由此可见，正弦量与表示正弦量的相量是一一对应的关系，如果已知正弦量，就可以写出与之对应的相量；反之，如果已知相量，并且给出了正弦量的角频率，同样可以写出正弦量。比如，正弦电流 $i=5\sqrt{2}\sin(314t+30^\circ)\mathrm{A}$，其相量为 $\dot{I}=5\mathrm{e}^{\mathrm{j}30^\circ}\mathrm{A}$；再如，已知正向电压的频率 $f=50\mathrm{Hz}$，其有效值相量 $\dot{U}=220\mathrm{e}^{\mathrm{j}45^\circ}\mathrm{V}$，则其正弦量为 $u=220\sqrt{2}\sin(314t+45^\circ)\mathrm{V}$。

相量是一个复数，它在复平面上的图形称为相量图，画在同一个复平面上，表示各正弦量的相量，其频率相同。因此，在画相量图时应注意，相同的物理量应成比例；另外还要注意各个正弦量之间的相位关系，比如，正弦电流：

$$i_1 = 5\sqrt{2}\sin(314t + 45°)\text{A}$$

$$i_2 = 3\sqrt{2}\sin(314t - 30°)\text{A}$$

其有效值相量分别为 $\dot{I}_1 = 5\text{e}^{\text{j}45°}\text{ A} \quad \dot{I}_2 = 3\text{e}^{-\text{j}30°}\text{ A}$

两者的相位差为 $\varphi = \varphi_1 - \varphi_2 = 45° - (-30°) = 75°$

相量图如图 4-8 所示。

注意：正弦量是时间的函数，而相量并非时间的函数；相量可以表示正弦量，但不等于正弦量；只有同频率的正弦量才能画在同一张相量图上，不同频率的正弦量不能画在同一张相量图上，也无法用相量进行分析、计算。

【例 4-4】 试写出正弦量 $u_1 = 220\sqrt{2}\sin(314t + 60°)\text{V}$，$u_2 = 110\sqrt{2}\sin(314t - 30°)\text{V}$ 的相量，并画出相量图。

解：u_1 对应的有效值相量为 $\dot{U}_1 = 220\angle 60°\text{V}$

u_2 对应的有效值相量为 $\dot{U}_2 = 110\angle -30°\text{V}$

相量图如图 4-9 所示。

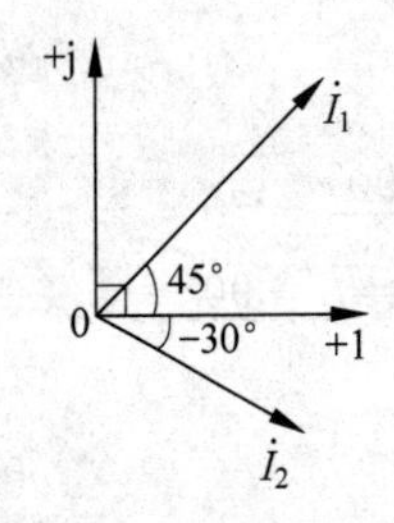

图 4-8　相量图

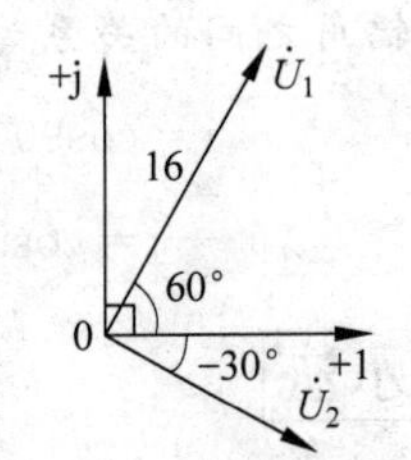

图 4-9　例 4-4 相量图

【例 4-5】 试写出正弦量 $u_1 = 220\sqrt{2}\sin(314t + 60°)\text{V}$，$u_2 = 110\sqrt{2}\sin(314t + 30°)\text{V}$，试求 $u = u_1 + u_2$。

解：u_1 对应的有效值相量为

$$\dot{U}_1 = 220\angle 60° = (110 + \text{j}190.52)\text{V}$$

u_2 对应的有效值相量为

$$\dot{U}_2 = 110\angle 30° = (95.26 + \text{j}55)\text{V}$$

$$\dot{U} = \dot{U}_1 + \dot{U}_2 = (205.26 + \text{j}245.52)\text{V}$$

4.3　电阻、电感和电容串联的交流电路

最简单的交流电路是由电阻、电感、电容单个电路元件组成的，这些电路元件仅由 R、L、C 三个参数中的一个来表征其特性，故称这种电路为单一参数电路元件的交流电路。工程实际中的某些电路就可以作为单一参数电路元件的交流电路来处理；另外，复杂的交流电路也可以认为是由单一参数电路元件组合而成的，因此掌握单一参数电路元件的交流电路的分析方法是十分重要的。

1. 纯电阻电路

图 4-10 所示为仅含有电阻元件的交流电路。设在关联参考方向下，任意瞬时在电阻 R 两端施加电压为

$$u_{\mathrm{R}}=\sqrt{2}U_{\mathrm{R}}\sin(\omega t+\varphi_u)\mathrm{V}$$

根据欧姆定律，通过电阻 R 的电流为

$$i_{\mathrm{R}}=\frac{u_{\mathrm{R}}}{R}=\frac{\sqrt{2}U_{\mathrm{R}}\sin(\omega t+\varphi_u)}{R}=\sqrt{2}I_{\mathrm{R}}\sin(\omega t+\varphi_i) \tag{4-11}$$

式中：$\varphi_u=\varphi_i$；$I_{\mathrm{R}}=\dfrac{U_{\mathrm{R}}}{R}$。

因此，在电阻元件的交流电路中，通过电阻的电流 i_{R} 与其电压 u_{R} 是同频率、同相位的两个正弦量，其波形如图 4-11(a)所示，且电压与电流的瞬时值、有效值、最大值均符合欧姆定律。

用相量的形式来分析电阻电路，其相量模型如图 4-10(b)所示。电阻元件的电压和用相量形式表示为

$$\dot{U}_{\mathrm{R}}=U_{\mathrm{R}}\angle\varphi_u$$

$$\dot{I}_{\mathrm{R}}=I_{\mathrm{R}}\angle\varphi_i=\frac{U_{\mathrm{R}}}{R}\angle\varphi_u=\frac{\dot{U}_{\mathrm{R}}}{R} \tag{4-12}$$

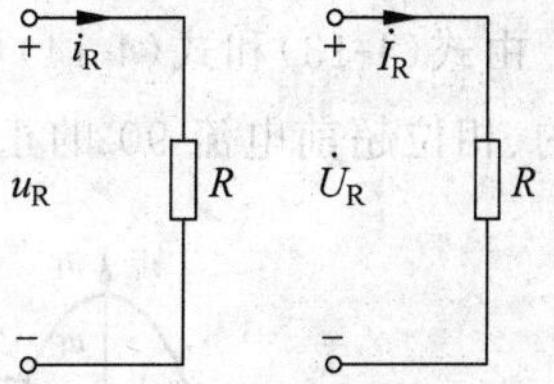

图 4-10　电阻电路

式(4-12)是电阻电路中欧姆定律的相量形式。由此也可以看出，电阻电路的电压和电流同相，其相量图如图 4-11(b)所示。

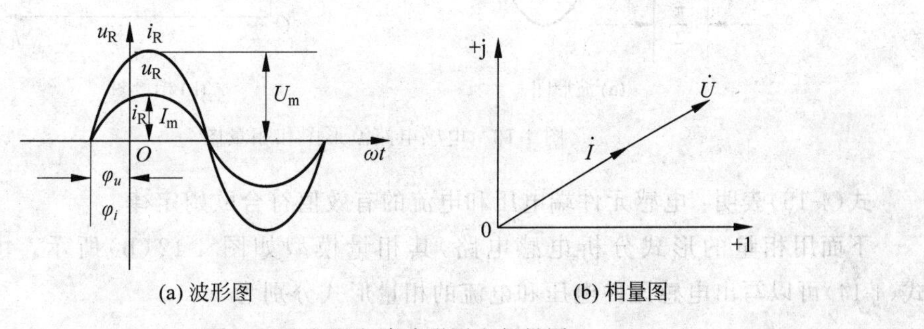

图 4-11　电阻电路波形图和相量图

【例 4-6】 把一个 120Ω 的电阻接到频率为 50Hz、电压有效值为 12V 的正弦电源上，求通过电阻的电流有效值是多少？如果电压值不变，电源频率改为 5000Hz，这时的电流又是多少？

解：电阻电流的有效值为

$$I_{\mathrm{R}}=\frac{U_{\mathrm{R}}}{R}=\frac{12}{120}=0.1(\mathrm{A})=100(\mathrm{mA})$$

由于电阻元件电阻的大小与频率无关，所以频率改变后，电流仍为 100mA。

2. 纯电感电路

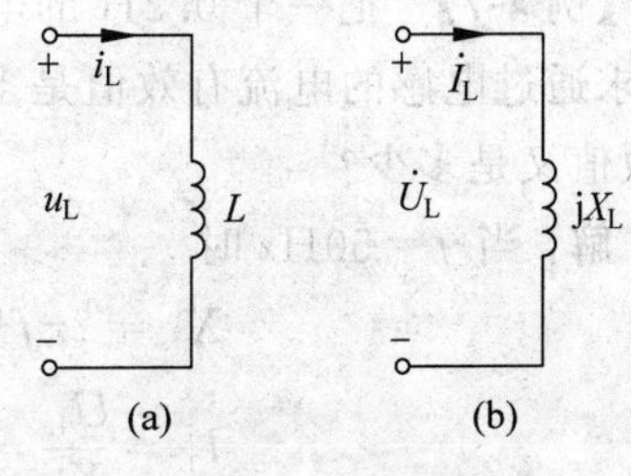

图 4-12　电感电路

图 4-12 所示为仅含有电感元件的交流电路。设任

意瞬时，电压 u_L 和电流 i_L 在关联参考方向下的关系为

$$u_L = L\frac{\mathrm{d}i_L}{\mathrm{d}t}$$

如设电流为参考相量，即

$$i_L = \sqrt{3}I_L\sin\omega t \tag{4-13}$$

则有

$$u_L = L\frac{\mathrm{d}i_L}{\mathrm{d}t} = \sqrt{2}\omega LI_L\cos\omega t = \sqrt{2}\omega LI_L\sin(\omega t + 90^\circ)$$

$$= \sqrt{2}U_L\sin(\omega t + 90^\circ) \tag{4-14}$$

在式(4-14)中，$U_L = \omega LI_L = X_LI_L$ 或 $U_{Lm} = \omega LI_{Lm} = X_LI_{Lm}$，其中

$$X_L = \frac{U_L}{I_L} = \omega L \tag{4-15}$$

这里 X_L 称为电感元件的电抗，简称感抗，单位为欧姆(Ω)。

由式(4-13)和式(4-14)可以看出，当正弦电流通过电感元件时，在电感上产生一个同频率的、相位超前电流 90°的正弦电压，其波形图如图 4-13(a)所示。

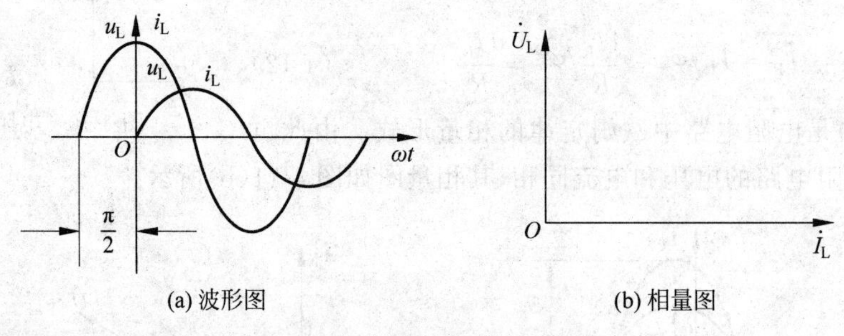

(a) 波形图　　(b) 相量图

图 4-13　电感电路波形图和相量图

式(4-15)表明：电感元件端电压和电流的有效值符合欧姆定律。

下面用相量的形式分析电感电路，其相量模型如图 4-12(b)所示。由式(4-13)和式(4-14)可以写出电感元件电压和电流的相量形式分别为

$$\dot{I}_L = I_L\angle 0^\circ$$

$$\dot{U}_L = \omega LI_L\angle 90^\circ = \mathrm{j}X_L\dot{I}_L \tag{4-16}$$

式(4-16)是电感电路欧姆定律的相量形式，其相量图如图 4-13(b)所示。

【例 4-7】 把一个 0.2H 的电感元件接到频率为 50Hz、电压有效值为 12V 的正弦电源上，求通过电感的电流有效值是多少？如果电压值不变，电源频率改为 5000Hz，这时的电流有效值又是多少？

解：当 $f = 50\text{Hz}$ 时

$$X_L = 2\pi fL = 2\times 3.14\times 50\times 0.2 = 62.8(\Omega)$$

$$I_L = \frac{U_L}{X_L} = \frac{12}{62.8} \approx 0.191(\text{A}) = 191(\text{mA})$$

当 $f=5000\text{Hz}$ 时

$$X_L=2\pi fL=2\times3.14\times5000\times0.2=6280(\Omega)$$

$$I_L=\frac{U_L}{X_L}=\frac{12}{6280}\approx0.00191(\text{A})=1.91(\text{mA})$$

3. 纯电容电路

图 4-14 所示为仅含有电容元件的交流电路。设任意瞬时，电压 u_C 和电流 i_C 在关联参考方向下的关系为

$$i_C=C\frac{\mathrm{d}u_C}{\mathrm{d}t}$$

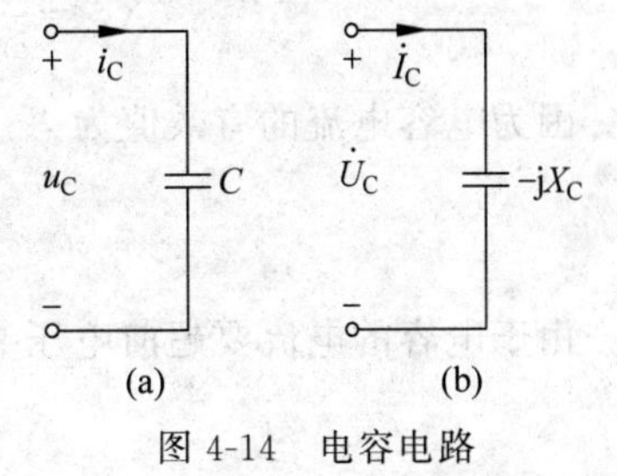

图 4-14　电容电路

如设电压为参考相量，即

$$u_C=\sqrt{2}U_C\sin\omega t \tag{4-17}$$

则有

$$i_C=C\frac{\mathrm{d}u_C}{\mathrm{d}t}=\sqrt{2}\omega CU_C\cos\omega t=\sqrt{2}\omega CU_C\sin(\omega t+90^\circ)$$

$$=\sqrt{2}I_C\sin(\omega t+90^\circ) \tag{4-18}$$

式(4-18)中，$I_C=\omega CU_C$，即

$$\frac{U_C}{I_C}=\frac{1}{\omega C}=\frac{1}{2\pi fC}=X_C \tag{4-19}$$

在式(4-19)中，X_C 称为电容的电抗，简称容抗，单位为欧姆(Ω)。

由式(4-17)和式(4-18)可以看出，当电容元件两端施加正弦电压时，在电容上产生一个同频率的、相位超前电压 90°的正弦电流，其波形图如图 4-15(a)所示。

式(4-19)表明：电容元件端电压和电流的有效值符合欧姆定律。

下面用相量的方法分析电容电路，其相量模型如图 4-14(b)所示。由式(4-17)和式(4-18)可以写出电容元件电压和电流的相量形式分别为

$$\dot{U}_C=U_C\angle 0^\circ$$

$$\dot{I}_C=\omega CU_C\angle 90^\circ=\frac{\dot{U}_C}{-\mathrm{j}\dfrac{1}{\omega C}}\ \text{或}\ \dot{U}_C=-\mathrm{j}X_C\dot{I}_C \tag{4-20}$$

式(4-20)是电容电路欧姆定律的相量形式，其相量图如图 4-15(b)所示。

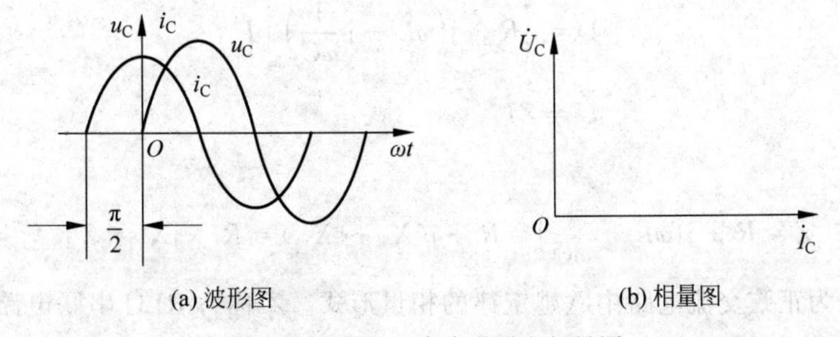

(a) 波形图　　(b) 相量图

图 4-15　电容电路波形图和相量图

【例 4-8】 在电容为 159μF 的电容器两端加 $u=220\sqrt{2}\sin(314t+60^\circ)$的电压，试求电容的电流。

解：

$$X_C=\frac{1}{\omega C}=\frac{1}{314\times 159\times 10^{-6}}\approx 20(\Omega)$$

因为电容电流的有效值为

$$I_C=\frac{U_C}{X_C}=\frac{220}{20}=11(\text{A})$$

由于电容的电流要超前电压 90°，而 $\varphi_u=60^\circ$，所以 $\varphi_i=150^\circ$，则有

$$i_C=11\sqrt{2}\sin(314t+150^\circ)\text{A}$$

4. RLC 串联交流电路

实际电路的电路模型一般都是由几种理想的电路元件组成的，因此，研究含有几个参数的电路就更具有实际意义。

如图 4-16(a)所示电路，若以电流 i 为参考相量，即

$$i=\sqrt{2}I\sin\omega t$$

则根据基尔霍夫电压定律有

$$u=u_R+u_L+u_C$$

转换为对应的相量形式，则有

$$\dot{U}=\dot{U}_R+\dot{U}_L+\dot{U}_C \tag{4-21}$$

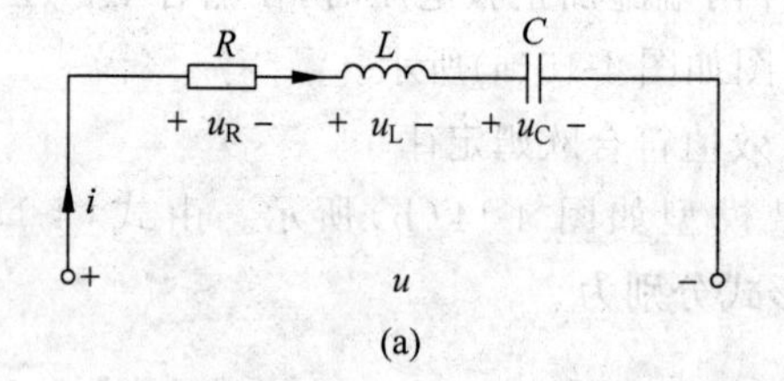

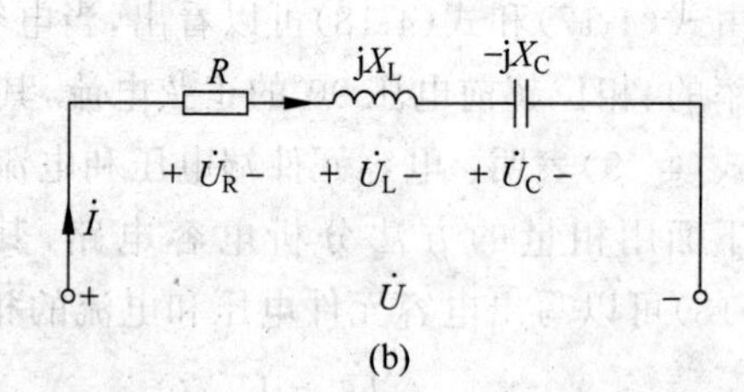

图 4-16 RLC 串联电路

其相量模型如图 4-16(b)所示。

将 $\dot{U}_R=R\dot{I}$，$\dot{U}_L=\text{j}\omega L\dot{I}$，$\dot{U}_C=-\text{j}\dfrac{1}{\omega C}\dot{I}$ 代入式(4-21)，得

$$\dot{U}=\left[R+\text{j}\left(\omega L-\text{j}\frac{1}{\omega C}\right)\right]\dot{I}$$

$$\dot{U}=Z\dot{I} \tag{4-22}$$

其中，

$$Z=R+\text{j}\left(\omega L-\frac{1}{\omega C}\right)=R+\text{j}(X_L-X_C)=R+\text{j}X=|Z|\underline{/\varphi} \tag{4-23}$$

式(4-22)为正弦交流电路中欧姆定律的相量形式。Z 称为 RLC 串联电路的复阻抗，简称阻抗，单位为 Ω；$|Z|$为阻抗的模；$X=X_L-X_C$ 称为电抗，单位为 Ω；φ 称为阻抗角。

RLC 串联等效电路如图 4-17 所示。

由式(4-23)可知

$$|Z|=\sqrt{R^2+X^2}=\sqrt{R^2+\left(\omega L-\frac{1}{\omega C}\right)^2} \tag{4-24}$$

$$\varphi=\arctan\frac{X}{R}=\arctan\frac{\omega L-\frac{1}{\omega C}}{R} \tag{4-25}$$

由式(4-24)还可以得出

$$Z=\frac{\dot{U}}{\dot{I}}=\frac{U\angle\varphi_u}{I\angle\varphi_i}=|Z|\angle\varphi_u-\varphi_i=|Z|\angle\varphi \tag{4-26}$$

可见,阻抗角 $\varphi=\varphi_u-\varphi_i$ 也是电压和电流的相位差角。由式(4-23)可以看出,复阻抗的实部是电阻 R、虚部是阻抗 X。这里要注意的是:复阻抗虽然是复数,但它不是时间的函数,所以不是相量,因此 Z 的上面没有“·”。

$|Z|$、R、X 可以用一个直角三角形的三个边之间的关系来描述,称为阻抗三角形,如图 4-18 所示。

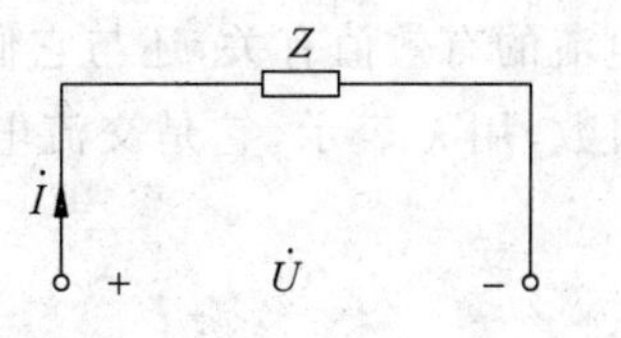

图 4-17 RLC 串联等效电路

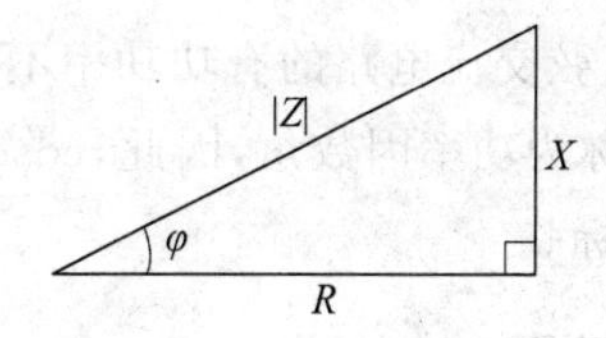

图 4-18 阻抗三角形

由式(4-25)和式(4-26)可以看出,复阻抗 Z 仅由电路的参数及电源的频率决定,与电压、电流的大小无关。

若 $X_L>X_C$,则 $X>0,\varphi>0$,电压超前电流,电路呈电感性。

若 $X_L<X_C$,则 $X<0,\varphi<0$,电压滞后电流,电路呈电容性。

若 $X_L=X_C$,则 $X=0,\varphi=0$,电压与电流同相位,电路呈电阻性。

单一的电阻、电感、电容可以视为复阻抗的特例,它们的复阻抗分别为 $Z=R$,$Z=\mathrm{j}\omega L$,$Z=-\mathrm{j}\frac{1}{\omega C}$。

【例 4-9】 在 RLC 串联电路中,已知 $R=30\Omega$,$L=95.5\text{mH}$,$C=53.1\mu\text{F}$,电压源电压 $u=220\sqrt{2}\sin(314t+30°)\text{V}$,试求:该串联电路的阻抗 Z 及电路中的电流 i。

解: $X_L=\omega L\approx30\Omega,X_C=\frac{1}{\omega C}\approx60\Omega$

$$Z=R+\mathrm{j}(X_L-X_C)=30+\mathrm{j}(30-60)=30-\mathrm{j}30\approx42.4\angle-45°\Omega$$

$$\dot{I}=\frac{\dot{U}}{Z}=\frac{220\angle30°}{42.42\angle-45°}\approx5.2\angle75°\text{A}$$

$$i=5.2\sqrt{2}\sin(314t+75°)\text{A}$$

4.4 交流电路的功率及功率因数

4.4.1 RLC 串联电路的功率

1. 瞬时功率和有功功率

如图 4-16 所示的 RLC 串联电路，端口电压 u 和端口电流 i 的参考方向如图中所示。

设 $i=\sqrt{2}I\sin(\omega t+\varphi_i)$，$u=\sqrt{2}U\sin(\omega t+\varphi_u)$，则瞬时功率为

$$
\begin{aligned}
p=ui&=\sqrt{2}U\sin(\omega t+\varphi_u)\times\sqrt{2}I\sin(\omega t+\varphi_i)\\
&=UI\cos(\varphi_u-\varphi_i)-UI\cos(2\omega t+\varphi_u+\varphi_i)
\end{aligned}
$$

瞬时功率在一个周期内的平均值为有功功率，其表达式为

$$
\begin{aligned}
P&=\frac{1}{T}\int_0^T p\,\mathrm{d}t=\frac{1}{T}\int_0^T[UI\cos(\varphi_u-\varphi_i)-UI\cos(2\omega t+\varphi_u+\varphi_i)]\mathrm{d}t\\
&=UI\cos(\varphi_u-\varphi_i)=UI\cos\varphi
\end{aligned}
\tag{4-27}
$$

式(4-27)中，U、I 分别是正弦交流电路中电压和电流的有效值，φ 为电压与电流的相位差。可见，正弦交流电路的有功功率不仅与电压和电流的有效值有关，还与它们的相位差 φ 有关。φ 又称为功率因数角，因此，$\cos\varphi$ 称为功率因数，用 λ 表示，它是交流电路中一个非常重要的指标。

2. 无功功率

在 RLC 串联电路中，要储存或释放能量，各器件不仅相互之间要进行能量的转换，而且还要与电源之间进行能量的交换；电感和电容与电源之间进行能量交换的规模大小用无功功率来衡量。无功功率用 Q 表示，其值为

$$Q=UI\sin\varphi \tag{4-28}$$

由于电感元件的电压超前电流 90°，电容元件的电压滞后电流 90°，因此，感性无功功率与容性无功功率之间可以相互补偿，即

$$Q=Q_\mathrm{L}-Q_\mathrm{C} \tag{4-29}$$

3. 视在功率

在交流电路中，电气设备是根据其发热情况（电流的大小）的耐压（电压的最大值）来设计使用的，通常将电压和电流有效值的乘积定义为视在功率（设备的容量），用 S 表示，单位为伏安（V·A）。其表达式为

$$S=UI=|Z|I^2 \tag{4-30}$$

4. 功率三角形

由式(4-27)～式(4-29)可以看出 $S=UI=\sqrt{P^2+Q^2}$，因此，可以用直角三角形表示有功功率 P、无功功率 Q、视在功率 S 之间的关系，如图 4-19 所示，并称其为功率三角形。

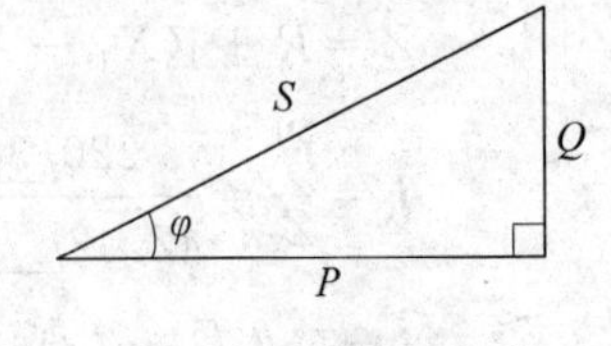

图 4-19　功率三角形

由图 4-19 得

$$\varphi = \arctan \frac{Q}{P}$$

4.4.2 功率因数

在交流电路中，电压与电流之间的相位差 φ 的余弦称为功率因数，用 $\cos\varphi$ 表示，在数值上，功率因数是有功功率和视在功率的比值，即

$$\cos\varphi = \frac{P}{S} \tag{4-31}$$

在电力系统中功率因数直接影响系统运行的经济性，提高电力系统的功率因数具有极为重要的意义。

提高功率因数即提高有功功率的利用率，可以使发电设备的容量得以充分利用，或减小电源与负载无功交换的规模。另外，无功互换虽不直接消耗电源能量，但会影响输电线路的电能损耗和电压损耗，根据 $I = \frac{P}{U\cos\varphi}$ 可知，功率因数越小，I 越大，线路功率损耗 $\Delta P = I^2 r$ 越大（r 为线路电阻），而且当输电线路上的压降 $\Delta U = Ir$ 增加时，加到负载上的电压降低，会影响负载的正常工作。要提高功率因数就必须设法减小负载占用的无功功率，而且不改变原负载的工作状态。因此，感性负载需要并联容性元件去补偿其无功功率。由于负载通常都是感性的，下面以感性负载并联容性元件为例，分析提高功率因数的过程。

如图 4-20(a)所示，设负载的端电压为 $\dot{U}$，在未并联电容时，感性负载上的电流为 $\dot{I}_1$，$\dot{I}_1$ 与 $\dot{U}$ 的相位差为 φ_1；并联电容后，$\dot{I}_1$ 不变，电容支路的电流为 $\dot{I}_C$，且端电流 $\dot{I} = \dot{I}_1 + \dot{I}_C$，$\dot{I}$ 与 $\dot{U}$ 的相位差为 φ_2，相量图如图 4-20(b)所示。显然，$\varphi_1 > \varphi_2$，因此，$\cos\varphi_1 < \cos\varphi_2$，并联电容后，功率因数提高了。

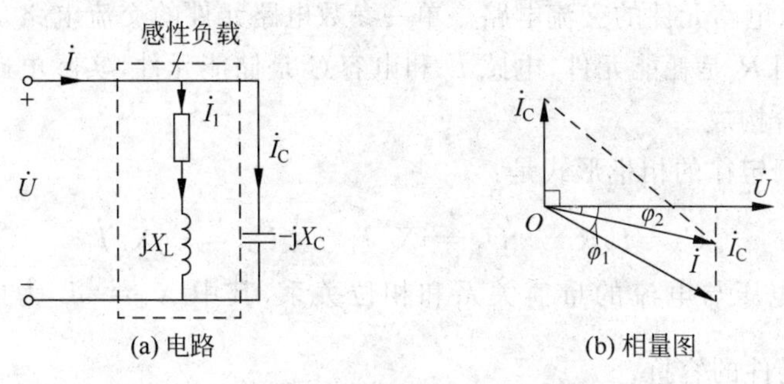

图 4-20　感性负载并联电容元件提高功率因数

【例 4-10】 有一个感性负载，其有功功率 $P = 20\text{kW}$，将其接到 220V、50Hz 的交流电源上，功率因数为 0.6，现在欲并联一个电容，将其功率因数提高到 0.9，试问：所需补偿的无功功率 Q_C 及电容 C 分别为多少？

解：未并联电容时，功率因数为 0.6，即

$$\cos\varphi_1 = 0.6 \quad \varphi_1 \approx 53°$$

电路的无功率

$$Q_1 = P\tan\varphi_1 \approx 26.67\text{kvar}$$

并联电容后，功率因数为 0.9，即

$$\cos\varphi_2 = 0.9 \quad \varphi_2 \approx 26^\circ$$

电路的无功功率

$$Q_2 = P\tan\varphi_2 \approx 9.75\text{kvar}$$

所补偿的无功功率

$$Q_C = Q_1 - Q_2 = 16.92\text{kvar}$$

由于 $Q_C = \dfrac{U^2}{X_C} = 2\pi fCU^2$，因此所需并联的电容

$$C = \frac{Q_C}{2\pi fU^2} \approx 1113\mu\text{F}$$

本章小结

本章介绍了正弦交流电的基本概念、正弦量的相量表示法、单一参数电路元件的交流电路、RLC 串联交流电路、功率因数以及功率因数提高的意义和方法。主要内容如下。

(1) 正弦交流电的基本概念。随时间按正弦规律周期性变化的电压和电流统称为正弦电量，或称为正弦交流电。在正弦交流电路中，如果已知了正弦量的三要素，即最大值(有效值)、角频率(频率)和初相，就可以写出它的瞬时值表达式，也可以画出它的波形图。

(2) 正弦量可以用相量来表示。正弦量与相量之间是一一对应的关系，而不是相等的关系。在正弦交流电路中，正弦量的运算可以转换成对应的相量进行运算，在相量运算时，还可以借助相量图进行辅助分析，使计算更加简化。

(3) 单一参数电路元件的交流电路。单一参数电路元件的交流电路是理想化(模型化)的电路。其中电阻 R 是耗能元件，电感 L 和电容 C 是储能元件，实际电路可以由这些元件和电源的不同组合构成。

参数电路欧姆定律的相量形式是：

$$\dot{U}_R = \dot{I}_R R \qquad \dot{U}_L = jX_L\dot{I}_L \qquad \dot{U}_C = -jX_C\dot{I}_C$$

它们反映了电压与电流的量值关系和相位关系，其中 $X_L = \omega L$ 为电感元件的感抗，$X_C = \dfrac{1}{\omega C}$ 为电容元件的容抗。

(4) 正弦交流电路的功率。

有功功率 $P = UI\cos\varphi$　　无功功率 $Q = UI\sin\varphi$

视在功率 $S = UI = |Z|I^2$　　功率因数 $\lambda = \cos\varphi$

有功功率、无功功率和视在功率三者之间的关系为 $S = \sqrt{P^2 + Q^2}$。

(5) 功率因数的提高。提高功率因数的方法，主要采用在感性负载两端并联电容器的方法对无功功率进行补偿。

习　题　4

4-1　试写出下列正弦量的相量形式，并画出相量图。

(1) $i_1=6\sqrt{2}\sin(\omega t+30^\circ)\text{A}$　　(2) $i_2=2\sqrt{2}\cos(\omega t+60^\circ)\text{A}$

4-2　已知正弦量的频率 $f=50\text{Hz}$，试写出下列相量所对应的正弦量瞬时表达式。

(1) $\dot{U}_\text{m}=127\angle 30^\circ\text{V}$　　(2) $\dot{U}=220\text{e}^{\text{j}45^\circ}\text{V}$

(3) $\dot{I}=(4+\text{j}3)\text{A}$　　(4) $\dot{I}_\text{m}=\text{j}2\text{A}$

4-3　正弦电压 $u_1=220\sqrt{2}\cos(\omega t+45^\circ)\text{V}$，$u_2=110\sin(\omega t+30^\circ)\text{V}$。试求它们的有效值、初相位以及相位差。

4-4　在串联电路中，下列几种情况下，电路中的 R 和 X 各为多少？指出电路的性质及电压与电流的相位差。

(1) $\dot{U}=10\angle 30^\circ\text{V}$，$\dot{I}=2\angle 30^\circ\text{A}$　　(2) $\dot{U}=30\angle -30^\circ\text{V}$，$\dot{I}=3\angle 20^\circ\text{A}$

(3) $Z=(6+\text{j}8)\Omega$

4-5　在图4-21所示电路中，已知正弦量的有效值分别为 $U_1=220\text{V}$，$U_2=110\sqrt{2}\text{V}$，$I=10\text{A}$，频率 $f=50\text{Hz}$。试写出各正弦量的瞬时值表达式及其相量表达式。

4-6　在图4-22(a)中，电压表的读数分别为 $\text{V}_1=40\text{V}$，$\text{V}_2=30\text{V}$；图4-22(b)中的读数分别为 $\text{V}_1=30\text{V}$，$\text{V}_2=70\text{V}$，$\text{V}_3=100\text{V}$。求图中 u_S 的有效值。

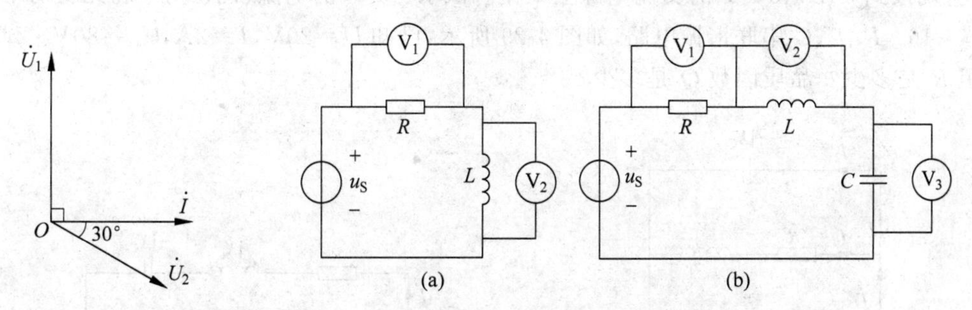

图4-21　习题4-5图　　图4-22　习题4-6图

4-7　将一个线圈接到20V直流电源时，通过的电流为1A，将此线圈改接于2000Hz、20V的交流电源时，电流为0.8A。求该线圈的电阻 R 和电感 L。

4-8　在图4-23所示电路中，已知 $R_1=4\Omega$，$X_\text{L}=3\Omega$，$R_2=6\Omega$，$X_\text{C}=8\Omega$，电源电压的有效值 $U=10\text{V}$，试求：(1)电路的等效阻抗；(2)各支路电流。

4-9　在图4-24所示电路中，$I_1=I_2=10\text{A}$，$\text{j}X_\text{L}=\text{j}10\Omega$，求 $\dot{I}$ 和 $\dot{U}_\text{S}$。

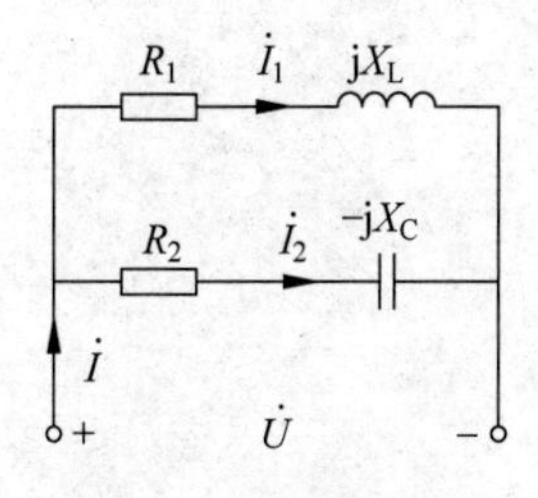

图4-23　习题4-8图

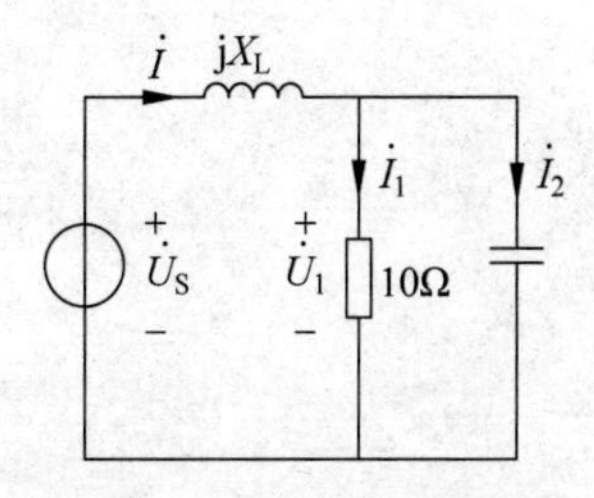

图4-24　习题4-9图

4-10　在图 4-25 中，已知 $\dot{I}_{S}=2\underline{/0^{\circ}}$A，求电压$\dot{U}$。

4-11　在图 4-26 所示电路中，若 $u=220\sqrt{2}\sin 314t$V，$R=4.8\Omega$，$C=50\mu$F。试求：电路的等效阻抗 Z、电流 I 和有功功率 P。

4-12　在图 4-27 所示电路中，$U=220$V，S 闭合时，$U_{R}=80$V，$P=320$W；S 断开时，$P=405$W，电路为电感性，求 R、X_{L} 和 X_{C}。

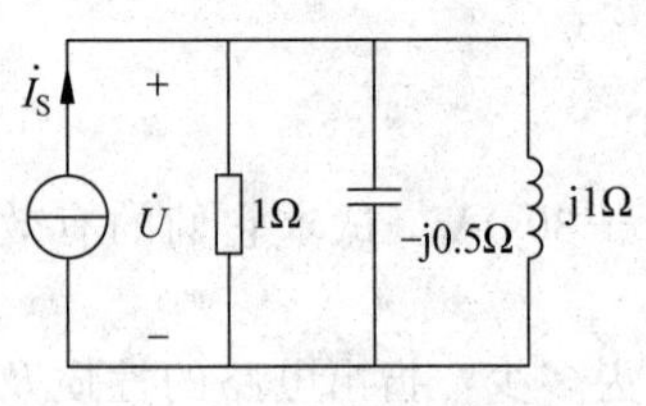

图 4-25　习题 4-10 图

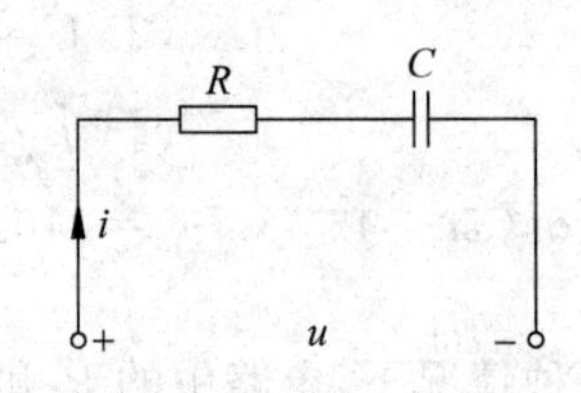

图 4-26　习题 4-11 图

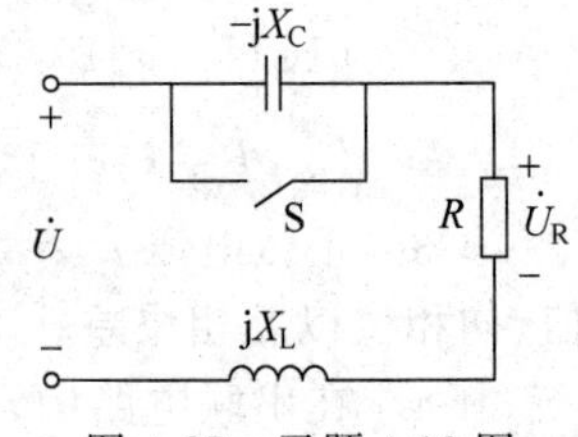

图 4-27　习题 4-12 图

4-13　在图 4-28 所示电路中，已知 $U=220$V，$R=6\Omega$，$X_{L}=8\Omega$，$X_{C}=20\Omega$，试求：电路总电流 I，支路电流 I_{1} 和 I_{2}，线圈支路的功率因数 λ_{1}，整个电路的功率因数 λ。

4-14　现将一感性负载接于 100V、50Hz 的交流电源时，电路中的电流为 10A，消耗的功率为 800W，试求：负载的功率因数 $\cos\varphi$、R、L。

4-15　有一感性负载，额定功率 $P_{N}=60$kW，额定电压 $U_{N}=380$V，额定功率因数 $\lambda=0.6$。现接到 50Hz、380V 的交流电源上工作。试求：负载的电流、视在功率和无功功率。

4-16　R、L、C 串联谐振电路，如图 4-29 所示，已知 $U=20$V，$I=2$A，$U_{C}=80$V。试求：电阻 R 是多少？品质因数 Q 是多少？

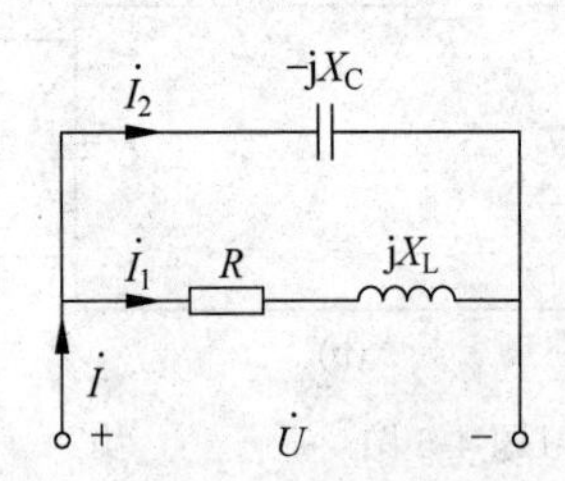

图 4-28　习题 4-13 图

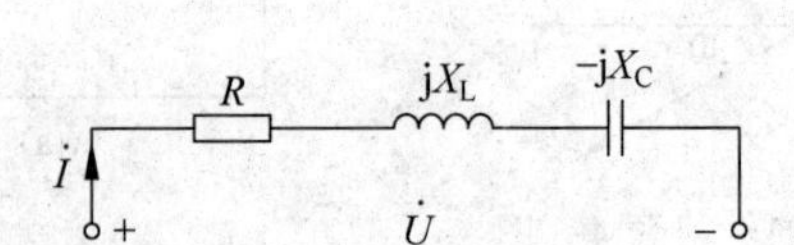

图 4-29　习题 4-16 图

第5章

三相交流电路

5.1 三相对称电源

目前，世界各地电力系统中电能的生产、传输和供电方式绝大多数都采用三相制，这是由于三相制在发电、输电和用电方面都有许多优点。此外，三相电动机制造简单、价格便宜、用途广泛。三相电力系统由三相电源、三相负载和三相输电线路三部分组成。本章主要介绍三相对称电源的产生和连接方式，三相负载的连接及三相电路的功率计算和测量。

5.1.1 三相对称电源的产生

三相电源一般是由三相发电机获得的。最简单的两极三相交流发电机的示意图如图5-1所示，在电枢上对称地安置了三个相同的绕组，即U_1U_2、V_1V_2和W_1W_2。这三个绕组分别称为U相绕组、V相绕组和W相绕组。U_1、V_1、W_1三端称为“相头”，U_2、V_2、W_2三端称为“相尾”。这里要注意，三个相头（或相尾）在空间上一定要相隔120°。当转子由原动机拖动逆时针方向以角速度ω做匀速旋转时，各相绕组的导线都切割磁力线，因而在每相绕组中都产生感应电压。由于三个绕组的几何形状、尺寸和匝数完全相同，而且以同一角速度切割磁力线，所以，三个绕组中的感应电压最大值是相等的、频率也是相同的；又由于三个绕组的空间位置间隔120°，所以，三个绕组中的感应电压最大值出现的时间是不同的，其相互间的相位互差120°，相当于三个独立的正弦电压源，如图5-2所示。

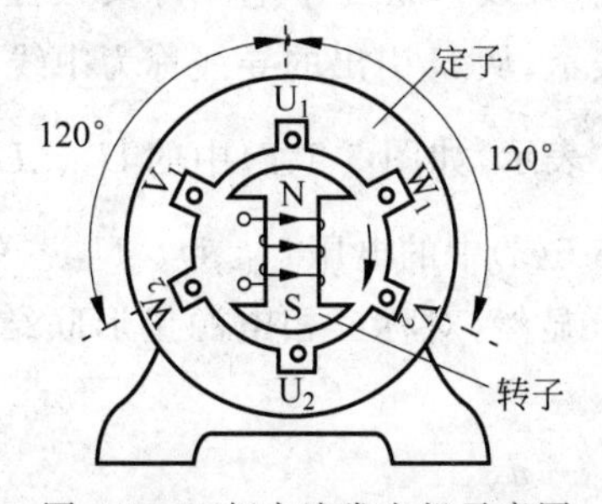

图5-1　三相交流发电机示意图

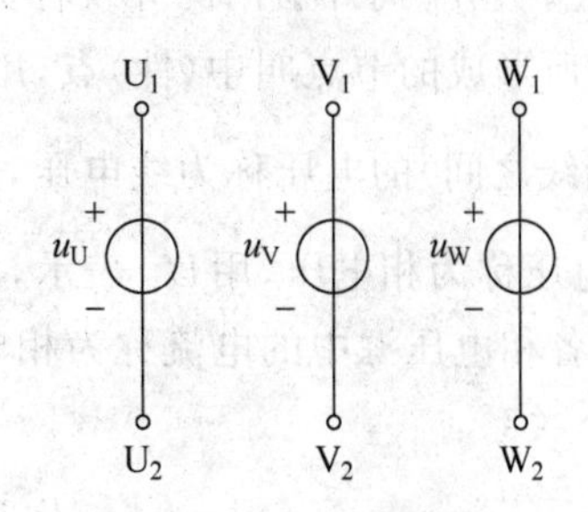

图5-2　三相电压源

三相电压源电压的瞬时值表达式为

$$\begin{cases} u_U = \sqrt{2}U_P\sin\omega t \text{ V} \\ u_V = \sqrt{2}U_P\sin(\omega t - 120°) \text{ V} \\ u_W = \sqrt{2}U_P\sin(\omega t + 120°) \text{ V} \end{cases} \tag{5-1}$$

式(5-1)中以 U 相电压 u_U 作为参考正弦量，它们对应的相量形式为

$$\begin{cases} \dot{U}_U = U_P\underline{/0°} \\ \dot{U}_V = U_P\underline{/-120°} \\ \dot{U}_W = U_P\underline{/120°} \end{cases} \tag{5-2}$$

这种电压的有效值相等、角频率相同、相位互差 120°的三相电源称为对称三相电源，其各相波形图如图 5-3 所示，与之对应的相量图如图 5-4 所示。对称三相电压的特点是

$$u_U + u_V + u_W = 0$$

$$\dot{U}_U + \dot{U}_V + \dot{U}_W = 0$$

三相电压依次达到最大值的先后次序叫作“相序”。图 5-4 所示三相电压的相序是 U、V、W，称为正序。与此相反，如果转子顺时针旋转，则三相电压的相序是 U、W、V，称为逆序。电力系统一般采用正序。

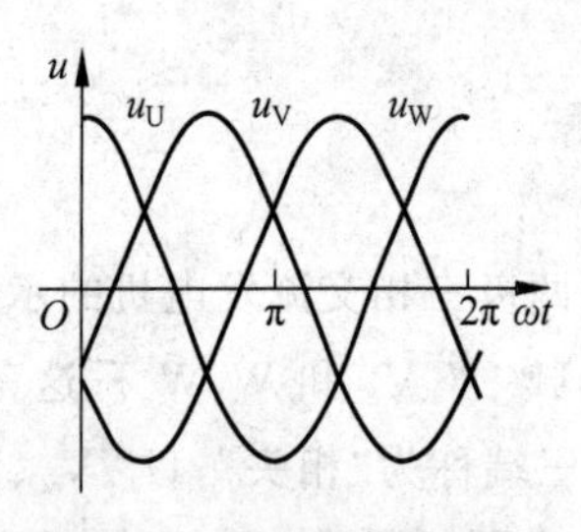

图 5-3 三相电源各相波形图

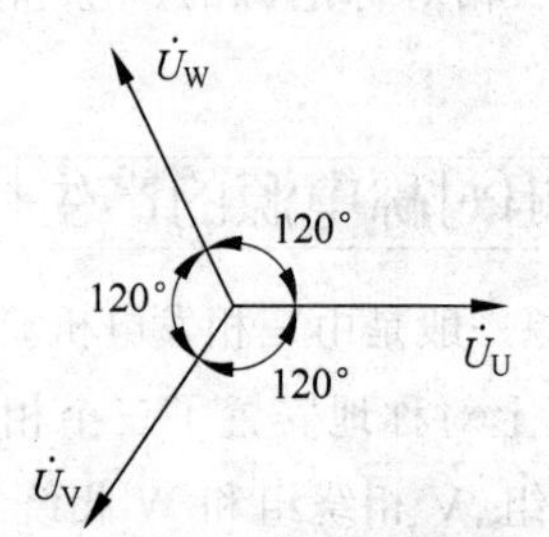

图 5-4 相电压相量图

5.1.2 电源的星形联结

三相电源的连接一般有星形联结(Y形联结)和角形联结(△形联结)两种方式。如图 5-5 所示为三相电压源的星形联结方式，星形联结方式的电源简称星形电源。从三个电压源正极性端子 U_1、V_1、W_1 向外引出的导线称为端线(火线)，将三个电压源负极性端子 U_2、V_2、W_2 连接起来所形成的节点叫中(性)点，用 N 表示，从 N 引出的导线称为中线。端线 U、V、W 之间(即端线之间)的电压称为线电压，用 U_L 表示，如图 5-5(a)中的 $\dot{U}_{UV}$、$\dot{U}_{VW}$、$\dot{U}_{WU}$。每一相电源的电压称为相电压，用 U_P 表示，如图 5-5(a)中的电压 $\dot{U}_U$、$\dot{U}_V$、$\dot{U}_W$。端线中的电流称为线电流，各相电压源中的电流称为相电流。显然，对称三相电源星形联结时，相电压和线电压有如下关系：

$$\begin{cases} u_{UV} = u_U - u_V \\ u_{VW} = u_V - u_W \\ u_{WU} = u_W - u_U \end{cases} \tag{5-3}$$

相量关系为

$$\begin{cases}\dot{U}_{UV}=\dot{U}_U-\dot{U}_V\\ \dot{U}_{VW}=\dot{U}_V-\dot{U}_W\\ \dot{U}_{WU}=\dot{U}_W-\dot{U}_U\end{cases}\tag{5-4}$$

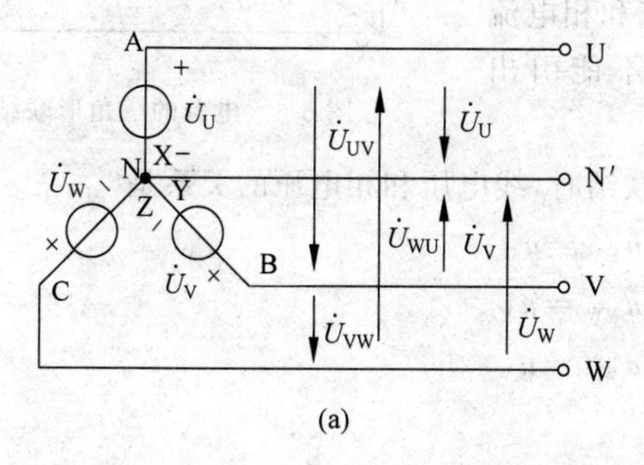

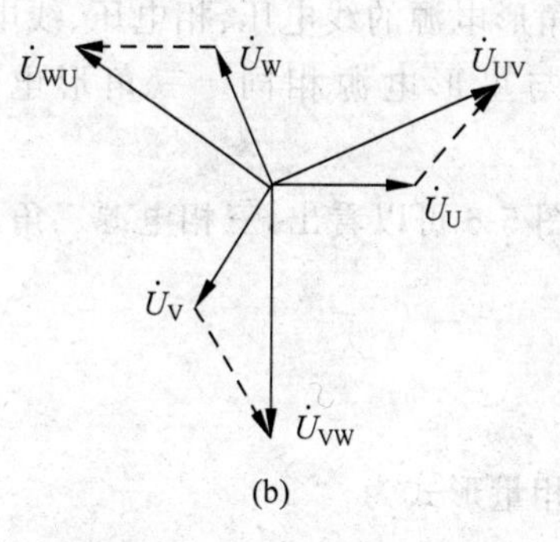

图 5-5　电压源的星形联结和相量图

其相量图如图 5-5(b)所示，从图中可以看出，若以 $\dot{U}_U$ 的相量为参考相量，则

$$\begin{cases}\dot{U}_U=U_P\angle 0^\circ\\ \dot{U}_V=U_P\angle -120^\circ\\ \dot{U}_W=U_P\angle 120^\circ\end{cases}$$

$$\begin{cases}\dot{U}_{UV}=\sqrt{3}\dot{U}_U\angle 30^\circ\\ \dot{U}_{VW}=\sqrt{3}\dot{U}_V\angle 30^\circ\\ \dot{U}_{WU}=\sqrt{3}\dot{U}_W\angle 30^\circ\end{cases}\tag{5-5}$$

另有 $\dot{U}_{UV}+\dot{U}_{VW}+\dot{U}_{WU}=0$，所以，式(5-5)的三个方程中，只有两个是独立的。

由上看出，星形联结对称三相电源线电压与相电压有效值的关系是：

$$U_L=\sqrt{3}U_P\tag{5-6}$$

式中：U_L 为线电压的有效值，V；U_P 为相电压的有效值，V；线电压超前相应的相电压 30°。

【例 5-1】 星形联结的对称三相电源如图 5-5(a)所示，已知相电压为 127V，试求其线电压；若以 $\dot{U}_U$ 为参考相量，写出 $\dot{U}_{UV}$、$\dot{U}_{VW}$、$\dot{U}_{WU}$。

解：

$$U_L=\sqrt{3}U_P=\sqrt{3}\times 127\approx 220(\text{V})$$

若

$$\dot{U}_U=127\angle 0^\circ\text{V}$$

则

$$\begin{cases}\dot{U}_{UV}=220\angle 30^\circ\text{V}\\ \dot{U}_{VW}=220\angle -90^\circ\text{V}\\ \dot{U}_{WU}=220\angle 150^\circ\text{V}\end{cases}$$

5.1.3 电源的三角形联结

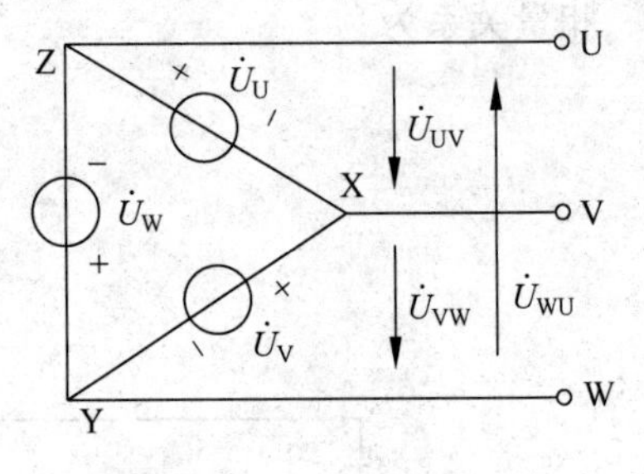

图 5-6 电源的三角形联结

如果把对称三相电源的正、负极依次连接形成一个回路，再从端子 U、V、W 引出端线，如图 5-6 所示，就称为三相电源的三角形联结，简称三角形电源。三角形电源的线电压、相电压、线电流和相电流的概念与星形电源相同。三角形电源不能引出中线。

从图 5-6 可以看出，三相电源三角形联结时，线电压和相电压的关系是

$$\begin{cases} u_{UV} = u_U \\ u_{VW} = u_V \\ u_{WU} = u_W \end{cases} \tag{5-7}$$

其相量形式为

$$\begin{cases} \dot{U}_{UV} = \dot{U}_U \\ \dot{U}_{VW} = \dot{U}_V \\ \dot{U}_{WU} = \dot{U}_W \end{cases} \tag{5-8}$$

由此看出，三角形联结三相电源的线电压与相电压有效值的关系是：

$$U_L = U_P \tag{5-9}$$

注意：三相电源三角形联结时，每相电源的正、负极必须连接正确，否则三个相电压之和不为零，在三角形联结的闭合回路内将产生极大的电流，会造成严重后果。

【例 5-2】 有一个三角形联结的对称三相电源，如图 5-6 所示，已知相电压为 220V，求线电压；若以 $\dot{U}_U$ 为参考相量，写出 $\dot{U}_{UV}$、$\dot{U}_{VW}$、$\dot{U}_{WU}$。

解：

$$U_L = U_P = 220\text{V}$$

若

$$\dot{U}_U = 220\angle 0^\circ \text{V}$$

则

$$\begin{cases} \dot{U}_{UV} = 220\angle 0^\circ \text{V} \\ \dot{U}_{VW} = 220\angle -120^\circ \text{V} \\ \dot{U}_{WU} = 220\angle 120^\circ \text{V} \end{cases}$$

5.2 三 相 负 载

在三相电路中，三相负载的基本连接方式有两种——星形联结和三角形联结。无论采用哪种连接方式，每相负载两端的电压为相电压，每两个端线间的电压为线电压；流经负载的电流为相电流，流经端线的电流为线电流。

三相负载应该采用哪一种连接方式，应根据电源电压和负载的额定电压的大小来决定。

5.2.1 负载的星形联结

图 5-7 所示为三相负载的星形联结电路。从负载中性点 N′引出的线叫中线；该电路又称三相四线制电路。若没有中线，则称三相三线制电路。图中，$\dot{I}_{U}$、$\dot{I}_{V}$、$\dot{I}_{W}$ 为负载的线电流，$\dot{I}_{U'}$、$\dot{I}_{V'}$、$\dot{I}_{W'}$ 为负载的相电流；$\dot{U}_{U'}$、$\dot{U}_{V'}$、$\dot{U}_{W'}$ 为负载的相电压。

由此看出，三相负载做星形联结时，各相电流和线电流相等。即

$$I_{L}=I_{P} \tag{5-10}$$

如果三相电源也做星形联结，并且忽略端线上的阻抗，则电源的相电压与对应的负载相电压相等，即

$$\begin{cases}\dot{U}_{U}=\dot{U}_{U'}\\ \dot{U}_{V}=\dot{U}_{V'}\\ \dot{U}_{W}=\dot{U}_{W'}\end{cases} \tag{5-11}$$

则有

$$\begin{cases}\dot{I}_{U'}=\dfrac{\dot{U}_{U'}}{Z_{U}}=\dfrac{\dot{U}_{U}}{Z_{U}}\\ \dot{I}_{V'}=\dfrac{\dot{U}_{V'}}{Z_{V}}=\dfrac{\dot{U}_{V}}{Z_{V}}\\ \dot{I}_{W'}=\dfrac{\dot{U}_{W'}}{Z_{W}}=\dfrac{\dot{U}_{W}}{Z_{W}}\end{cases} \tag{5-12}$$

由于三相电源是对称的，如果 $Z_{U}=Z_{V}=Z_{W}$，即三相负载也是对称的，则相电流必然对称，这样的电路称为对称三相电路。这时中线电流为

$$\dot{I}_{N'N}=\dot{I}_{U'}+\dot{I}_{V'}+\dot{I}_{W'} \tag{5-13}$$

由以上分析可知，在对称三相电路中，不论有无中线，各相电流独立，彼此无关；相电流构成对称组。所以，只要分析计算三相中的任意一相，其他两相的电压、电流就能根据对称性写出。这就是对称三相电路归结为一相的计算方法。图 5-8 所示为一相(U 相)的计算电路。在一相计算电路中，要注意，连接 N、N′的是短路线，与中线阻抗 Z_{N} 无关。

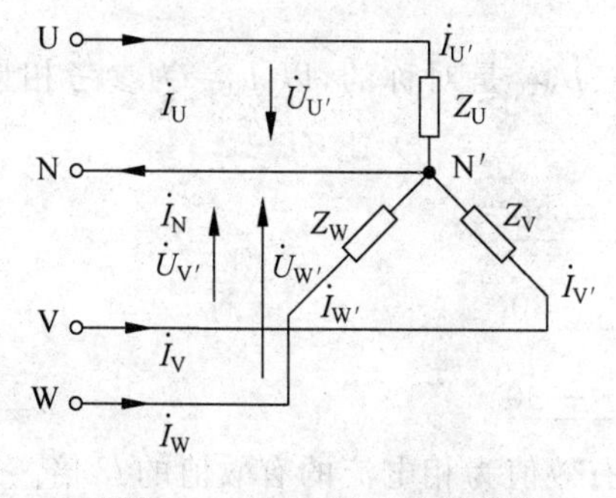

图 5-7 三相负载的星形联结

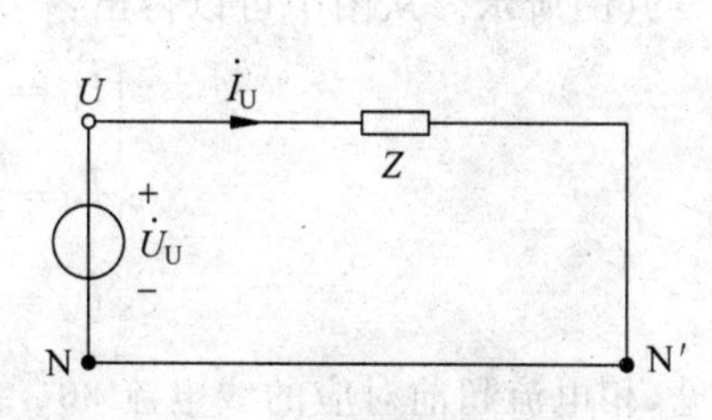

图 5-8 单相计算电路

【例 5-3】 在图 5-7 所示对称三相电路中，线电压 $U_L = 380V$，三相负载阻抗均为 $(6+j8)\Omega$，忽略输电线阻抗。求每相负载的电流。

解：因为
$$U_L = 380V$$

在星形电路中，有 $U_P = \frac{1}{\sqrt{3}}U_L = \frac{1}{\sqrt{3}} \times 380 \approx 220(V)$

令
$$\dot{U}_U = 220\angle 0^\circ V$$

$$\dot{I}_U = \frac{\dot{U}_U}{Z_U} = \frac{220}{6+j8}\angle 0^\circ \approx 22\angle -53.1^\circ A$$

根据对称性推知
$$\dot{I}_V = \frac{\dot{U}_V}{Z_V} \approx 22\angle -173.1^\circ A$$

$$\dot{I}_W = \frac{\dot{U}_W}{Z_W} \approx 22\angle 66.9^\circ A$$

5.2.2 负载的三角形联结

图 5-9(a)所示为三相负载的三角形联结电路。这里，$\dot{I}_U$、$\dot{I}_V$、$\dot{I}_W$ 为三相负载做三角形联结时的线电流；$\dot{I}_{UV}$、$\dot{I}_{VW}$、$\dot{I}_{WU}$ 为三相负载做三角形联结时的相电流。

从图 5-9(a)可以看出，三相负载做三角形联结时相电压和线电压相等，即
$$U_L = U_P$$

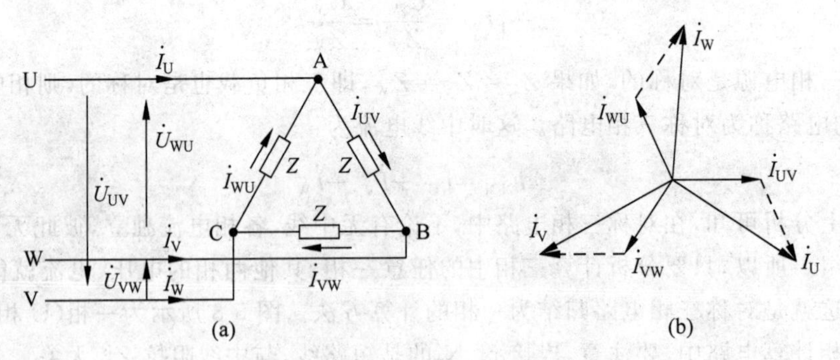

图 5-9　三相负载的三角形联结

若 $Z_{UV} = Z_{VW} = Z_{WU} = Z$，则相电流 $\dot{I}_{UV}$、$\dot{I}_{VW}$、$\dot{I}_{WU}$ 是对称的，以 $\dot{I}_{UV}$ 为参考相量，相量图如图 5-9(b)所示。从图中可以得出：

$$\begin{cases} \dot{I}_U = \sqrt{3}\,\dot{I}_{UV}\angle -30^\circ \\ \dot{I}_V = \sqrt{3}\,\dot{I}_{VW}\angle -30^\circ \\ \dot{I}_W = \sqrt{3}\,\dot{I}_{WU}\angle -30^\circ \end{cases} \tag{5-14}$$

可见，相电流超前对应的线电流 30°，线电流有效值为相电流的有效值的$\sqrt{3}$倍。即
$$I_L = \sqrt{3}\,I_P \tag{5-15}$$

【例 5-4】 三角形联结的对称负载，三相负载阻抗均为 $Z=(6+j8)\Omega$，接于线电压 $U_L =$

380V 的星形联结三相电源上，试求每相负载的相电流和线电流的大小。

解：由于负载对称，因此可归结为一相来计算。

阻抗大小　$|Z|=10\Omega$

依题可知　$U_P=U_L=380V$

相电流为　$I_P=\dfrac{U_P}{|Z|}=\dfrac{380}{10}=38(A)$

线电流为　$I_L=\sqrt{3}I_P=\sqrt{3}\times 38\approx 65.8(A)$

5.3　三相电路的功率

在三相电路中，不论负载是星形联结还是三角形联结，三相负载所消耗的总有功功率为各相有功功率之和，即

$$P=U_UI_U\cos\varphi_U+U_VI_V\cos\varphi_V+U_WI_W\cos\varphi_W=P_U+P_V+P_W \tag{5-16}$$

有功功率的单位为瓦(W)、千瓦(kW)。式中 φ_U、φ_V、φ_W 分别是所在相的相电压与相电流的相位差角。

在对称电路中，各相有功功率相等，则有

$$P=3U_PI_P\cos\varphi \tag{5-17}$$

式中：φ 是相电压与相电流的相位差，即每相负载的阻抗角或功率因数角。

当负载做星形联结时，$U_P=\dfrac{1}{\sqrt{3}}U_L$、$I_L=I_P$，代入式(5-17)中，则有

$$P=\sqrt{3}U_LI_L\cos\varphi \tag{5-18}$$

当负载做三角形联结时，$U_P=U_L$、$I_P=\dfrac{1}{\sqrt{3}}I_L$，代入式(5-17)中，则有

$$P=\sqrt{3}U_LI_L\cos\varphi \tag{5-19}$$

比较式(5-18)和式(5-19)可知：在对称电路中，不论是星形联结还是三角形联结，三相电路总的有功功率均可用式 $P=\sqrt{3}U_LI_L\cos\varphi$ 表示，在这里要注意的是，φ 是相电压与相电流的相位差。

同理，三相负载的无功功率等于各相无功功率之和，即

$$Q=Q_U+Q_V+Q_W=U_UI_U\sin\varphi_U+U_VI_V\sin\varphi_V+U_WI_W\sin\varphi_W \tag{5-20}$$

无功功率的单位为乏(var)、千乏(kvar)。

在对称电路中则有

$$Q=3U_PI_P\sin\varphi=\sqrt{3}U_LI_L\sin\varphi \tag{5-21}$$

而三相负载总的视在功率为

$$S=\sqrt{P^2+Q^2} \tag{5-22}$$

一般情况下，三相负载的视在功率不等于各相视在功率之和，只有当负载对称时，三相视在功率才等于各相视在功率之和。即

$$S=\sqrt{P^2+Q^2}=3U_PI_P=\sqrt{3}U_LI_L \tag{5-23}$$

【例 5-5】　对称三相负载，阻抗为 $Z=(6+j8)\Omega$，接在线电压为 380V 的星形联结对称

三相电源上，试求：负载为星形联结和三角形联结时所消耗的总有功功率。

解：每相负载的阻抗为 $Z=(6+j8)\Omega=10\underline{/53.1^\circ}$

(1) 负载为星形联结时

相电压为 $$U_P=\frac{1}{\sqrt{3}}U_L=\frac{1}{\sqrt{3}}\times 380\approx 220(\text{V})$$

相电流为 $$I_P=I_L=\frac{U_P}{|Z|}\approx 22(\text{A})$$

$$\cos\varphi=0.6$$

总有功功率为 $P=3U_PI_P\cos\varphi=3\times 220\times 22\times 0.6\approx 8.7(\text{kW})$

(2) 负载为三角形联结时，负载的相电压等于电源的线电压：

$$U_P=U_L=380\text{V}$$

相电流为 $$I_P=\frac{U_P}{|Z|}=\frac{U_L}{|Z|}=\frac{380}{10}=38(\text{A})$$

总有功功率为 $P=3U_PI_P\cos\varphi=3\times 380\times 38\times 0.6\approx 26(\text{kW})$

比较例 5-5 计算结果可知，在电源电压一定的情况下，三相负载的连接方式不同，负载所消耗的功率也不同，因此，三相负载在电源电压一定的情况下，都有确定的连接方式，不可任意连接。

本章小结

本章介绍了三相电源的产生及连接方式、三相负载的星形联结和三角形联结、三相电路的功率。主要内容如下。

1. 三相电源

三相电源的产生及特点。有效值相等、角频率相同、相位互差 120°的对称三相电压。三相电源有星形和三角形两种连接方式。星形联结时线电压是相电压的$\sqrt{3}$倍，线电压超前对应的相电压 30°；三角形联结时，线电压与相电压相等。星形联结时，根据需要，可以采用三相三线制或三相四线制供电方式。

2. 三相负载的连接

三相负载有星形和三角形两种连接方式。当负载做星形联结时，线电流与相电流相等，若负载对称，则中线电流为零；若负载不对称，则中线电流不为零。当负载做三角形联结时，相电压和线电压相等；若负载对称，则线电流是相电流的$\sqrt{3}$倍，相电流超前对应的线电流 30°。

负载采用哪种连接方式要视负载的额定电压和电源的电压而定。

3. 三相功率

三相负载可分别计算各相的有功功率、无功功率，相加后即可得三相负载的有功功率和无功功率，三相负载的视在功率为 $S=\sqrt{P^2+Q^2}$。

若三相负载对称，则不论是三角形联结还是星形联结，其三相功率的计算公式如下：

$$P = 3U_P I_P \cos\varphi = \sqrt{3} U_L I_L \cos\varphi$$

$$Q = 3U_P I_P \sin\varphi = \sqrt{3} U_L I_L \sin\varphi$$

$$S = \sqrt{P^2 + Q^2} = 3U_P I_P = \sqrt{3} U_L I_L$$

式中：φ 为相电压与相电流的相位差角，即功率因数角。

习　题　5

5-1　已知对称三相电路中，电源线电压为 380V，负载阻抗 $Z=(3+j4)\Omega$。求负载分别为星形和三角形联结时的相电流 I_P 和线电流 I_L。

5-2　负载做三角形联结的对称三相电路，其相电流 $\dot{I}_{UV}=1\angle 0°\text{A}$，求其线电流 $\dot{I}_U$ 是多少？

5-3　如图 5-10 所示电路中，三角形联结的三相对称负载接于线电压 380V 的三相电源上，负载每相 $R=8.66\Omega$，感抗 $X_L=5\Omega$。试求负载的相电压、相电流及线电流。

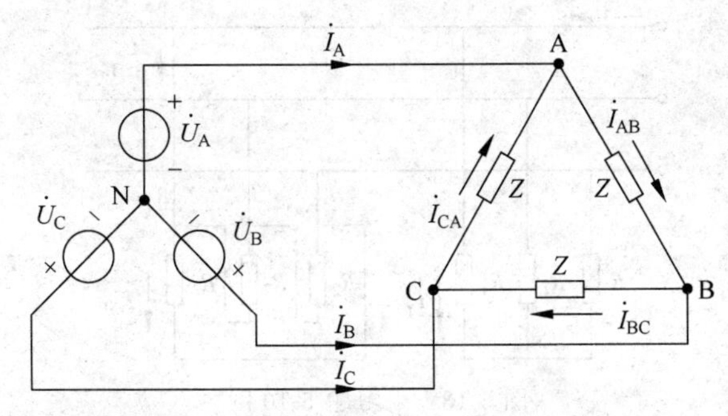

图 5-10　习题 5-3 图

5-4　已知对称三相电机每相绕组的额定电压为 220V，且与对称三相电源连接，当电源有两种电压：(1)线电压为 380V；(2)线电压为 220V。试问在这两种情况下，该电机的绕组应当怎样连接？若这台电机每相绕组阻抗为 $Z=36\angle 30°\Omega$，求这两种情况下的相电流和线电流。

5-5　电路如图 5-7 所示，在三相四线制的供电线路中，已知电压为 380/220V，三相负载都是白炽灯，其中 U 相阻抗 Z_U 为 11Ω，V 相阻抗 Z_V 为 22Ω，W 相阻抗 Z_W 为 44Ω。求各线电流。

5-6　在相电压为 220V 的三相四线制电源上，星形联结的负载每相阻抗都是 20Ω。但是 U 相为电阻性；V 相为电感性，功率因数为 0.87；W 相为电容性，功率因数为 0.87。求三相负载的总功率。

5-7　图 5-11 所示不对称三相电路中，线电压为 440V，由负相序三相四线制供电，$Z_1=10\angle 30°\Omega$，$Z_2=20\angle 60°\Omega$，$Z_3=15\angle -45°\Omega$。求：(1)电流 $\dot{I}_A$、$\dot{I}_B$、$\dot{I}_C$ 和 $\dot{I}_N$；(2)取消中线后的电流 $\dot{I}_A$、$\dot{I}_B$、$\dot{I}_C$ 和电压 $\dot{U}_{N'N}$。

5-8　图 5-12 所示三相电路中，已知开关 S 闭合时，各电流表的读数均为 10A，试求开关 S 断开后各电流表的读数。

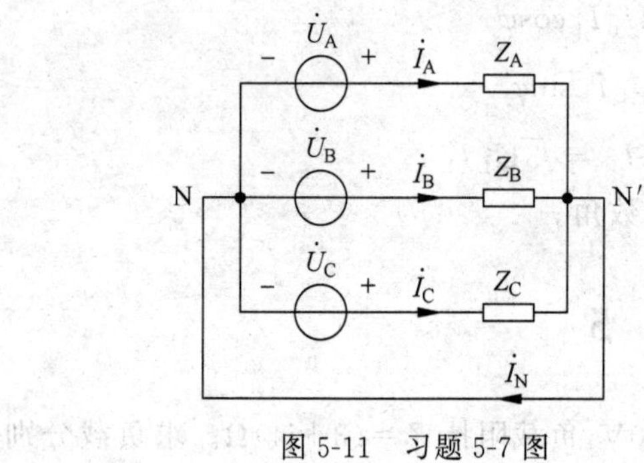

图 5-11　习题 5-7 图

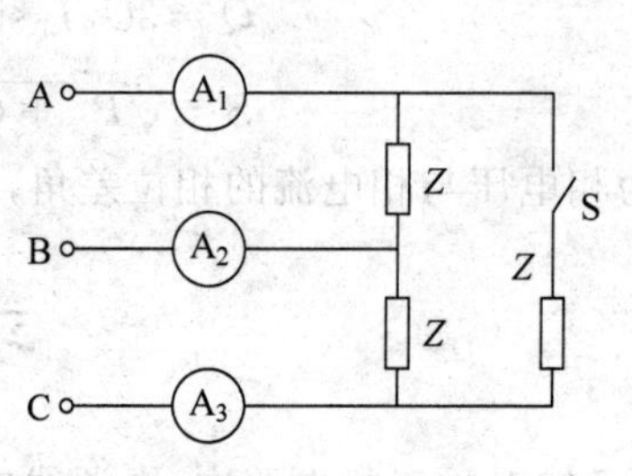

图 5-12　习题 5-8 图

5-9　在对称三相电路中,已知 $P=3290\text{W}$、$\cos\varphi=0.5$(感性)、$U_L=380\text{V}$。试求在下述两种情况下每相负载的电阻 R 和感抗 X_L。(1)负载是星形联结;(2)负载是三角形联结。

5-10　在线电压为 380V 的三相电源上,接两组电阻性对称负载,如图 5-13 所示,试求图中各线路电流。其中,$R_1=10\Omega$,$R_2=38\Omega$。

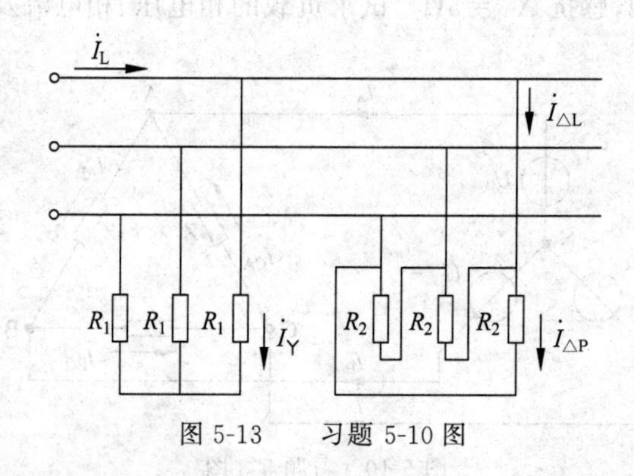

图 5-13　习题 5-10 图

5-11　图 5-14 所示电路中,电源线电压为 380V。(1)如果图中各相负载的阻抗模都等于 10Ω,是否可以说负载是对称的?(2)试求各相电流,并用电压与电流的相量图计算中性线电流。如果中性线上的参考方向选为同电路上所示的方向相反,则结果有何不同?(3)试求三相平均功率。

5-12　图 5-15 所示对称三相电路中,已知电源线电压 $\dot{U}_{AB}=380\underline{/0^\circ}\text{V}$,线电流 $\dot{I}_A=10\underline{/75^\circ}\text{A}$,求三相负载的总功率。

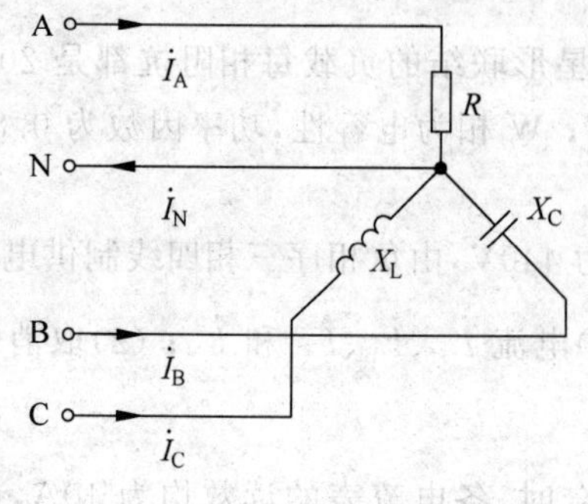

图 5-14　习题 5-11 图

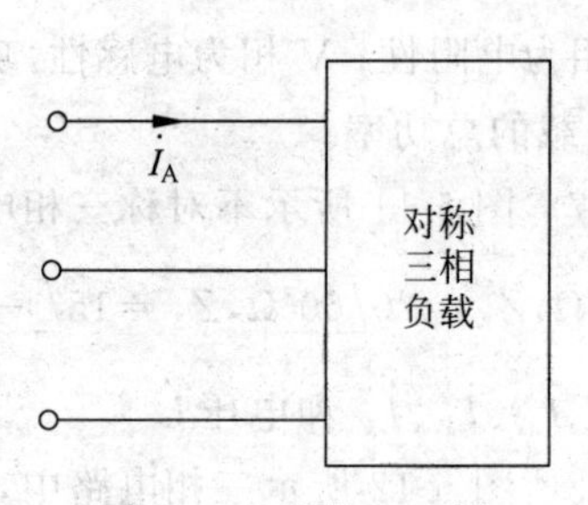

图 5-15　习题 5-12 图

磁路与变压器

6.1 磁场与磁路

在很多电气设备中，例如电磁继电器、电磁仪表、变压器、电机等都是利用磁场来实现能量转换的，而磁场通常都是由线圈通入电流产生的，这不仅与电路有关，与磁路也紧密相联。只有同时掌握电路和磁路的基本理论，才能对各种电气设备做出全面的分析。几种常用的电工设备磁路如图 6-1 所示。本章在介绍磁路的基础上，重点介绍变压器的工作原理、外特性、额定值以及常用变压器。

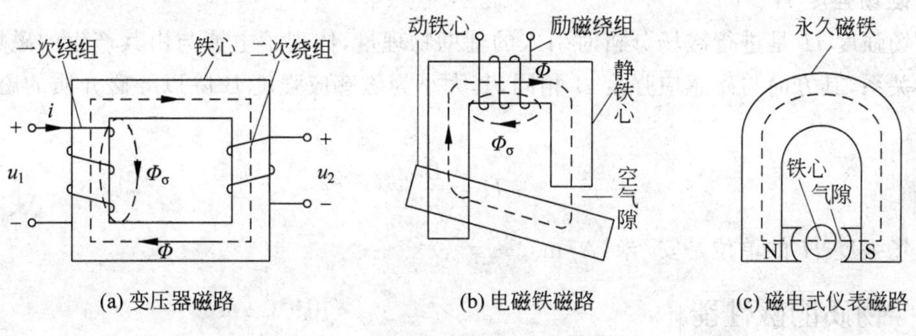

(a) 变压器磁路　(b) 电磁铁磁路　(c) 磁电式仪表磁路

图 6-1　几种常用的电工设备磁路

6.1.1 磁路的基本概念

为了利用较小的励磁电流产生足够大的磁通，在电机和变压器中常采用导磁性能良好的磁铁材料做成一定形状的铁心。铁心的磁导率比周围空气或其他物质的磁导率高得多，因此绝大部分的磁通经过铁心形成一个闭合通路，这部分磁通称为主磁通；极少量的磁通经周围的其他介质（如空气）形成通路，称为漏磁通。分析磁路问题时，漏磁通往往可以忽略不计，因此磁路通常是指主磁通所经过的路径。磁路当中的主要物理量如下。

1. 磁感应强度 B

磁感应强度 B 是表示磁场中任意一点磁场强弱及方向的物理量，其大小为通过该点与 B 垂直的单位面积上磁力线的数目，其方向为过该点磁力线的切线方向。在国际单位制中，磁感应强度 B 的单位为特斯拉（T）。

2. 磁通 Φ

穿过某一截面 S 的磁感应强度 B 的通量，即穿过某截面 S 的磁力线数目，称为磁感应通量，简称磁通，有

$$\Phi = \int_S B\mathrm{d}S \tag{6-1}$$

若磁场均匀，且磁场与截面垂直时，式(6-1)简化为

$$\Phi = BS \tag{6-2}$$

在国际单位制中，磁通的单位为韦伯(Wb)。

3. 磁导率 μ

磁导率 μ 是反映物质导磁性能的物理量，物质的磁导率 μ 越大，其导磁性能越好。真空的磁导率 $\mu_0 = 4\pi \times 10^{-7}$ H/m，其他物质的磁导率 μ 与真空的磁导率 μ_0 之比称为相对磁导率 μ_r，即

$$\mu_r = \frac{\mu}{\mu_0}$$

铁磁性材料的相对磁导率不是常数，$\mu_r = 2000 \sim 6000$；而非铁磁性材料的相对磁导率为常数，$\mu_r \approx 1$。磁导率的单位是亨/米(H/m)。

4. 磁场强度 H

磁场强度 H 是进行磁场分析时引入的辅助物理量，体现了电流与由其产生的磁场之间的数量关系，其方向与磁感应强度 B 相同，其大小为磁感应强度 B 除以导磁介质的磁导率，即

$$H = \frac{B}{\mu}$$

磁场强度 H 的单位是安/米(A/m)。

6.1.2 物质的磁性能

根据导磁性能的好坏，自然界的物质可分为两大类。一类为铁磁材料，如铁、钢、镍、钴等，这类材料的导磁性能好，磁导率 μ 值大，可以被强烈磁化；另一类为非铁磁材料，如铜、铝、纸、空气等，此类材料的导磁性能差，磁导率 $\mu \approx \mu_0$，基本上不具有磁化的特性。

铁磁材料是制造变压器、电机、电器等各种电工设备的主要材料，铁磁材料的磁性能对电磁器件的性能和工件状态有很大的影响。铁磁材料的磁性能主要体现为高导磁性、磁饱和性和磁滞性。

1. 高导磁性

铁磁材料具有很强的导磁能力，在外磁场的作用下，其内部的磁感应强度会大大增强，相对磁导率 μ_r 可达 $10^2 \sim 10^4$ 的数量级。这是因为在铁磁材料的内部存在许多磁化小区，称为磁畴，在没有外磁场作用时，这些磁畴无规则排列，磁场相互抵消，对外不显示磁性。如图 6-2(a)所示。在一定强度的外磁场作用下，铁磁材料内部的磁畴将顺着外磁场的方向转向；当外磁场逐渐增强，磁畴就逐渐转到与外磁场相同的方向，产生一个与外磁场同方向的附加磁场，使铁磁物质内的磁感应强度大大增强，如图 6-2(b)所示，这种现象称为磁化。

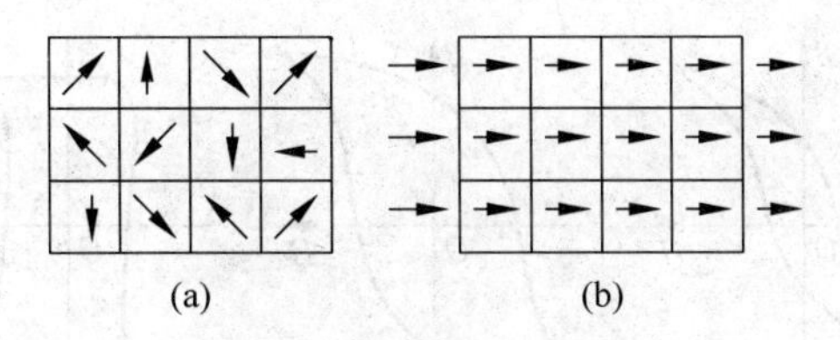

图 6-2 铁磁材料的磁化

非铁磁材料由于其内部不存在磁畴结构，所以不具有磁化特性。

2. 磁饱和性

铁磁材料由于磁化所产生的磁化磁场不会随着外磁场的增强而无限地增强，当外磁场增强到一定数值时，磁化磁场的磁感应强度几乎不再增加，这种现象称为磁饱和现象。这是由于铁磁材料内部的磁畴已经全部转向与外磁场相同的方向，铁磁材料的磁化过程可由 B-H 曲线描述，称为铁磁材料的磁化曲线。磁化曲线可由实验测出，图 6-3 所示为某磁介质的磁化曲线，它大致上可分为四段，其中 Oa 段的磁感应强度 B 随磁场强度 H 增加较慢；ab 段的磁感应强度 B 随磁场强度 H 几乎成正比增加；b 点以后，B 随 H 的增加速度又减慢下来，逐渐趋于饱和；过了 c 点以后，其磁化曲线近似于直线，且与真空或非铁磁物质的磁化曲线 $B_0=f(H)$平行。工程上称 a 点为附点，b 点为膝点，c 点为饱和点。

铁磁材料的 B 与 H 的关系是非线性的，由 $B=\mu H$ 的关系可知，其磁导率 μ 的数值将随磁场强度 H 的变化而改变，如图 6-3 中的 $\mu=f(H)$曲线所示。铁磁材料在磁化起始的 Oa 段和进入饱和以后，μ 值均不大，在膝点 b 的附近 μ 达到最大值，所以电气工程上通常要求铁材料工作在膝点附近。

非磁性材料不具备磁化的性质，μ_0 是常数，磁化曲线如图 6-3 中的 $B_0=f(H)$所示。

图 6-4 是用实验方法测得的铸铁、铸钢和硅钢片三条常用磁化曲线。

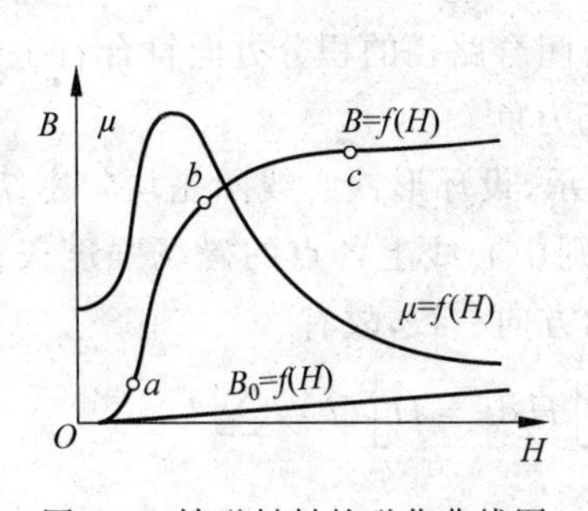

图 6-3 铁磁材料的磁化曲线图

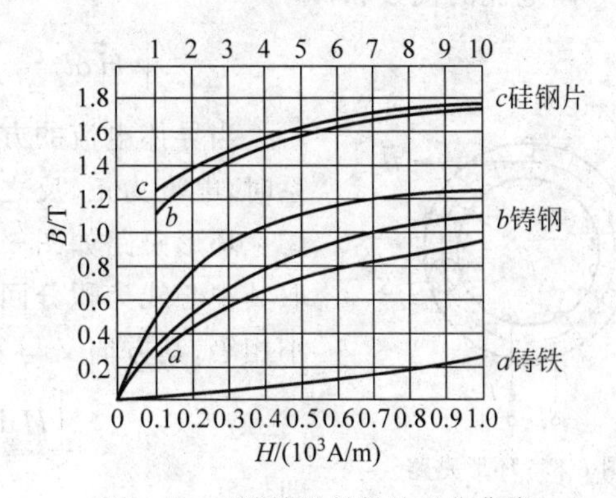

图 6-4 三种铁磁材料的磁化曲线

3. 磁滞性

当铁心线圈中通有交变电流时，铁心受到交变磁化。在铁磁材料反复磁化的过程中，磁感应强度的变化总是落后于磁场强度的变化，这种现象称为磁滞现象，图 6-5 所示的封闭曲线称为磁滞回线。铁磁材料按其磁性能又可分为软磁材料、硬磁材料和矩磁材料三种类型，如图 6-5 所示。

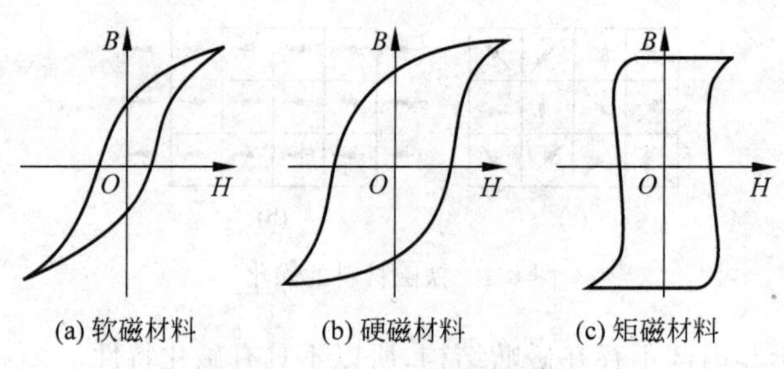

(a) 软磁材料　(b) 硬磁材料　(c) 矩磁材料

图 6-5　三种类型铁磁材料

1）软磁材料

剩磁和矫顽磁力较小，磁滞回线较窄，磁导率高，所包围的面积较小。它既容易磁化，又容易退磁，一般用于有交变磁场的场合，如用来制造镇流器、变压器、电动机以及各种中、高频电磁元件的铁心等。

2）硬磁材料

剩磁和矫顽磁力较大，磁滞回线较宽，所包围的面积较大，适用于制作永久磁铁，如扬声器、耳机、电话机、录音机以及各种磁电式仪表中的永久磁铁都是由硬磁材料制成的。

3）矩磁材料

磁滞回线近似于矩形，具有较小的矫顽磁力和较大的剩磁，接近饱和磁感应强度，稳定性好。但由于矫顽磁力较小，易于翻转，常在计算机和控制系统中作记忆元件和开关元件。

6.1.3　磁路的欧姆定律

1. 全电流定律

全电流定律是指磁场中，沿任一闭合回路，磁场强度 H 的线积分等于该闭合回路包围的所有导体电流的代数和，即

$$\oint_l \vec{H}\,\mathrm{d}\vec{l} = \sum I \tag{6-3}$$

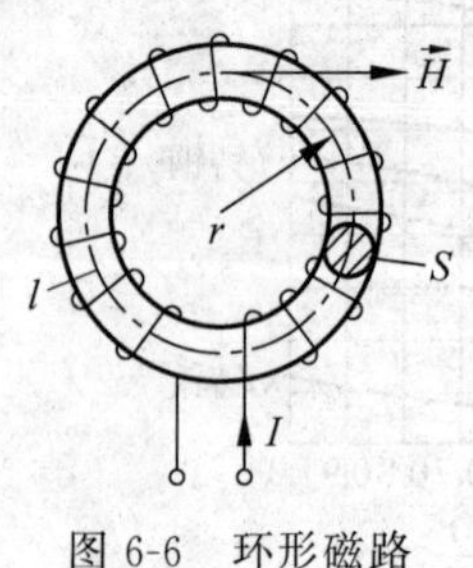

图 6-6　环形磁路

当导体电流的方向与闭合路径的积分方向符合右手螺旋关系时，电流为正，反之电流为负。

环形磁路如图 6-6 所示，设环形铁心线圈是均匀密绕的，若取其中心线为积分回路，则中心线上各点的磁场强度矢量的大小相等，其方向又与 $\mathrm{d}l$ 的方向一致，故有

$$\oint \vec{H}\,\mathrm{d}\vec{l} = \oint H\,\mathrm{d}l = H\oint \mathrm{d}l = \sum I$$

即

$$Hl = NI$$

式中：l 为中心线长度，即 $l=2\pi r$；N 为线圈匝数。

在磁路计算中，选取恰当的积分路线，使 $\vec{H}$ 的方向与 $\mathrm{d}\vec{l}$ 的方向一致，式(6-3)可写为

$$\oint_l H\,\mathrm{d}l = \sum I \tag{6-4}$$

如果沿分路线可分为 n 段，每段中 $\vec{H}$ 的大小不变，式(6-4)可写为

$$\sum_{k=1}^{n} H_k l_k = \sum I \tag{6-5}$$

式中：$H_k l_k$ 为第 k 段磁路的磁压降；$\sum I$ 为产生磁通的磁动势。式(6-5)表示：沿着磁回路一周，磁压降的代数和等于磁动势的代数和。

2. 磁路欧姆定律

如图 6-6 所示，由一种铁磁材料构成环形铁心线圈，根据全电流定律，有

$$NI = Hl = \frac{B}{\mu} l = \frac{\Phi}{\mu S} l$$

整理得

$$\Phi = \frac{NI}{l/\mu S} = \frac{F}{R_m} \tag{6-6}$$

这就是磁路欧姆定律。式中，磁动势 $F = NI$ 是产生磁通的原因；磁阻 $R_m = \frac{l}{\mu S}$ 表示磁路对磁通的阻碍作用。由于铁磁物质的磁导率 μ 不是常数，磁阻 R_m 也不是常数，因此，磁路欧姆定律一般仅用于磁路的定性分析。

6.1.4 交流铁心线圈电路

铁心线圈分为直流铁心线圈和交流铁心线圈。直流铁心线圈由直流电励磁，产生恒定磁通；交流铁心线圈由交流电励磁，产生交变磁通。交流铁心线圈在电工技术中的应用很广，如继电器接触器、交流电机的定子绕组，日光灯的镇流器、变压器等，都是交流铁心线圈。所以交流铁心线圈的分析非常重要。

1. 电磁关系

交流铁心线圈如图 6-7 所示，匝数为 N。线圈加交变电压 u，在线圈中会产生交变电流 i 及与磁动势 $F = NI$。交变磁动势 F 会建立两种交变磁通：主磁通 Φ 和漏磁通 Φ_σ。两种交变磁通在线圈中又分别产生了感应电动势 e 和漏感电动势 e_σ。

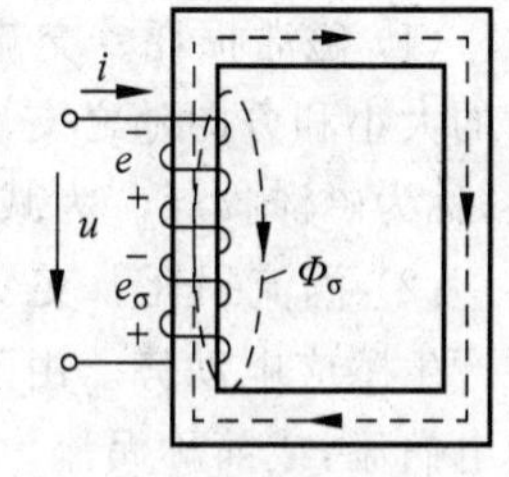

图 6-7 交流铁心线圈

如图 6-7 所示，感应电动势 e、e_σ 与磁通的参考方向符合右图手螺旋定则，根据基尔霍夫电压定律列出铁心线圈电路的电压方程为

$$u = -e - e_\sigma + Ri \tag{6-7}$$

先分析一下漏感电动势 e_σ。漏磁通 Φ_σ 的大小和性质主要由空气的磁阻决定，因此漏磁通 Φ_σ 与电流 i 之间呈线性关系。根据自感系数 L 的定义，有

$$L_\sigma = \frac{N\Phi_\sigma}{i}$$

式中：L_σ 称为漏感系数，简称漏感，它的性质和交流电路中的纯电感是一样的，因此有

$$e_\sigma = -N\frac{\mathrm{d}\Phi_\sigma}{\mathrm{d}i} = -L_\sigma \frac{\mathrm{d}i}{\mathrm{d}t}$$

写成相量形式为

$$\dot{E}_\sigma = -\mathrm{j}X_\sigma \dot{I}$$

式中：X_σ 为线圈的漏感抗，$X_\sigma=\omega L$。

感应电动势 e 是由主磁通作用产生的，主磁通 Φ 和电流 i 之间是非线性关系，对应的电感参数 L 是非线性的，所以

$$e=-N\frac{\mathrm{d}\Phi}{\mathrm{d}t}$$

交流铁心线圈电路的电压方程式(6-7)可写成相量形式：

$$\dot{U}=-\dot{E}-\dot{E}_\sigma+R\dot{I}=-\dot{E}-\mathrm{j}X_\sigma\dot{I}+R\dot{I}$$

一般情况下，线圈电阻的压降 Ri 和漏感电动势 e_σ 都很小，往往可以忽略不计，这样式(6-7)又可近似地写为

$$u=-e=N\frac{\mathrm{d}\Phi}{\mathrm{d}t}$$

若磁通 Φ 是时间的正弦函数，即

$$\Phi=\Phi_\mathrm{m}\sin\omega t$$

则

$$e=-N\frac{\mathrm{d}\Phi}{\mathrm{d}t}=\omega N\Phi_\mathrm{m}\cos\omega t=2\pi fN\Phi_\mathrm{m}\sin(\omega t-90^\circ)$$

$$\sin(\omega t-90^\circ)=E_\mathrm{m}=\sqrt{2}E\sin(\omega t-90^\circ)$$

式中：$E_\mathrm{m}=2\pi fN\Phi_\mathrm{m}$，所以

$$U=E=\frac{E_\mathrm{m}}{2}=4.44fN\Phi_\mathrm{m} \tag{6-8}$$

式(6-8)表明当线圈匝数 N 及电源频率 f 一定时，主磁通 Φ_m 的大小只取决于外施电压 U。

2. 能量损耗

(1) 磁滞损耗。交流铁心线圈接正弦电压时，电流交变将引起磁场强度 H、磁感应强度 B 的大小和方向随之交变，从而使铁心内的磁畴来回翻转，产生类似于摩擦生热的功率损耗，称为磁滞损耗。为减小磁滞损耗，交流铁心线圈中的铁心常采用硅钢片叠压而成。

(2) 涡流损耗。交变磁通经过铁心时，不仅在线圈中产生感应电动势，而且在铁心内也要产生感应电动势。由于铁心是导体，铁心内的感应电压会在铁心内引起旋涡式的电流，称为电涡流，或简称涡流。涡流通过有电阻的铁心也会有功率损耗，称为涡流损耗。为减少涡流损耗，常采用电阻率大的材料做成叠片铁心，比如硅钢。

磁滞损耗和涡流损耗统称为铁心损耗，简称铁损。

(3) 等效电阻。交流铁心线圈通入励磁电流后，线圈本身要产生铜损；而铁心中要产生铁损，直接损失了磁场能，间接损失了电能。所以，线圈中的电阻应该是两部分之和，即

$$R=R_\mathrm{Cu}+R_\mathrm{Fe}$$

式中：R 为线圈等效电阻；R_Cu 为铜损等效电阻；R_Fe 为铁损等效电阻。

6.2 变压器的用途、分类及工作原理

6.2.1 变压器的用途和分类

变压器是根据电磁感应原理制成的静止电磁装置，即在交流铁心线圈的铁心上缠绕上

电线(又称绕组),就构成了变压器。它的主要功能是改变同一频率的交流电压等级,还可以变换电流和变换阻抗。

变压器的用途很广,因而种类繁多,按其用途不同可分为以下几种。

(1) 电力变压器:主要应用于电力系统中升降电压。

(2) 特殊电源用变压器:例如电炉变压器、电焊变压器和整流变压器等。

(3) 仪用变压器:供测量和继电保护用的变压器,例如电压互感器和电流互感器。

(4) 实验变压器:专供电气设备作为耐压用的高压变压器。

(5) 调压器:能均匀调节输出电压的变压器,例如自耦变压器。

(6) 控制用变压器:用在控制系统中的小功率变压器,例如在电子设备中作为电源、隔离、阻抗匹配等的小容量变压器。

6.2.2 变压器的工作原理

为了便于分析,现将两个线圈分别画在两个铁心柱上,变压器的工作原理图及其电路图形符号如图6-8所示。连接电源的线圈称为原绕组(或原边),也称一次侧,匝数为 N_1,相对应的物理量用 u_1、i_1、e_1 表示;连接负载的线圈称为副绕组(或副边),也称二次侧,匝数为 N_2,相应的物理量用 u_2、i_2、e_2 表示。一次绕组输入功率,二次绕组输出功率。

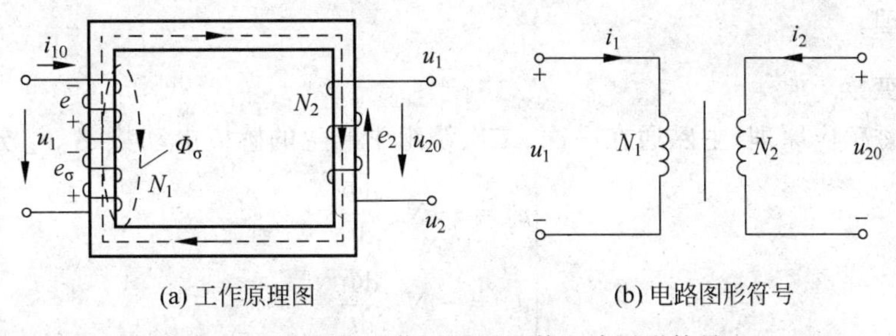

图6-8　变压器工作原理图及其电路图形符号

变压器的一次绕组接交流电源,二次绕组开路,成为变压器的空载,空载运行时,变压器的二次绕组没有电流,对一次绕阻的工作状态没有影响,因此一次绕组中各物理量的情况与交流铁心线圈相似。一次绕组电流 i_{10} 为空载电流,也是励磁电流,建立磁动势 $F_0=N_1 i_{10}$,磁动势 F_0 在铁心中产生主磁通 Φ 和漏磁通 $\Phi_{\sigma 1}$,主磁通 Φ 分别与一次绕组、二次绕组相交链,产生感应电动势 e_1、e_2 与主磁通 Φ 的参考方向之间符合右手螺旋定则,由楞次定律可得

$$e_1=-N_1\frac{\mathrm{d}\Phi}{\mathrm{d}t}$$

$$e_2=-N_2\frac{\mathrm{d}\Phi}{\mathrm{d}t}$$

漏磁通 $\Phi_{\sigma 1}$ 只与一次绕组交链,产生感应电动势 $e_{\sigma 1}$。

以上分析就是变压器空载状态时的基本物理过程,可见变压器通过磁耦合的关系将一次绕组的电能传递给二次绕组。

【例6-1】 某铁心线圈,加10V直流电压时,电流为1A;加220V交流电压时,电流为2A,且消耗功率为188W。试求加220V交流电压时铁心线圈的 P_{Cu}、P_{Fe} 及 $\cos\varphi$。

解：设铁心的等效电阻为 R，则

$$R=\frac{U}{I}=\frac{10}{1}=10(\Omega)$$

在 220V 交流电压作用下的铜损为

$$P_{Cu}=I^2R=2^2\times 10=40(W)$$

则铁损为

$$P_{Fe}=P-P_{Cu}=188-40=144(W)$$

由 $P=UI\cos\varphi$ 可求得

$$\cos\varphi=\frac{P}{UI}=\frac{188}{220\times 2}\approx 0.43$$

一次绕组在交流电压 u_1 的作用下，绕组中产生电流 i_1，等效电阻 R_1 上产生电压降 R_1i_1，磁动势 N_1i_1 产生的磁通绝大部分通过铁心闭合，在二次绕组上产生的主感应电动势为 e_2。若二次绕组与负载接通，构成闭合回路，便有电流 i_2 流过二次绕组，等效电阻 R_2 上产生电压降 R_2i_2，二次绕组磁动势 N_2i_2 产生的磁通绝大部分也通过铁心闭合，因此铁心中的磁通由一次、二次绕组的磁动势共同产生，这个磁通称为主磁通 Φ。Φ 随着电源的交变，在一次、二次绕组中产生主磁感应电动势 e_1 和 e_2。另外，一次、二次绕组的磁动势还产生漏磁通及漏磁感应电动势，分别为 $\Phi_{\sigma1}$、$\Phi_{\sigma2}$、$e_{\sigma1}$、$e_{\sigma2}$。下面分析变压器的变换电压、变换电流及变换阻抗原理。

1. 电压变换

根据电磁感应原理，主磁通在一次、二次绕组中产生的感应电动势 e_1、e_2 分别为

$$\begin{cases}e_1=-N_1\dfrac{d\Phi}{dt}\\[2mm] e_2=-N_2\dfrac{d\Phi}{dt}\end{cases}$$

由于 u_1 是按正弦规律变化的，所以主磁通 Φ 也会按正弦规律变换。设 $\Phi=\Phi_m\sin\omega t$，则

$$\begin{cases}e_1=-N_1\dfrac{d\Phi}{dt}=-N_1\omega\Phi_m\cos\omega t=2\pi fN_1\Phi_m\sin(\omega t-90^\circ)\\[2mm] e_2=-N_2\dfrac{d\Phi}{dt}=-N_2\omega\Phi_m\cos\omega t=2\pi fN_2\Phi_m\sin(\omega t-90^\circ)\end{cases}\tag{6-9}$$

由式(6-9)可知，e_1、e_2 的有效值分别为

$$\begin{cases}E_1\approx 4.44fN_1\Phi_m\\ E_2\approx 4.44fN_2\Phi_m\end{cases}\tag{6-10}$$

根据图 6-8 所示的参考方向，可得一次、二次绕组的回路方程为

$$\begin{cases}u_1=R_1i_1-e_1-e_{\sigma1}\\ u_2=u_{20}=e_2\end{cases}$$

若略去漏磁通的影响，不考虑绕组上电阻的压降，则可认为

$$U_1\approx E_1\quad U_2=U_{20}\approx E_2$$

则可得

$$\frac{U_1}{U_2}\approx\frac{E_1}{E_2}=\frac{N_1}{N_2}=k \tag{6-11}$$

式中：k 为变压器的一次、二次绕组的匝数比，称为变比。显然，当电源电压一定时，只要改变匝数比，二次侧就可以得到不同的输出电压。

【例 6-2】 已知某变压器的铁心截面积为 150cm^2，铁心中磁感应强度的最大值不能超 1.2T，若要用它把 6000V 工频交流电变换为 20V 的同频率交流电，则应配多少匝的一、二次侧线圈？

解：铁心中磁通的最大值为

$$\Phi_{\text{m}}=B_{\text{m}}S=1.2\times150\times10^{-4}=0.018(\text{Wb})$$

一次侧线圈的匝数为

$$N_1=\frac{U_1}{4.44f\Phi_{\text{m}}}=\frac{6000}{4.44\times50\times0.018}\approx1502(\text{匝})$$

二次侧线圈的匝数为

$$N_2=\frac{N_1}{k}=\frac{N_1}{\dfrac{U_1}{U_2}}=\frac{1502}{\dfrac{6000}{230}}\approx58(\text{匝})$$

2. 电流变换

变压器的绕组接负载后，二次绕组有电流流过，若忽略一次绕组和二次绕组的等效电阻和漏感抗压降，变压器的负载运行如图 6-9 所示。二次绕组感应电动势 e_2 产生交流电流 i_2，一次绕组的电流由空载励磁电流 i_{10} 变成 i_1。二次绕组内流过电流 i_2 时产生交变磁动势 $F_2=N_2i_2$，磁动势 F_2 也要产生磁通，此时变压器铁心中的主磁通由一次绕组磁动势和二次绕组磁动势共同产生。

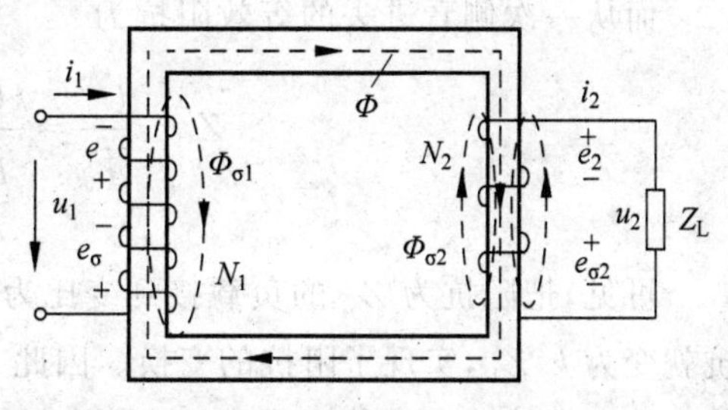

图 6-9　变压器的负载运行

由 $U_1\approx E_1=4.44fN_1\Phi_{\text{m}}$ 可知，当电源频率 f 及一次绕组线圈匝数 N_1 一定时，变压器主磁通的大小主要由外施电源电压 U_1 决定，而与负载大小无关。只要 U_1 保持不变，则无论变压器是空载还是有载，变压器铁心中主磁通的大小就基本不变，因此有载时产生主磁通的一次、二次绕组合成的磁动势 $N_1i_1+N_2i_2$ 和空载时产生主磁通的一次绕组磁动势 N_1i_{10} 基本相等，即

$$N_1i_1+N_2i_2=N_1i_{10}$$

其相量形式为

$$N_1\dot{I}_1+N_2\dot{I}_2=N_1\dot{I}_{10} \tag{6-12}$$

变压器空载电流 i_{10} 主要用来励磁。由于铁心的磁导率 μ 很大，故空载电流 i_{10} 很小，常可忽略不计，于是式(6-12)变为

$$N_1\dot{I}_1\approx-N_2\dot{I}_2 \tag{6-13}$$

式(6-13)表明，一次、二次绕组的磁动势在相位上近似反相，且电流有效值的关系为

$$\frac{I_1}{I_2}\approx\frac{N_1}{N_2}=\frac{1}{k} \tag{6-14}$$

式(6-14)表明：改变变比 k，就可以改变两侧绕组电流的比值，从而实现电流变换。

3. 阻抗变换

变压器除了进行电压变换、电流变换之外，还可以进行阻抗变换。设变压器二次侧接一阻抗为 Z_L 的负载，如图 6-10 所示。

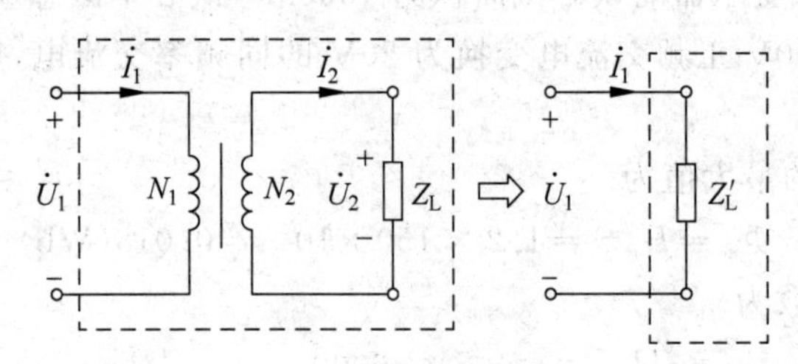

图 6-10　变压器的阻抗变换

由于

$$Z_L=\frac{\dot{U}_2}{\dot{I}_2}$$

而从一次侧看进去的等效阻抗为

$$Z'_L=\frac{\dot{U}_1}{\dot{I}_1}=\frac{k\dot{U}_2}{\frac{\dot{I}_2}{k}}=k^2\frac{\dot{U}_2}{\dot{I}_2}=k^2Z_L \tag{6-15}$$

可见，把阻抗为 Z_L 的负载接到变比为 k 的变压器二次侧时，从一次侧看进去的等效阻抗就变为 k^2Z_L，实现了阻抗的变换。因此，可采用不同的变比把负载阻抗变换为所要求的值。在电子线路和通信工程中，常采用此法实现阻抗的匹配。

【例 6-3】 某交流信号源 $U_S=80\text{V}$，内阻 $R_0=200\Omega$，负载电阻 $R_L=50\Omega$，试求：

(1) 负载直接接入信号源时获取的功率 P_L。

(2) 在信号源与负载之间接入一个输出变压器，要使负载获得最大功率，那么变压器的变比应取多少？负载获取的最大功率 P_{Lmax} 是多少？

解：(1) 负载直接接入信号源时

电路电流 $I=\dfrac{U_S}{R_0+R_L}=\dfrac{80}{200+50}=0.32(\text{A})$

负载吸取的功率 $P_L=I^2R_L=0.32^2\times50=5.12(\text{W})$

(2) 要使负载获得最大功率，必须使负载电阻等于信号源内阻。当信号源接入输出变压器后，只要保证变压器负载折算到一次侧的等效电阻等于信号源内阻，也就是存在 $R'_L=R_0=200\Omega$，即可实现负载上取得最大功率的要求。

由阻抗变换关系可求得变压器的变比为 $k=\sqrt{\dfrac{R'_L}{R_L}}=\sqrt{\dfrac{200}{50}}=2$

此时信号源输出的电流为 $I=\dfrac{U_S}{R_0+R'_L}=\dfrac{80}{200+200}=0.2(\text{A})$

负载获得最大功率为 $P_{Lmax}=I^2R'_L=0.2^2\times200=8(\text{W})$

6.3　变压器的额定值与运行特性

6.3.1　变压器的额定值

变压器在规定的使用环境和运行条件下的主要技术数据的限定值称为额定值。额定值通常标在变压器的铭牌上，故也称为铭牌数据。铭牌数据是选择和使用变压器的依据。这里介绍几个主要的铭牌数据，其他的数据可以依据变压器的型号查看相关手册。

1. 型号

按照国家标准的有关规定，型号由有关字母和数字组成。字母表示的意义：S表示三相，D表示单相；数字代表主要的技术数据。

2. 额定电压 U_{1N} 和 U_{2N}

变压器在额定运行情况下，根据变压器的绝缘强度和允许温升所规定的一次绕组应加的电压的有效值称为一次绕组的额定电压，用 U_{1N} 表示。二次绕组的额定电压 U_{2N} 在电力系统中是指变压器一次绕组施加额定电压时二次绕组空载电压的有效值；在仪器仪表中通常是指变压器一次绕组施加额定电压、二次绕组接额定负载时的输出电压的有效值。三相变压器的额定电压都指线电压。

3. 额定电流 I_{1N} 和 I_{2N}

变压器在额定运行情况下，一次、二次绕组允许长时间通过的电流的有效值称为额定电流。三相变压器中，一次电流 I_{1N} 和二次电流 I_{2N} 都指线电流。

4. 额定容量 S_N

额定容量即额定视在功率，表示变压器输出功率的能力，用 S_N 表示，忽略损耗，额定容量可以表示为

$$S_N = U_{2N}I_{2N} = U_{1N}I_{1N}\text{（单相）} \tag{6-16}$$

$$S_N = \sqrt{3}U_{2N}I_{2N} = \sqrt{3}U_{1N}I_{1N}\text{（三相）}$$

5. 额定频率 f_N

额定频率 f_N 是指变压器应接入的电源频率，我国电力系统的标准频率为50Hz。

6.3.2　变压器的运行特性

1. 变压器的外特性

当变压器一次绕组电压 U_1、额定频率和负载功率因数 $\cos\varphi$ 一定时，二次绕组电压 U_2 随负载电流 I_2 变化的关系 $U_2=f(I_2)$ 称为变压器的外特性，如图6-11所示。它反映了当变压器负载性质（$\cos\varphi$）一定时，二次绕组电压随负载电流变化的情况。

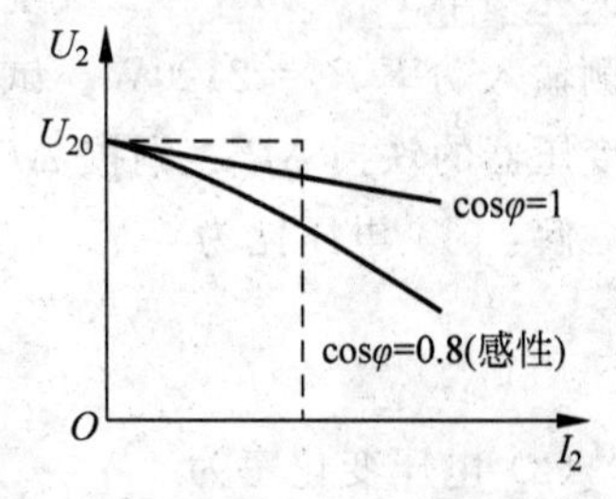

图6-11　变压器的外特性曲线

当负载是电阻或感性负载时，输出电压 U_2 随输出电流 I_2 的增加呈下降趋势。对于相同的负载电流 I_2，负载的感性越强，功率因数越低，对应的输出电压 U_2 下降也越多。一般

地，人们总是希望二次绕组电压 U_2 的变动越小越好，二次绕组电压的变化程度可用电压变化率 $\Delta U\%$表示，即

$$\Delta U\% = \frac{U_{20} - U_2}{U_{20}} \times 100\% \tag{6-17}$$

式中：U_{20} 和 U_2 分别为空载和额定负载时的二次绕组电压的有效值。显然变压器从空载到额定负载的运行过程中，输出电压 U_2 的下降程度是衡量变压器输出电压稳定性的主要指标。电力变压器的电压调整率在5%左右。

2. 变压器的损耗和效率

变压器在运行时存在两种损耗：铜损和铁损。铜损是变压器运行时其一次、二次绕组的直流电阻 R_1 和 R_2 上的损耗，即 $\Delta P_{\mathrm{Cu}} = I_1^2 R_1 + I_2^2 R_2$，它与负载电流的大小有关；铁损是交变的主磁通在铁心中产生的磁滞损耗和涡流损耗，即 ΔP_{Fe}，它与铁心的材料、电源电压 U_1、电源频率 f 等参数有关，而与负载的大小无关。

设变压器的输出功率为 P_2，则输入功率 P_1 为

$$P_1 = P_2 + \Delta P_{\mathrm{Cu}} + \Delta P_{\mathrm{Fe}} \tag{6-18}$$

输出功率 P_2 与输入功率 P_1 之比称为变压器的效率，通常用百分数表示，即

$$\eta = \frac{P_2}{P_1} \times 100\% = \frac{P_2}{P_2 + \Delta P_{\mathrm{Cu}} + \Delta P_{\mathrm{Fe}}} \times 100\% \tag{6-19}$$

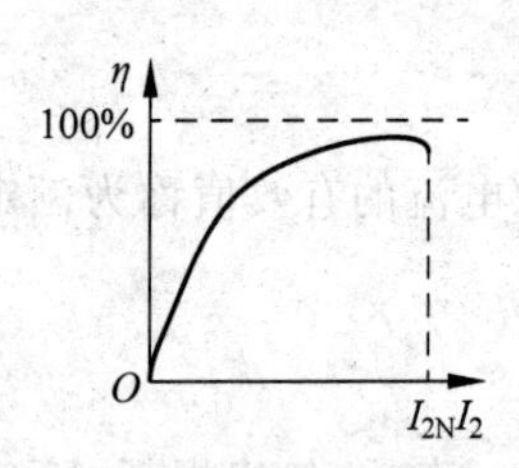

图6-12　变压器效率与负载电流的关系

当电源电压 U_1 和频率 f 一定时，主磁通 Φ 基本不变，铁损也基本不变，故铁损又称为不变损耗。而铜损随负载电流的变化而变化，故又称为可变损耗。由于变压器空载时铜损 $\Delta P_{\mathrm{Cu}} = I_{10}^2 R_1$ 很小，电源输入的功率（称为空载损耗）基本上都损耗在铁心上，故可认为空载损耗等于铁损。随着负载的增大，开始时 η 也增大，但后来因铜损增加得很快，η 反而有所下降，在不到额定负载时出现 η 的最大值。所以变压器并非运行在额定负载时效率最高，变压器效率 η 与负载电流 I_2 的关系如图6-12所示。通常在额定负载的80%左右时，变压器的工作效率最高。小型变压器的效率为60%～90%，大型电力变压器的效率可达99%。

【例6-4】 有一个单相变压器，$U_1 = 220\mathrm{V}$，$f = 50\mathrm{Hz}$。空载时 $U_{20} = 110\mathrm{V}$，$I_{10} = 1\mathrm{A}$，空载损耗功率 $P_0 = 55\mathrm{W}$。二次绕组接电阻额定负载时，$I_1 = 9.2\mathrm{A}$，$I_2 = 18\mathrm{A}$，$U_2 = 106\mathrm{V}$，主绕组侧输入功率 $P_1 = 2120\mathrm{W}$。试求：(1)变压器的电压比 k；(2)电压变化率 $\Delta U\%$；(3)效率及变压器的铁损 ΔP_{Fe}、铜损 ΔP_{Cu}。

解：(1) 电压比为

$$k = \frac{U_1}{U_{20}} = \frac{220}{110} = 2$$

(2) 电压变化率为

$$\Delta U\% = \frac{U_{20} - U_2}{U_{20}} \times 100\% = \frac{110 - 106}{110} \times 100\% \approx 3.6\%$$

(3) $\eta = \frac{P_2}{P_1} \times 100\% = \frac{106 \times 18}{2120} \times 100\% = 90\%$

铁损为

$$\Delta P_{Fe} \approx P_0 = 55W$$

铜损为

$$\Delta P_{Cu} = P_1 - P_2 - \Delta P_{Fe} = 2120 - 106 \times 18 - 55 = 157(W)$$

6.3.3 变压器绕组的极性

已经制成的变压器(或其他有绕组的电器设备),由于经过其他工艺处理或长期使用,从外观上可能无法辨认绕组的绕向。对于这种情况通常采用实验方法进行测定。常用的实验测定方法有直流法和交流法,本书只对直流法做简单介绍。

直流法测定绕组极性的电路如图 6-13 所示。在开关闭合瞬间,如果毫安表的指针正向偏转,则 1 和 3 是同名端;如果指针反向偏转,则 1 和 4 是同名端。其原理如下。

在开关闭合瞬间,一次绕组电路中出现变化。正向偏转的电流 i_1 其实际方向如图 6-13 所示。i_1 产生的磁通在两个绕组中分别产生感应电动势 e_1 和 e_2。由楞次定则可知,e_1 阻碍电流 i_1 增长,其实际方向如图 6-13 所示。二次绕组 e_2 的实际方向可根据电流表指针偏转方向推知(电流表测量的是由 e_2 产生的电流 i_2)。若指针正向偏转,说明 e_2 的实际方向如图 6-13 所示,因而 1 与 3 是同名端;若指针反向偏转,则 e_2 的实际方向与图 6-13 所示相反,则 1 与 4 是同名端。

同名端的表示方法:在同名端打上“•”作为标记,如图 6-13 所示。

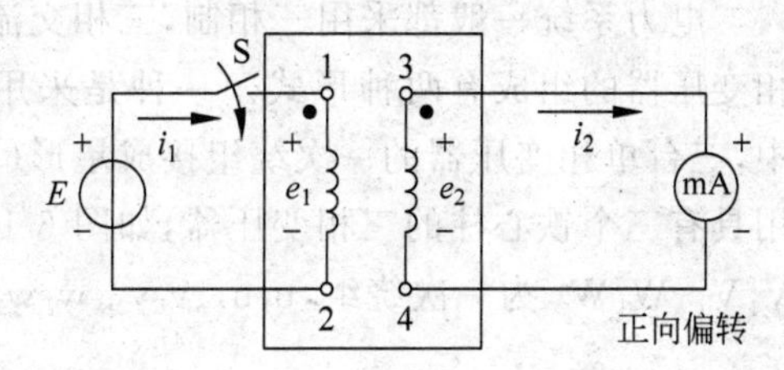

图 6-13　直流法测定绕组极性

6.4 常用变压器

除了电力变压器之外,还有其他用途的变压器,比如仪用互感器、传递信号用的耦合变压器、脉冲变压器以及控制或实验室用的小功率变压器和自耦变压器等。这里主要介绍自耦变压器、三相电力变压器和仪用互感器。

6.4.1 自耦变压器

普通双绕组变压器的一、二次绕组之间只有磁的联系,而没有电的直接联系。自耦变压器的结构特点是一、二次绕组共用一个绕组,即有一部分绕组是共用的,如图 6-14(a)所示,因此自耦变压器的一次绕组和二次绕组之间不仅有磁的联系,还有电的联系,其工作原理与双绕组变压器相同,式(6-12)和式(6-14)依然成立。自耦变压器一、二次绕组共用部分的绕组称为公共绕组。

在实验室中常用的调压器实际上就是自耦变压器,如图 6-14(b)所示。

当一次绕组匝数为 N_1、二次绕组匝数为 N_2 时,自耦变压器的电压变比为

$$k = \frac{U_1}{U_2} = \frac{N_1}{N_2}$$

电流为

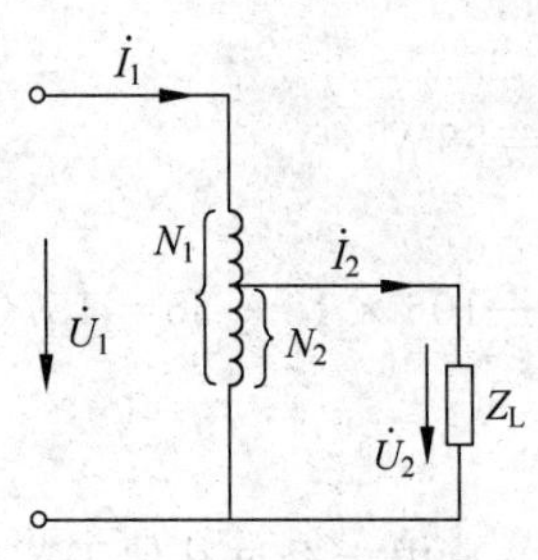

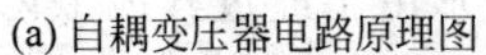
(a) 自耦变压器电路原理图

(b) 自耦调压器外形

图 6-14　自耦变压器

$$\frac{I_1}{I_2}=\frac{N_2}{N_1}=\frac{1}{k}$$

与双绕组变压器相比较，自耦变压器由于一、二次绕组间有直接电的联系，安全性低。

6.4.2　三相电力变压器

电力系统一般都采用三相制，三相交流电的电压变换是通过三相变压器来实现的。三相变压器的组成有两种形式。一种是采用三台单相变压器组合而成，如图 6-15 所示。图中，三台单相变压器的一次绕组接成星形（Y），二次绕组接成三角形（△）。另一种形式是采用具有三个铁心柱的三相变压器，如图 6-16 所示。每个铁心上都有两个绕组，其中 U_1U_2、V_1V_2、W_1W_2 为一次绕组，u_1u_2、v_1v_2、w_1w_2 为二次绕组。

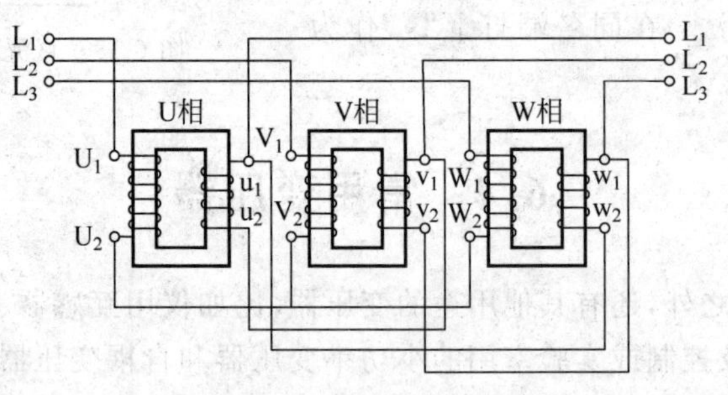

图 6-15　三相变压器组

三相变压器的一、二次绕组都可以分别接成星形（Y）或三角形（△）。例如在图 6-15 中，高压绕组为星形联结，低压绕组为三角形联结。

图 6-17 所示为Y-Y形联结的三相变压器的图形符号。图 6-18 所示为户外配电变压器的外观图，图中变压器的低压侧为星形联结，有中性线。

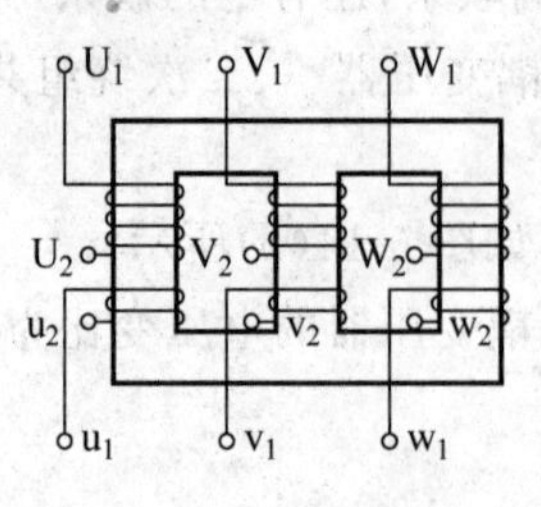

图 6-16　三相变压器

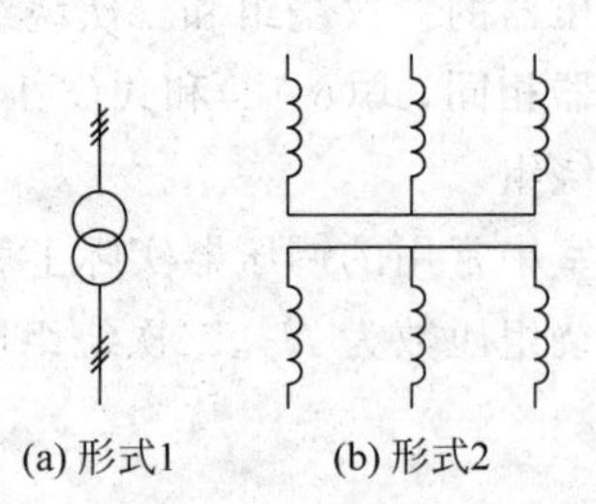
(a) 形式1　(b) 形式2

图 6-17　三相变压器图形符号（Y-Y）

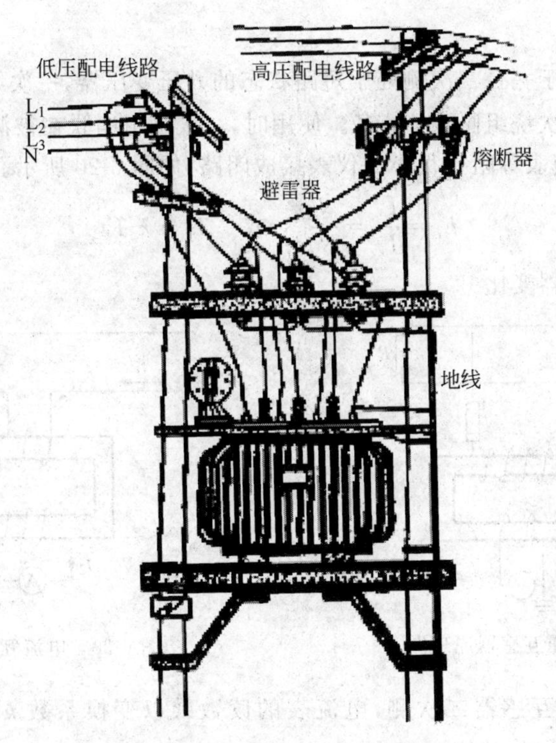

图 6-18　户外配电变压器的外观

6.4.3 仪用互感器

仪用互感器包括电压互感器与电流互感器，主要是用于测量电压与电流、扩大电压表与电流表的量程、控制及保护设备的专用变压器。

仪用互感器是一种测量用的设备，包括电流互感器和电压互感器，它们的作用原理和变压器相同。仪用互感器主要用来测量大电流、高电压，确保工作人员的安全；也可用于各种继电保护装置的测量系统。

电压互感器二次侧额定电压都是 100V，电流互感器二次侧额定电流都是 5A 或 1A。

1. 电压互感器

电压互感器相当于一台二次侧处于空载状态的降压变压器，一次绕组匝数 N_1 多，二次绕组匝数 N_2 少；使用时，一次绕组并联在被测的高压电路上，二次绕组接电压表或功率表的电压线圈，如图 6-19 所示。

$$k_u = \frac{U_1}{U_2} = \frac{N_1}{N_2} \quad 或 \quad U_1 = k_u U_2 \tag{6-20}$$

式中：k_u 为电压互感器变比。

使用电压互感器时应注意以下两点。

(1) 为安全起见，电压互感器的铁心与二次绕组都必须可靠接地。

(2) 在使用过程中，电压互感器绝对不允许二次侧短路。如果二次侧发生短路，短路电流很大，会烧坏互感器。因此在使用时，二次侧电路中应串接熔断器做短路保护。

2. 电流互感器

电流互感器相当于一台二次侧处于短路状态的升压变压器，一次绕组匝数 N_1 少(一般只有一匝到几匝)，二次绕组匝数 N_2 多。使用时，一次绕组串联在被测线路中，流过被测电流，而二次绕组与电流表等阻抗很小的仪表接成闭路，如图 6-20 所示。

$$k_i=\frac{I_1}{I_2}=\frac{N_2}{N_1} \quad 或 \quad I_1=k_iI_2 \tag{6-21}$$

式中：k_i 为电流互感器变比。

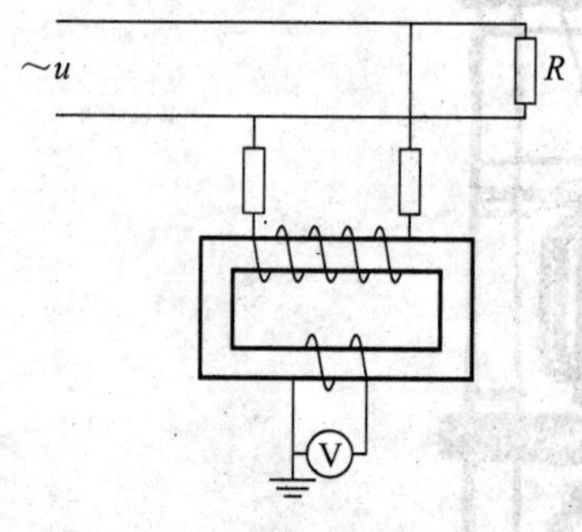

图 6-19　电压互感器原理图

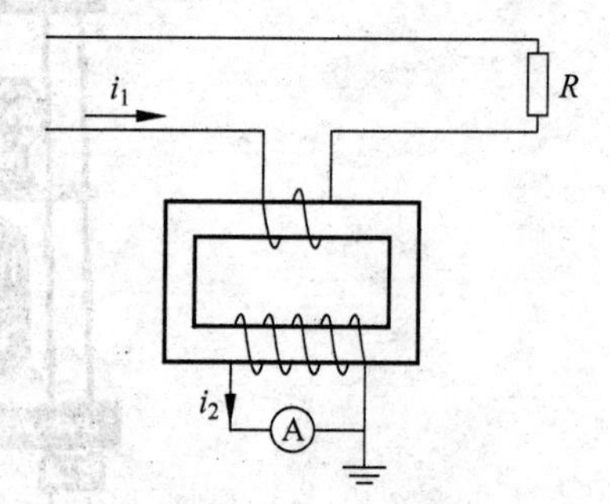

图 6-20　电流互感器原理图

电流表接在电流互感器二次侧，电流表的读数乘以变换系数 k_i 即是待测的一次侧电值。

使用电流互感器时应注意以下两点。

(1) 为安全起见，电流互感器的铁心与二次绕组必须接地。

(2) 在使用过程中，电流互感器绝对不允许二次侧开路。如果二次侧发生开路，二次绕组会感应出很高的电压，不仅可能使绝缘击穿，而且危及工作人员和其他设备的安全。

本章小结

本章介绍了磁场和磁路、磁路的欧姆定理、变压器用途、分类及工作原理、变压器的额定值与运行特性和常用变压器。

(1) 磁路通常是指主磁通所经过的路径。

(2) 磁路的主要物理量有磁感应强度 B、磁通 Φ、磁导率 μ 和磁场强度 H。

(3) 全电流定律是指在磁场中，沿任一闭合回路，磁场强度 H 的线积分等于该闭合回路所包围的所有导体电流的代数和，即

$$\oint_l \vec{H}\mathrm{d}\vec{l}=\sum I$$

(4) 磁路欧姆定律是 $\Phi=\dfrac{NI}{l/\mu S}=\dfrac{F}{R_\mathrm{m}}$。它是用来分析电气设备的工作情况，一般不用来计算磁路。

(5) 交流铁心线圈加交变电压产生的交变磁通在线圈中产生了感应电动势和漏感电动势。

(6) 交流铁心线圈的电压平衡方程为 $\dot{U}=-\dot{E}-\dot{E}_\sigma+R\dot{I}=-\dot{E}-\mathrm{j}X_\sigma\dot{I}+R\dot{I}$。

(7) 交流铁心线圈的能量损耗包括磁滞损耗和涡流损耗。

(8) 变压器的主要功能是改变同一频率的交流电压等级，还可以变换电流和变换阻抗。

(9) 变压器的外特性为 $U_2=f(I_2)$，电压变化率为

$$\Delta U\%=\frac{U_{20}-U_2}{U_{20}}\times 100\%$$

(10) 变压器的主要额定值有额定电压(U_{1N} 和 U_{2N})、额定电流(I_{1N} 和 I_{2N})和额定容量 S_N。

(11) 变压器绕组极性判别方法主要有直流法和交流法。使用多绕组变压器时，要先确定绕组的极性并作出同名端标记，然后正确连接。

(12) 自耦变压器的结构特点是一、二次绕组共用一个绕组，即有一部分绕组是共用的，因此自耦变压器的一次绕组和二次绕组之间不仅有磁的关系，还有电的关系。

(13) 电压互感器相当于一台二次侧处于空载状态的降压变压器，使用时，一次绕组并联在被测的高压电路上，二次绕组接电压表或功率表的电压线圈。

(14) 电流互感器相当于一台二次侧处于短路状态的降压变压器，使用时，一次绕组串联在被测线路中，而二次绕组与电流表等阻抗很小的仪表接成闭路。

习　题　6

6-1　交流铁心线圈的额定电压为220V，若把它误接到220V直流电源上会产生什么后果？直流铁心线圈误接到交流电源上又会怎样？

6-2　变压器的铁心起什么作用？不用铁心行不行？

6-3　变压器的额定电压为220/110V，如果不慎将低压绕组接到220V电源上，试问励磁电流有何变化？将会产生什么后果？

6-4　有一台电压为110/36V的变压器，如果把它接到同频率220V电源上，二次侧电压是72V吗？为什么？

6-5　有一台D-50/10单相变压器，$S_N=50\text{kV}\cdot\text{A}$、$U_{1N}/U_{2N}=10500/230\text{V}$。试求变压器一次、二次绕组的额定电流。

6-6　有一台降压变压器，额定容量为 $S_N=1000\text{V}\cdot\text{A}$、额定电压为380/24V的变压器供给临时建筑工地照明用电。试求：

(1) 变压器的变比。

(2) 变压器一次、二次额定电流各是多少？

(3) 二次绕组能接入60W、24V的白炽灯多少只？

6-7　有一台三相变压器，额定容量 $S_N=5000\text{kV}\cdot\text{A}$，额定电压 $U_{1N}/U_{2N}=10/6.3\text{kV}$，Y-△联结，试求：

(1) 一次、二次侧的额定电流。

(2) 一次、二次侧的额定相电压和相电流。

6-8　图6-21所示为一理想变压器，一次侧线圈的输入电压 $U_1=3300\text{V}$，二次线圈的输出电压 $U_2=220\text{V}$，经过铁心的导线所接的电压表的示数 $U_0=2\text{V}$，则

(1) 一次、二次绕组的匝数各是多少？

(2) 当S断开时，电流表 A_2 的示数 $I_2=5A$，那么 A_1 的示数是多少？

(3) 当S闭合时，电流表 A_2 的示数如何变化？ A_1 的示数如何变化？

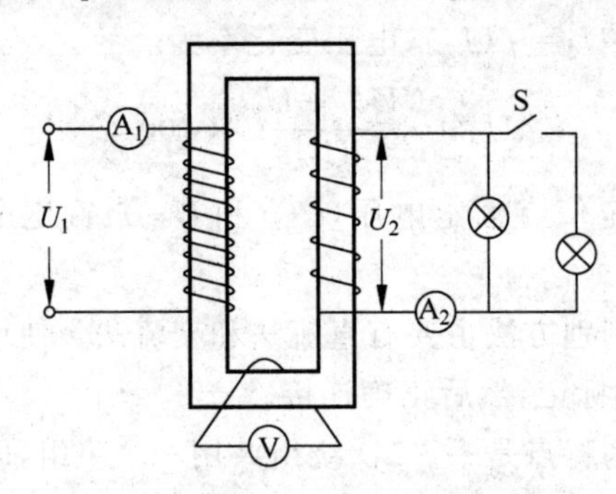

图 6-21 习题 6-8 图

6-9 某收音机的输出变压器，一次绕组的匝数为 230，二次绕组的匝数为 80，原配接 8Ω 的扬声器，现改用 4Ω 的扬声器，问二次绕组的匝数应改为多少？

6-10 使用电压互感器时应该注意哪些事项？

6-11 使用电流互感器时应该注意哪些事项？

三相异步电动机

随着社会经济的快速发展，现代化和信息化的不断推进，电能已经成为应用最为广泛的能源之一。发电机是一种将机械能转换成电能的电气设备。而电动机则是一种将电能转换为机械能的电气设备。两者均是通过电磁感应原理实现能量的传递，在工农业生产、国防、科技及日常生活中有广泛的用途。电动机可以分为交流电动机和直流电动机两大类。交流电动机又分为异步电动机和同步电动机。直流电动机按照励磁方式的不同分为他励、并励、串励和复励四种。在生产上主要使用的是交流电动机，特别是三相异步电动机。

7.1 三相异步电动机的基本结构

三相异步电动机主要有定子(固定部分)和转子(旋转部分)两个基本部分构成。定、转子之间有一个很小的空气隙。此外，还有端盖、转轴、风扇等部件。三相异步电动机的外形和结构如图 7-1 所示。

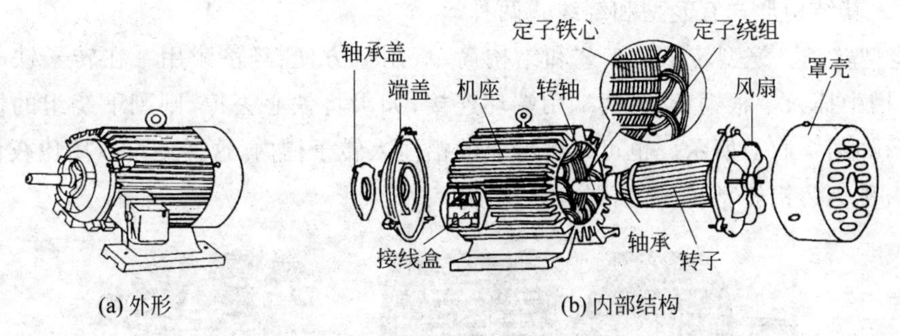

图 7-1　三相异步电动机的外形和结构

三相异步电动机的剖面结构示意图如图 7-2 所示。

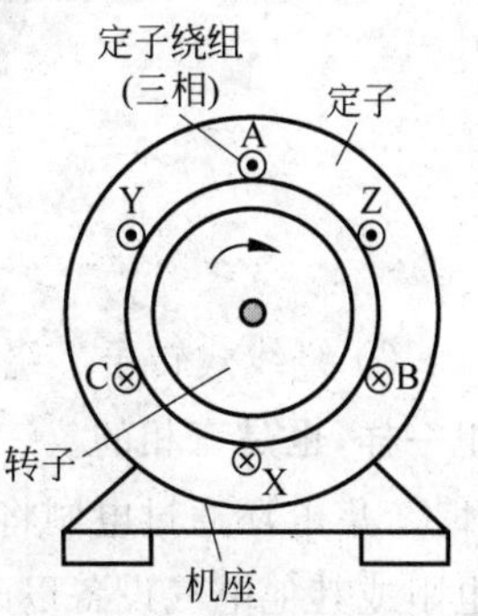

图 7-2　三相异步电动机的剖面结构示意图

1. 异步电动机的定子结构

三相异步电动机的定子由定子铁心、定子绕组和机座三个部分组成。

(1) 定子铁心。为了降低定子铁心的铁损耗以及交变磁通在铁心中产生的涡流损耗，定子铁心用 0.5mm 厚相互绝缘的硅钢片叠成。定子铁心内圆上有均匀分布的槽，槽内放置定子绕组(也叫电枢绕组)。三相绕组的定子及定子铁心的硅钢片如图 7-3 所示。

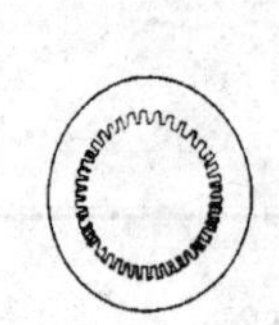
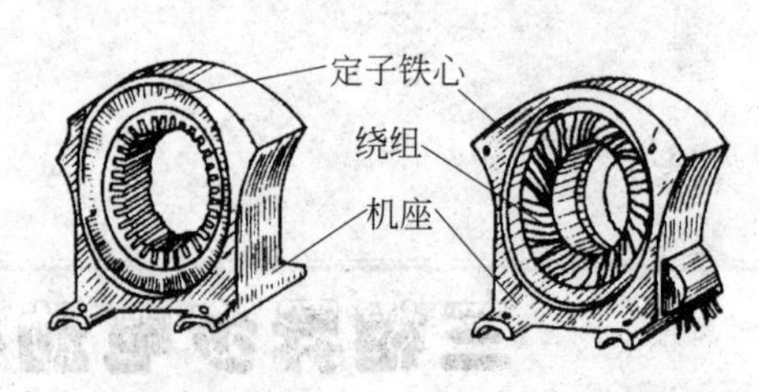

(a) 定子铁心的硅钢片　(b) 定子铁心和机座　(c) 嵌有三相绕组的定子

图 7-3　三相绕组的定子及定子铁心的硅钢片

(2) 定子绕组。异步电机的定子绕组是电动机的电路部分。每相绕组按一定规律连接，三相构成对称绕组。三组用绝缘的铜(或铝)导线绕制好的、对称地嵌入定子铁心槽内的相同线圈。这三相绕组可按要求采用星形(Y)或三角形(△)接线法。

(3) 机座。异步电动机的机座用铸铁或铸钢制成，主要用来固定和支撑定子铁心与绕组。电机损耗变成的热量主要通过机座散出，为了加强散热面积，机座外部有很多均匀分布的散热筋。机座两端面上安装端盖，端盖支撑转子，保持定、转子之间的气隙值。

2. 异步电动机的转子结构

异步电动机的转子由转子铁心、转子绕组和转轴组成。

(1) 转子铁心。转子铁心与定子铁心一样，也由 0.5mm 厚相互绝缘的硅钢片叠成，整个铁心固定在转轴上。转子铁心外圆上有均匀分布的槽，用于放置转子绕组。由于槽缝很小，因此整个转子铁心的外表面呈圆柱形。

(2) 转子绕组。三相异步电动机转子绕组的作用是产生感应电动势、流过电流和产生电磁转矩。其结构形式有笼型和绕线式两种。

① 笼型转子。笼型转子的工艺和结构简单、制造方便、经济耐用。在转子铁心均匀分布的每个槽中插入一根铜条，其两端用端环连接，如果将铁心去掉，则剩下绕组的形状就像一个笼子，如图 7-4(a)所示。也可以将融化的铝注入转子槽内，这样便可以用比较便宜的铝来代替铜，称为铸铝笼型转子，如图 7-4(b)所示。

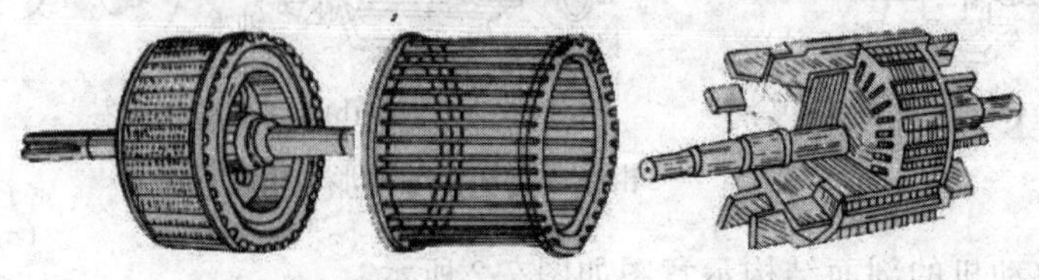

(a) 铸铜笼型转子　(b) 铸铝笼型转子

图 7-4　笼型转子

② 绕线式转子。绕线式转子异步电动机的构造如图 7-5 所示，它的转子绕组同定子绕组一样，也是三相的。三相绕组接成星形，其首端分别接到转轴上的三个与转轴绝缘的集电环上，集电环通过电刷将转子绕组的三个首端引到机座的接线盒上，以便在转子电路中串接电阻或其他电气设备以改善电机的启动和调速特性，因此获得广泛应用。

(3) 转轴。转轴用于支撑转子铁心和输出机械转矩。

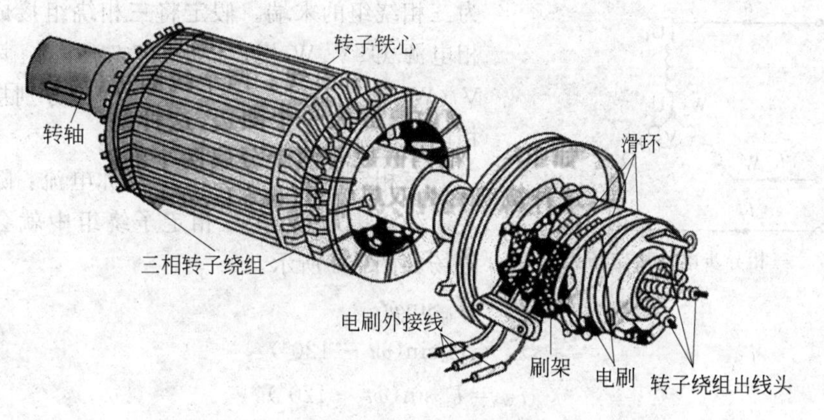

图 7-5　绕线式转子

3. 定子与转子间的气隙

定子与转子之间的空气隙称为气隙，它对电动机的性能有很大的影响。异步电动机的气隙比同容量直流电动机的气隙小得多，在中、小型异步电动机中，气隙一般为 0.2～1.5mm。由于气隙是电动机能量转换的主要场所，因此气隙大小对异步电动机的性能影响很大。为了降低电动机的空载电流和提高电动机的功率，气隙应尽可能小，但气隙太小又可能造成定、转子在运行中发生摩擦。因此，异步电动机气隙长度应为定、转子在运行中不发生机械摩擦所允许的最小值。

7.2　三相异步电动机的工作原理

为了说明三相异步电动机的工作原理，做如下演示实验，如图 7-6 所示。

(1) 演示实验：在装有手柄的蹄形磁铁的两极间放置一个闭合导体，当转动手柄带动蹄形磁铁旋转时，将发现导体也跟着旋转；若改变磁铁的转向，则导体的转向也跟着改变。

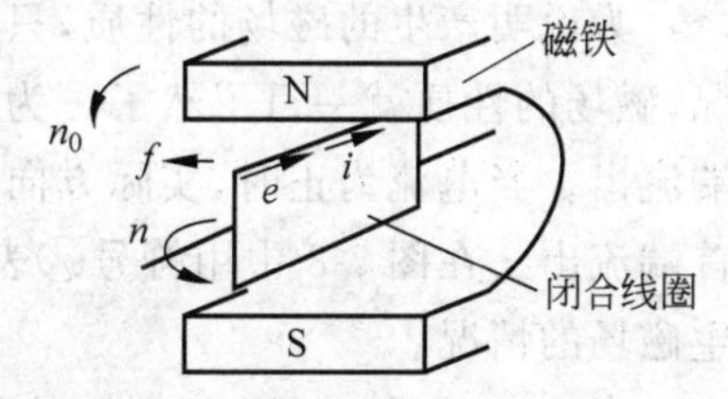

图 7-6　三相异步电动机工作原理

(2) 现象解释：当磁铁旋转时，磁铁与闭合的导体发生相对运动，笼型导体切割磁力线而在其内部产生感应电动势和感应电流。感应电流又使导体受到一个电磁力的作用，于是导体就沿磁铁的旋转方向转动起来，转子转动的方向和磁极旋转的方向相同，这就是异步电动机的基本原理。

(3) 结论：欲使异步电动机旋转，必须有旋转的磁场和闭合的转子绕组。

7.2.1　旋转磁场

1. 旋转磁场的产生

三相异步电动机的定子铁心中放有三相对称绕组 U_1U_2、V_1V_2 和 W_1W_2，它们在空间上按互差 120°的规律对称排列。其中 U_1、V_1、W_1 分别为三相绕组的首端，U_2、V_2、W_2 分别

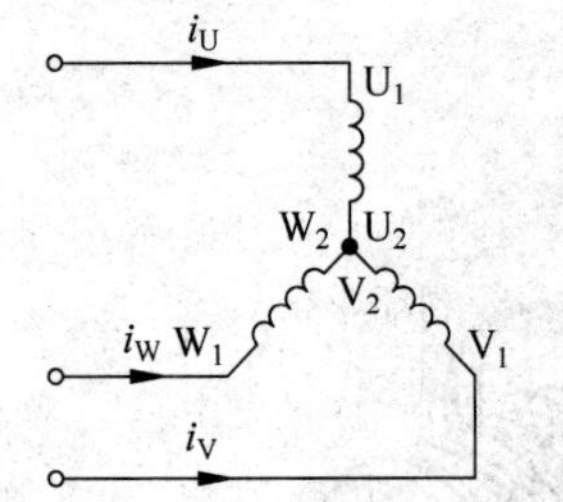

图 7-7　三相异步电动机定子接线

为三相绕组的末端。假定将三相绕组接成星形与三相电源 U、V、W 相连，如图 7-7 所示。其末端 U_2、V_2、W_2 连于一点，首端 U_1、V_1、W_1 分别接在对称三相电源的端线上。

三相定子绕组流入三相对称电流：随着电流在定子绕组中通过，在三相定子绕组中就会产生旋转磁场如图 7-8 所示。

$$\begin{cases} i_U = I_m \sin\omega t \\ i_V = I_m \sin(\omega t - 120°) \\ i_W = I_m \sin(\omega t + 120°) \end{cases}$$

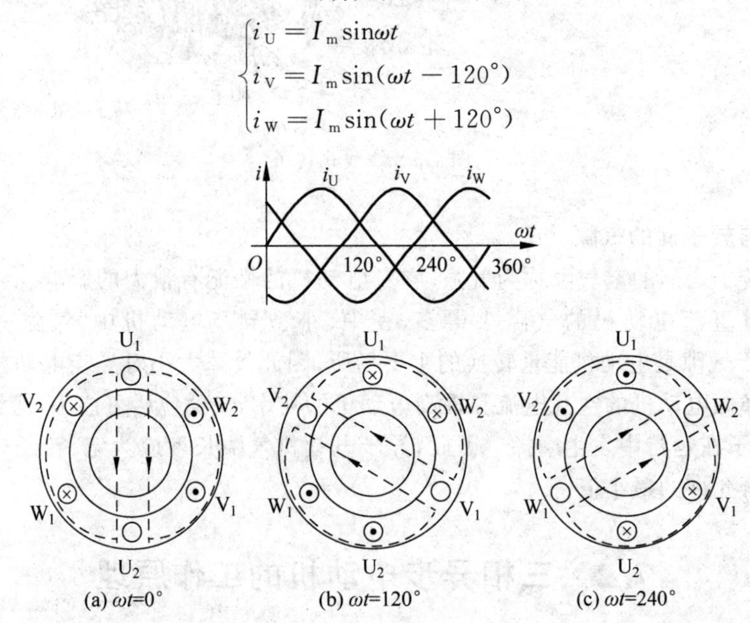

图 7-8　旋转磁场的形成

为说明产生的磁场的性质，只要任取几个不同时刻，分析出它们所产生的合成磁场的情况，磁场的性质就一目了然了。为此，我们规定：电流的参考方向是从绕组的首端流进，末端流出。当电流为正时，实际方向与参考方向相同；当电流为负时，则相反，即从末端流进，首端流出。在图 7-8 中用符号⊗表示电流流进，⊙表示电流流出。下面分析定子绕组中产生磁场的情况。

当 $\omega t = 0°$时，$i_U = 0$，U_1U_2 绕组中无电流；i_V 为负，V_1V_2 绕组中的电流从 V_2 流入 V_1 流出；i_W 为正，W_1W_2 绕组中的电流从 W_1 流入 W_2 流出；由右手螺旋定则可得合成磁场的方向如图 7-8(a)所示。

当 $\omega t = 120°$时，$i_V = 0$，V_1V_2 绕组中无电流；i_U 为正，U_1U_2 绕组中的电流从 U_1 流入 U_2 流出；i_W 为负，W_1W_2 绕组中的电流从 W_2 流入 W_1 流出；由右手螺旋定则可得合成磁场的方向如图 7-8(b)所示。

当 $\omega t = 240°$时，$i_W = 0$，W_1W_2 绕组中无电流；i_U 为负，U_1U_2 绕组中的电流从 U_2 流入 U_1 流出；i_V 为正，V_1V_2 绕组中的电流从 V_1 流入 V_2 流出；由右手螺旋定则可得合成磁场的方向如图 7-8(c)所示。

可见，当定子绕组中的电流变化一个周期时，合成磁场也按电流的相序方向在空间旋转一周。随着定子绕组中的三相电流不断地作周期性变化，产生的合成磁场也不断地旋转，因此称为旋转磁场。

2. 旋转磁场的方向

旋转磁场的旋转方向与通入定子绕组三相电流的相序有关，若想改变旋转磁场的方向，只要改变通入定子绕组的电流相序，即将三根电源线中的任意两根对调即可。这时，转子的旋转方向也跟着改变。例如，i_U 仍送入 U_1U_2 绕组，但 i_V 送入 W_1W_2 绕组，i_W 送入 V_1V_2 绕组。对于三相绕组 U、V、W 来说电流是逆相序的，按同样的方法进行分析，可知此时的旋转磁场将逆时针方向旋转（请读者自行画图分析）。

7.2.2　三相异步电动机的极数与转速

1. 极数

三相异步电动机的极数就是旋转磁场的极数。旋转磁场的极数和三相绕组的安排有关，每相绕组只有一个线圈，绕组的始端之间相差120°空间角，则产生的旋转磁场具有一对磁极，即 $p=1$（p 是磁极对数）。

当每相绕组为两个线圈串联，绕组的始端之间相差60°空间角时，产生的旋转磁场具有两对极，即 $p=2$。

同理，如果要产生三对极，即 $p=3$ 的旋转磁场，则每相绕组必须有均匀安排在空间的串联的三个线圈，绕组的始端之间相差40°空间角。极数 p 与绕组的始端之间的空间角 θ 的关系为 $\theta=\frac{120°}{p}$。

2. 转速

三相异步电动机旋转磁场的转速 n_0 与电动机磁极对数 p 有关，它们的关系是

$$n_0=\frac{60f_1}{p} \tag{7-1}$$

由式(7-1)可知，旋转磁场的转速 n_0 决定于电流频率 f_1 和磁极对数 p，而后者又决定于三相绕组的安排情况。对某一异步电动机而言，f_1 和 p 通常是一定的，所以磁场转速 n_0 是一个常数。

当电流的频率为50Hz时，不同磁极对数的同步转速如表7-1所示。

表7-1　不同磁极对数的同步转速

p	1	2	3	4	5
n_0/(r/min)	3000	1500	1000	750	600

7.2.3　三相异步电动机的工作原理

当电动机的定子绕组通过三相交流电时，便在气隙中产生旋转磁场。磁场以同步转速 n_0 顺时针方向旋转，在它的作用下，转子导体逆时针方向切割磁力线而产生感应电动势。感应电动势的方向由右手定则确定。由于转子绕组是短接的，所以在感应电动势的作用下，产生感应电流（转子电流），即异步电动机的转子电流是由电磁感应产生的，因此这种电动机称为感应电动机。

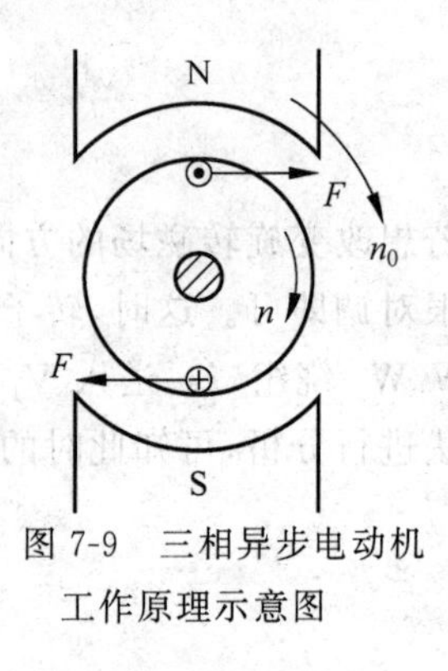

图 7-9 三相异步电动机工作原理示意图

由图 7-9 可见，电磁转矩与旋转磁场的转向是一致的，故转子旋转的方向与旋转磁场的方向相同。但电动机转子的转速 n 必须低于旋转磁场转速 n_0，如果转子转速达到 n_0，那么转子与旋转磁场之间就没有相对运动，转子导体将不切割磁力线，于是转子导体中不会产生感应电动势和转子电流，也不可能产生电磁转矩，所以电动机转子不可能维持在转速 n_0 的状态下运行，可见该电动机只有在转子转速 n 低于同步转速 n_0 时，才能产生电磁转矩并驱动负载稳定运行。因此，这种电动机又称为异步电动机。

7.2.4 转差率

旋转磁场的转速 n_0 常称为同步转速。

转差率 s 是异步电动机的一个重要的物理量，用来表示转子转速 n 与磁场转速 n_0 相差的程度，即

$$s=\frac{n_0-n}{n_0}=\frac{\Delta n}{n_0} \tag{7-2}$$

转差率是分析异步电动机的一个重要参数，它和转速一一对应，在电动机启动时，$n=0$，$s=1$；当电动机的转速达到理想的空载转速时，即同步转速，$n=n_0$，$s=1$，电动机在实际运行时不可能达到理想的空载转速。由此可见，异步电动机在运行状态下，转差率的范围是 $0<s<1$。额定状态下，电动机转速接近同步转速，$s=0.02\sim0.06$。

当转差率 s 已知时，根据式(7-2)可得电动机转子的转速

$$n=(1-s)n_0 \tag{7-3}$$

【例 7-1】 有一台三相异步电动机，其额定转速 $n=975\text{r/min}$，电源频率 $f=50\text{Hz}$，求电动机的极对数和额定负载时的转差率 s。

解：由于电动机的额定转速接近而略小于同步转速，而同步转速对应不同的极对数有一系列固定的数值。显然，与 975r/min 最接近的同步转速 $n_0=1000\text{r/min}$，与此相应的磁极对数 $p=3$。因此，额定负载时的转差率为

$$s=\frac{n_0-n}{n_0}\times100\%=\frac{1000-975}{1000}\times100\%=2.5\%$$

7.3 三相异步电动机的工作特性

7.3.1 三相异步电动机的电路分析

三相交流异步电动机的每相等效电路类似于变压器，定子绕组相当于变压器的一次绕组，闭合的转子绕组相当于二次绕组，其电磁关系也同变压器类似，如图 7-10 所示。

当定子绕组接三相电源电压 u_1 时，则有三相电流 i_1 通过，产生旋转磁场，并通过定子和转子铁心闭合。

旋转磁场在定子绕组和转子绕组中分别产生感应电动势 e_1 和 e_2。此外，漏磁通产生的

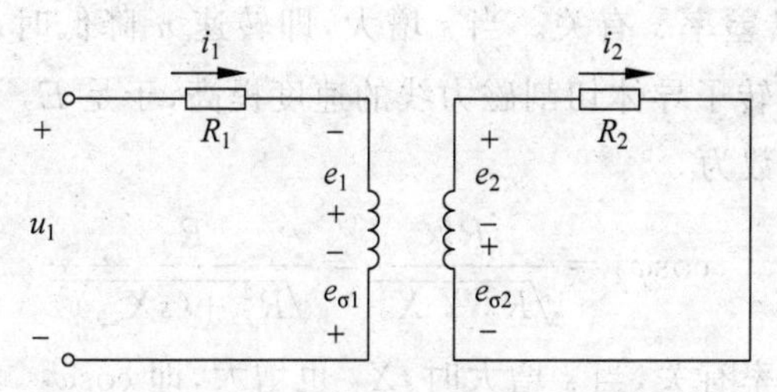

图7-10　三相交流异步电动机每相等效电路

漏磁电动势分别为 $e_{\sigma1}$ 和 $e_{\sigma2}$。

1. 定子电路

定子电路每相电路的电压方程和变压器一次绕组的电路一样，其电压方程式为

$$u_1 = i_1 R_1 + (-e_{\sigma1}) + (-e_1) = i_1 R_1 + L_{\sigma1}\frac{\mathrm{d}i_1}{\mathrm{d}t} + N_1\frac{\mathrm{d}\Phi}{\mathrm{d}t} \tag{7-4}$$

正常工作时，定子绕组阻抗上的压降很小，可以忽略不计，故 E_1 约等于电源电压 U_1。在电源电压 U_1 和频率 f_1 不变时，Φ_m 基本保持不变。则

$$U_1 \approx E_1 = 4.44 f_1 N_1 \Phi_m \tag{7-5}$$

式中：f_1 为定子绕组中电流的频率即电源的频率；N_1 为每相定子绕组的等效匝数；Φ_m 为旋转磁场每个磁极下的磁通幅值。

2. 转子电路

转子频率 f_2 与转差率 s 有关，也就是与转速 n 有关。在 $n=0(s=1)$ 时，即转子静止不动时，$f_2=f_1$，此时旋转磁场对转子的相对切割速度最大。在额定负载时，$s=1\%\sim9\%$，则 $f_2=0.5\sim4.5\text{Hz}$。

当电动机正常运行时，转子转速为 n，旋转磁场每极的磁通为 Φ，它与转子导体间的相对切割速度为 n_0-n。由式(7-1)可以求得转子频率为

$$f_2 = \frac{p(n_0-n)}{60} = \frac{n_0-n}{n_0}\frac{pn_0}{60} = sf_1 \tag{7-6}$$

在电动机接通电源瞬间，$n=0(s=1)$，旋转磁场的磁通 Φ 以同步转速 n_0 切割转子导体，转子导体中感应电动势为

$$E_{20} = 4.44 f_1 N_2 \Phi_m \tag{7-7}$$

这时 $f_2=f_1$，转子电动势最大。转子电动势 E_2 与转差率 s 有关：

$$E_2 = 4.44 f_2 N_2 \Phi_m = 4.44 s f_1 N_2 \Phi_m = sE_{20} \tag{7-8}$$

在 $n=0(s=1)$ 时，转子感抗为

$$X_{20} = 2\pi f_1 L_2 \tag{7-9}$$

这时 $f_2=f_1$，转子感抗最大。可见转子感抗 X_2 与转子频率 f_2、转差率 s 有关：

$$X_2 = 2\pi f_2 L_2 = 2\pi s f_1 L_2 = sX_{20} \tag{7-10}$$

故可以得到转子电流：

$$I_2 = \frac{E_2}{\sqrt{R_2^2 + X_2^2}} = \frac{sE_{20}}{\sqrt{R_2^2 + (sX_{20})^2}} \tag{7-11}$$

式中：$\sqrt{R_2^2+(sX_{20})^2}$ 为转子线圈的阻抗。

转子电流 I_2 也与转差率 s 有关。当 s 增大，即转速 n 降低时，转子与旋转磁场之间的相对转速 (n_0-n) 增加，转子导体切割磁力线的速度提高，于是 E_2 和 I_2 都增加。

转子电路的功率因数为

$$\cos\varphi_2=\frac{R_2}{\sqrt{R_2^2+X_2^2}}=\frac{R_2}{\sqrt{R_2^2+(sX_{20})^2}} \tag{7-12}$$

功率因数也与转差率有关，当 s 增大时，X_2 也增大，即 $\cos\varphi_2$ 减小。

可见，电动机转子电路中的各个参数，如电动势、电流、频率、感抗及功率因数均与转差率有关，即与转速有关，这是学习三相异步电动机时应注意的一个特点。

7.3.2 电磁转矩

异步电动机的转矩 T 是由旋转磁场的每极磁通 Φ 与转子电流 I_2 相互作用而产生的，电磁转矩的大小与转子绕组中的电流及旋转磁场的强弱有关。经理论证明，它们的关系为

$$T=K_{\mathrm{T}}\Phi I_2\cos\varphi_2 \tag{7-13}$$

式中：T 为电磁转矩；K_{T} 为与电动机结构有关的常数；Φ 为旋转磁场每个极的磁通量；I_2 为转子绕组电流的有效值；φ_2 为转子电流滞后于转子电流的相位角。

若考虑电源电压及电动机的一些参数与电磁转矩的关系，将式(7-13)修正为

$$T=K'_{\mathrm{T}}\frac{sR_2U_1^2}{R_2^2+(sX_{20})^2} \tag{7-14}$$

式中：K'_{T}为一个与电动机结构有关的常数；U_1 为定子绕组的电压；s 为转差率；R_2 为转子每组绕组的电阻；X_{20} 为电动机静止时转子回路的漏电抗；T 的单位是 N·m。

由上式可知，转矩 T 与定子每相电压 U_1 的平方成正比；当电源电压一定时，T 是 s 的函数；R_2 的大小对 T 有影响。绕线式异步电动机可外接电阻来改变转子电阻 R_2，从而改变转矩。异步电动机电磁转矩 T 与转差率 s 的关系曲线 $T=f(s)$ 称为异步电动机的转矩特性曲线，如图 7-11 所示。

当 $s=0$，即 $n=n_0$ 时，$T=0$，即为理想的空载运行状态；随着 s 的增大，T 也开始增大，但到达最大值以后，随着 s 的继续上升，T 反而减小。最大转矩 $T_{\max}$ 又称临界转矩，对应于 $T_{\max}$ 的 s_{m} 称为临界转差率。

7.3.3 机械特性

由式(7-14)可知，当电源电压 U_1、转子电阻 R_2 和感抗 X_{20} 一定时，电动机的转矩 T 与转速 n 的关系曲线 $n=f(T)$ 称为电动机的机械特性曲线，如图 7-12 所示。以最大转矩 $T_{\max}$ 为界，机械特性分为两个区，上边为稳定区，下边为不稳定区。

当电动机工作在稳定区上某一点时，电磁转矩 T 能适应负载转矩 T_{L} 的变化而自动调节达到稳定运行。如果电动机工作在不稳定区，电磁转矩不能自动适应负载转矩的变化，因而不能稳定运行。

为正确使用异步电动机，除了要注意机械特性曲线上的两个区域外，还要关注三个转矩。

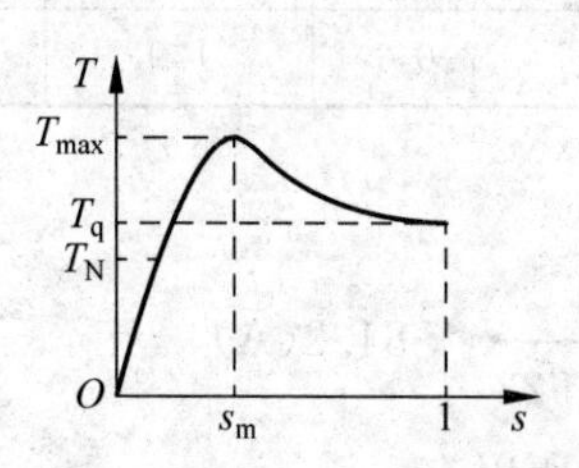

图 7-11　异步电动机的转矩特性曲线

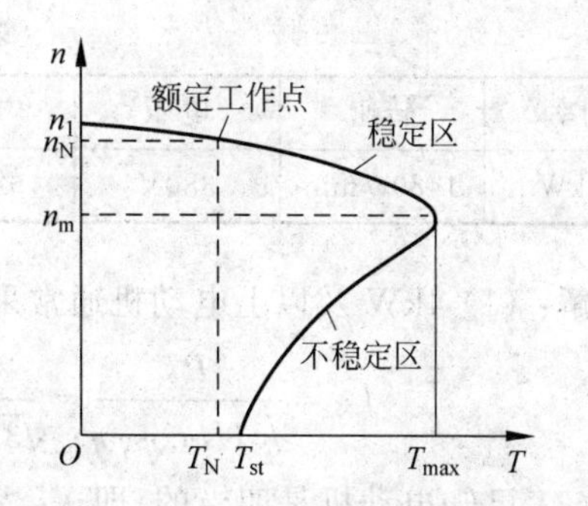

图 7-12　三相异步电动机的机械特性曲线

(1) 额定转矩 T_N。额定转矩表示电动机在额定电压、额定功率下能长期工作，转轴上输出的最大允许转矩，它与输出功率及转速有关：

$$T_N = 9550\,\frac{P_N}{n_N} \tag{7-15}$$

式中：P_N 为电动机的额定输出机械功率，单位为 kW；n_N 为电动机的额定转速，单位为 r/min；T_N 的单位是 N·m。

当忽略电动机本身的机械摩擦转矩 T_0 时，与电动机旋转方向相反的阻转矩近似为负载转矩 T_L；电动机等速旋转时，电磁转矩 T 必与阻转矩 T_L 相等，即 $T = T_L$。额定负载时，则有 $T_N = T_L$。

(2) 最大转矩 T_{max}。最大转矩又称为临界转矩，是三相异步电动机所能产生的最大电磁转矩。如果负载转矩大于电动机的最大转矩，电动机就无法启动，电动机的电流快速增大，当大电流长时间通过电子绕组时，会导致电动机严重过热，直至烧坏电动机。当外负载超过额定负载时，称为过载。若过载时间不长，电动机不会立即过热烧毁，所以短时间的过载是可以的。因此最大转矩也表示电动机短时间容许过载的能力。常用最大转矩与额定转矩的比值 λ 表示异步电动机短时容许过载的能力，称之为过载系数，即

$$\lambda = \frac{T_{max}}{T_N} \tag{7-16}$$

一般三相异步电动机的过载系数为 1.8～2.2。在选用电动机时，必须考虑可能出现的最大负载转矩，而后根据所选电动机的过载系数算出电动机的最大转矩，它必须大于最大负载转矩；否则，就要重新选择电动机。

(3) 启动转矩 T_{st}。启动转矩是电动机启动瞬间的转矩，即 $n=0$，$s=1$ 时的转矩，由式(7-14)可得

$$T_{st} = K\,\frac{R_2 U_1^2}{R_2^2 + X_{20}^2} \tag{7-17}$$

由上式可知，启动转矩与电源电压及转子电阻有关。当电源电压下降时，启动转矩会相应减小。为确保电动机能够带额定负载启动，必须满足 $T_{st} > T_N$。一般的三相异步电动机有 $T_{st}/T_N = 1$～2.2。

【例 7-2】 有一 Y225M-4 型三相笼型异步电动机，额定数据如表 7-2 所示，试求：(1)额定电流；(2)额定转差率 s_N；(3)额定转矩 T_N、最大转矩 T_{max}、启动转矩 T_{st}。

表 7-2 额定数据

功率	转速	电压	效率	功率因数	I_{st}/I_N	T_{st}/T_N	T_{max}/T_N
45kW	1480r/min	380V	92.3%	0.88	7.0	1.9	2.2

解：(1) 4kW 及以上电动机通常采用△接法，所以有

$$I_N = \frac{P_2}{\sqrt{3}U_N\cos\varphi\eta} = \frac{45\times10^3}{\sqrt{3}\times380\times0.88\times0.923} \approx 84.2(\mathrm{A})$$

(2) 已知电动机是四极的，即 $p=2$，$n_0=1500\mathrm{r/min}$。所以有

$$s_N = \frac{n_0-n}{n_0} = \frac{1500-1480}{1500} \approx 0.013$$

(3)
$$T_N = 9500\frac{P_N}{n_N} = 9500\times\frac{45}{1480} \approx 288.85(\mathrm{N\cdot m})$$

$$T_{st} = \frac{T_{st}}{T_N}T_N = 1.9\times288.85 \approx 548.8(\mathrm{N\cdot m})$$

$$T_{max} = \lambda T_N = 2.2\times288.85 \approx 635.5(\mathrm{N\cdot m})$$

7.4 三相异步电动机的启动

7.4.1 启动特性分析

1. **启动电流 I_{st}**

在刚启动时，由于旋转磁场对静止的转子有很大的相对转速，磁力线切割转子导体的速度很快，这时转子绕组中感应出的电动势和产生的转子电流均很大，相应的，定子电流必然也很大。一般中小型笼型电动机定子的启动电流可达额定电流的 5～7 倍。

注意：在实际操作时应尽可能不让电动机频繁启动。如在切削加工时，一般只是用摩擦离合器或电磁离合器将主轴与电机轴脱开，而不将电动机停下来。

2. **启动转矩 T_{st}**

电动机启动时，转子电流 I_2 虽然很大，但转子的功率因素 $\cos\varphi_2$ 很低，由公式 $T=C_M\Phi I_2\cos\varphi_2$ 可知，电动机的启动转矩 T_{st} 较小，通常 $T_{st}/T_N=1.1\sim2.0$。

启动转矩小可造成以下问题：①延长启动时间；②不能在满载下启动。因此应设法提高启动转矩。但如果启动转矩过大，会使传动机构受到冲击而损坏，所以一般机床的主电动机都是空载启动(启动后再切削)，对启动转矩没有什么要求。

综上所述，异步电动机的主要缺点是启动电流大而启动转矩小。因此，必须采取适当的启动方法，以减小启动电流并保证有足够的启动转矩。

7.4.2 笼型异步电动机的启动方法

1. **直接启动**

直接启动又称为全压启动，即利用闸刀开关或接触器将电动机的定子绕组直接接到具

有额定电压的电网上。小型异步电动机可以采用直接启动,因为小型电动机额定电流不大,启动电流对电网的影响也有限。这种方法的优点是操作和启动设备都简单;缺点是直接启动时启动电流大,如果负载的惯量较大,启动时间可能较长。为了保证电动机启动时不引起太大的电网压降,电动机应满足下列经验公式:

$$\frac{I_{st}}{I_N} \leqslant \frac{3}{4} + \frac{\text{供电变压器的容量(V·A)}}{4 \times \text{电动机容量(W)}} \tag{7-18}$$

电动机能否采用直接启动方法,不仅取决于电动机本身的容量大小,而且与供电电网容量、供电线路长短、启动次数及其他用户的要求有关。

2. 降压启动

降压启动是指电动机在启动时降低加在定子绕组上的电压,以减小启动电流,待转速上升到接近额定转速时再恢复到全压运行。降压启动可以有效地降低电动机的启动电流,但由于感应电动机的启动转矩和电压的平方成正比,因此降压启动时,电动机的启动转矩也相应降低。所以,降压启动只适用于电动机空载或轻载启动。常用的降压启动方法有星形-三角形换接(Y-△)启动、自耦降压启动等。

1) 星形-三角形换接启动

星形-三角形换接启动是指在额定电压下,正常运行时为三角形接法的电动机在启动时采用星形接法,从而在启动时就把定子每相绕组上的电压降到正常工作电压的 $1/\sqrt{3}$。此方法只能用于正常工作时定子绕组为三角形联接的电动机。图 7-13 为星形-三角形换接启动时定子绕组的两种联接方法。

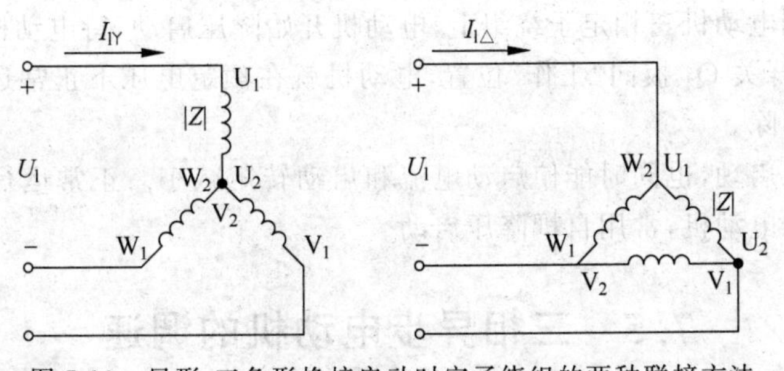

图 7-13　星形-三角形换接启动时定子绕组的两种联接方法

当定子绕组接成星形启动时,每相绕组所加电压为 $\frac{U_1}{\sqrt{3}}$。设电动机启动时每相阻抗为 Z,则启动时的线电流为 $I_{lY}=\frac{U_1}{\sqrt{3}\,|Z|}$。

当定子绕组用三角形直接启动时,每相所加电压为 U_1,此时线电流为 $I_{l\triangle}=\sqrt{3}\,\frac{U_1}{|Z|}$。

比较两式可得: $\frac{I_{lY}}{I_{l\triangle}}=\frac{1}{3}$,即采用Y-△换接启动的启动电流是直接启动时的 1/3。

由于启动转矩与定子相电压的平方成正比($T_{st}\propto U_1^2$),换接启动时电压降为原来的

$\frac{1}{3}\left(U_P=\frac{1}{\sqrt{3}}U_l\right)$，所以启动转矩也减小到直接启动时的$\frac{1}{3}\left(T_{stY}=\frac{1}{3}T_{st\triangle}\right)$。所以Y-△换接启动适用于空载或轻载启动的场合。

这种换接启动可采用星三角启动器来实现。星三角启动器体积小、成本低、寿命长、动作可靠。

2）自耦降压启动

自耦降压启动是利用自耦变压器来降低启动时加在定子三相绕组上的电压，其原理线路如图7-14所示，它由三相自耦变压器和控制开关等组成。

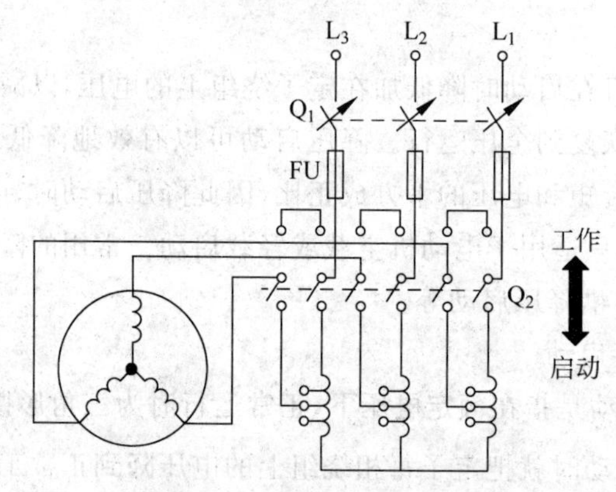

图7-14　自耦降压启动接线图

启动时，先将开关Q_1闭合，然后将开关Q_2扳到“启动”位置，这时经过自耦变压器降压后的交流电压加到电动机三相定子绕组上，电动机开始降压启动，待电动机转速升高直至接近额定值时，再将开关Q_2扳向“工作”位置，电动机就在额定电压下正常运行。此时自耦变压器从电网上被切除。

采用自耦降压启动，也同时能使启动电流和启动转矩减小。正常运行作星形联结或容量较大的笼型异步电动机，常用自耦降压启动。

7.5　三相异步电动机的调速

三相异步电动机的调速就是用人为的方法改变三相异步电动机的转速，以满足生产过程的要求。在实际应用中，许多机械需要调速，如车床、机车、风机、水泵等，常用闸阀控制。为了节能，则要求电动机自身可进行电气调速。异步电动机过去被认为调速性能不好，随着电子电力技术的发展，异步电动机的调速问题已经基本解决。

异步电动机的转速公式为

$$n=(1-s)n_0=(1-s)\frac{60f_1}{p} \tag{7-19}$$

从上式可见，异步电动机可通过三个途径进行调速：改变电源频率f_1、改变磁极对数p、改变转差率s。

1. 变频调速

变频调速主要是利用变频调速器来改变定子绕组三相电的频率f_1，从而达到调速的目的，所采用的变频调速装置如图7-15所示，它主要由整流器和逆变器两大部分组成。整流器先将频率 f_1 为50Hz的三相交流电转换为直流电，再由逆变器转换为频率 f_1 可调、电压有效值 U_1 也可调的三相交流电，供给三相笼型电动机。此方法是一种无级调速方法，调速效率最高，性能最好，是交流调速系统的主要调速方法。

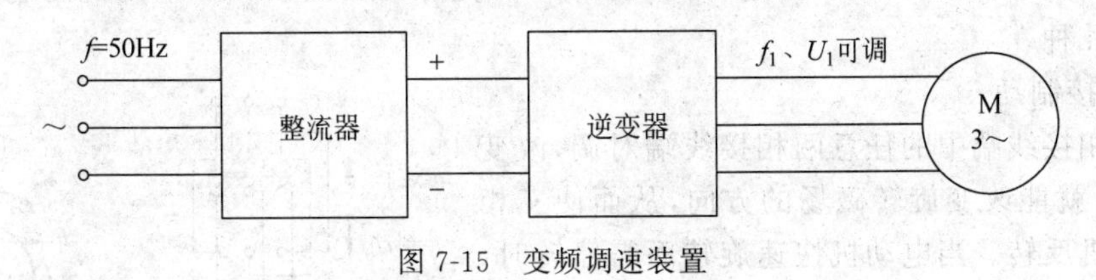

图7-15　变频调速装置

2. 变极调速

由式(7-1)可知，转子转速与极数对 p 成反比。如果磁极对数 p 减少一半，则旋转磁场的转速 n_0 提高一倍，转子转速 n 差不多也提高一倍，因此改变 p 可以得到不同的转速。改变磁极对数的方法如图7-16所示。

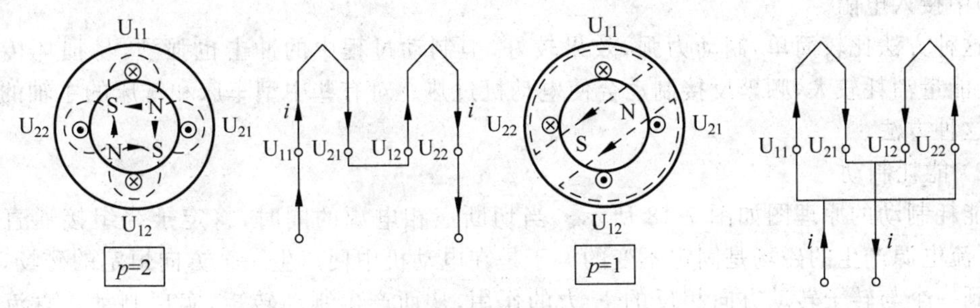

图7-16　改变磁极对数 p 的调速方法

此方法是一种有级调速，转速成倍地变化，所以调速平稳性差，常用于对调速性能要求不高的场合，如用在金属切削机床、通风机等设备上。

3. 变转差率调速

变转差率调速就是在绕线式异步电动机的转子电路中接入一个三相调速变阻器，通过改变电阻的大小进行平滑调速，例如增大调速电阻时，转差率 s 上升，而转速 n 下降。这种调速方法的优点是设备简单、投资少；缺点是变阻器增大了损耗，故常用于短时调速或调速范围不大的场合，例如起重设备。

7.6　三相异步电动机的反转和制动

1. 三相异步电动机的反转

三相异步电动机定子旋转磁场的旋转方向决定了其转子的旋转方向，并且两者的旋转方向相同。要使三相异步电动机反转就要改变旋转磁场的方向。在上文中提到，只要改变三相电源任意两相的接线位置，旋转磁场就会逆时针方向转动。因此，只要将三相接线端中的任意两相接线端对调，就能实现三相异步电动机的反转。

2. 三相异步电动机的制动

三相异步电动机的制动是给电动机一个与转动方向相反的转矩，促使电动机在断开电源后迅速停转或限制电动机的转速。为了生产安全及提高工业生产的效率，要求三相异步电动机能迅速停转。所以说，对电动机采取制动措施很有必要。异步电动机的制动方法主要有以下几种。

1）反接制动

将三相接线端中的任意两相接线端对调，改变三相相序，就能改变旋转磁场的方向，从而使三相异步电动机反转。当电动机快速旋转而需停转时，改变电源相序，使转子受到一个与原转动方向相反的转矩而迅速停转。反接制动如图 7-17 所示。需要注意的是，当转子转速接近零时，应及时切断电源，以免电动机反转。

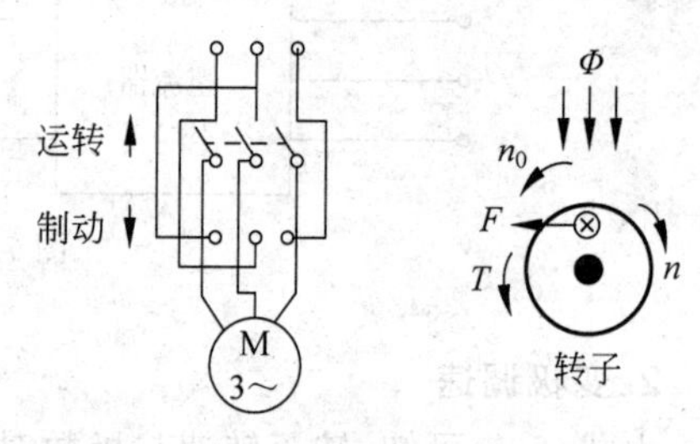

图 7-17　反接制动

为了限制电流，对功率较大的电动机进行制动时必须在定子电路（笼型）或转子电路（绕线式）中接入电阻。

这种方法比较简单，制动力强，效果较好，但制动过程中的冲击也强烈，易损坏传动器件，且能量消耗较大，频繁反接制动会使电动机过热。对有些中型车床和铣床的主轴的制动采用这种方法。

2）能耗制动

能耗制动的原理图如图 7-18 所示。当切断三相电源的同时，将定子绕组接通直流电源，直流电源产生的磁场是固定不变的。于是在电动机中便产生一个方向恒定的磁场，使转子受到一个与转子转动方向相反的 F 力的作用，从而产生制动转矩，实现制动。直流电流的大小一般为电动机额定电流的 0.5～1 倍。

由于这种方法是用消耗转子的动能（转换为电能）进行制动的，所以称为能耗制动。这种制动消耗的能量少，制动准确而平稳，无冲击，但需要直流电流。此方法广泛应用于要求平稳准确停车的场合，也可应用于起重机上用来限制重物下降的速度，使重物均速下降。

3）反馈制动

异步电动机处于运行状态时，若外来因素使转子加速到超过同步转速，即 $n>n_0$ 时，异步电动机进入反馈制动状态。例如，当起重机放下重物时，由于重力的作用，导致转子转速超过同步转速，异步电动机就进入发电机制动状态运行，电磁转矩方向发生改变（与转子转向相反），直至电磁转矩与重力转矩平衡时，重物等速下降。电动机将重物的势能转换为电能并反馈到电网中，所以该方法又被称为发电反馈制动。其原理图如图 7-19 所示。

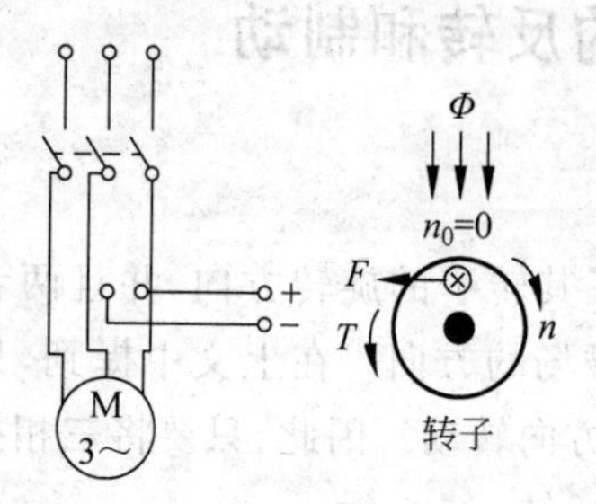

图 7-18　能耗制动

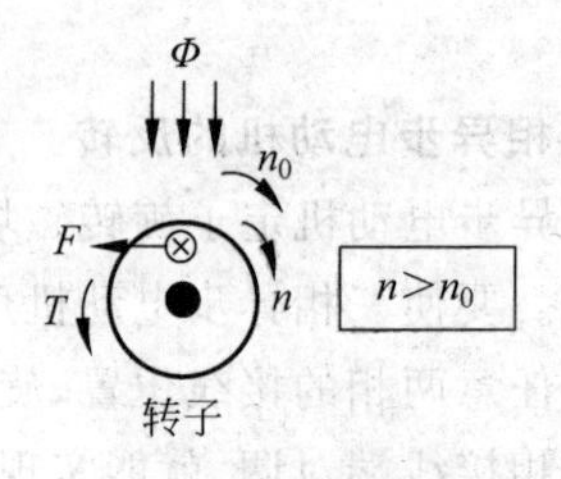

图 7-19　反馈制动

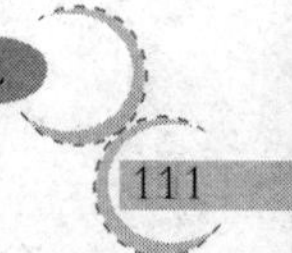

7.7 三相异步电动机的额定值

每台电动机外壳上都有此电动机的铭牌，铭牌上标注有该电动机的型号、额定值以及其他相关数据，只有看懂铭牌，才能正确使用电动机。

1. 型号

为了满足不同工作环境的需要，将电动机分类为不同的系列，每种系列用不同的型号表示。例如型号Y355L2-4中，Y代表三相异步电动机，355代表机座中心高度，L代表长机座（S代表短机座，M代表中机座），2代表铁心长度号，4代表磁极数。

2. 额定电压 U_N

铭牌上标注的电压值是指电动机在额定状态运行时，定子绕组应加的线电压有效值，单位为V或kV。三相异步电动机的额定电压有380V、3kV以及6kV等多种。一般规定电动机的电压不应高于或低于额定值的5%。

3. 额定电流 I_N

铭牌上标注的电流值是指电动机在额定状态运行时，电子绕组线电流的有效值，单位为A。

4. 额定功率 P_N

铭牌上标注的功率值是指电动机在额定状态运行时，电动机轴上所输出的机械功率，单位为W或kW。输出功率与输入功率不等，其差值等于电动机本身的损耗功率，包括铜损耗、铁损耗及机械损耗等。

5. 额定功率因数 λ_N

额定功率因数是指电动机在额定状态运行时的功率因数。因为电动机是电感性负载，定子相电流比相电压滞后一个φ角，$\cos\varphi$就是异步电动机的功率因数。

6. 额定转速 n_N

额定转速是指电动机在额定状态运行时的转速，单位为转/分（r/min）。由于生产机械对转速的要求不同，需要生产不同磁极数的异步电动机，因此有不同的转速等级，最常用的是四个级的（$n_0=1500$r/min）。

7. 绝缘等级

绝缘等级是电动机所用绝缘材料的耐热等级，它决定电动机允许的最高工作温度。

本 章 小 结

本章介绍了三相异步电动机的基本结构、工作原理、工作特性、启动、调速、反转和制动以及三相异步电动机的额定值。主要内容如下。

（1）三相异步电动机的两个基本组成部分为定子（固定部分）和转子（旋转部分）。

（2）欲使异步电动机旋转，必须有旋转的磁场和闭合的转子绕组，并且旋转的磁场和闭合的转子绕组的转速不同，这也是“异步”二字的含义；三相对称电流流过在空间互差一定角度、按一定规律排列的三相绕组时，便会产生旋转磁场；旋转磁场的旋转方向与通入定子绕组三相电流的相序有关，若想改变旋转磁场的方向，只要改变通入定子绕组的电流相序，即将三根电源线中的任意两根对调即可；三相异步电动机旋转磁场的转速 n_0 与电动机磁极对数 p 有关，它们的关系是：$n_0=\dfrac{60f_1}{p}$。转差率 s 用来表示转子转速 n 与磁场转速 n_0 相差程度的物理量。即 $s=\dfrac{n_0-n}{n_0}=\dfrac{\Delta n}{n_0}$。转差率是分析异步电动机的一个重要参数，异步电动机运行时，转速与同步转速一般很接近，转差率很小。额定状态下，电动机转速接近同步转速，$s=0.02\sim0.06$。

(3) 异步电动机的转矩 T 是由旋转磁场的每极磁通 Φ 与转子电流 I_2 相互作用而产生的，电磁转矩的大小与转子绕组中的电流及旋转磁场的强弱有关。为正确使用异步电动机，需要关注以下三个转矩。

① 额定转矩 T_N：额定转矩表示电动机在额定电压、额定功率下能长期工作，转轴上输出的最大允许转矩，它与输出功率及转速有关。

$$T_N=9550\,\frac{P_N}{n_N}$$

② 最大转矩 T_{max}：最大转矩又称为临界转矩，是三相异步电动机所能产生的最大电磁转矩。

$$T_{max}=K\,\frac{U_1^2}{2X_{20}}$$

③ 启动转矩 T_{st}：启动转矩是电动机启动瞬间的转矩，即 $n=0$，$s=1$ 时的转矩。

$$T_{st}=K\,\frac{R_2U_1^2}{R_2^2+X_{20}^2}$$

(4) 异步电动机有两种启动方法：直接启动和降压启动。直接启动简单、经济，应尽量采用；电动机容量较大时应采用降压启动以限制启动电流；常用的降压启动方法有星形-三角形换接启动、自耦降压启动等。

(5) 异步电动机可通过三个途径进行调速：改变电源频率 f_1、改变磁极对数 p、改变转差率 s，分别对应变频调速、变极调速、变转差率调速。

(6) 要实现三相异步电动机的反转，只要将三相接线端中的任意两相接线端对调即可；三相异步电动机的制动是给电动机一个与转动方向相反的转矩，促使电动机在断开电源后迅速停转或限制电动机的转速。常用的制动方法有反接制动、能耗制动、反馈制动。

(7) 电动机的铭牌数据用来标明电动机的额定值和主要技术规范，在使用中应遵守铭牌的规定。

习　题　7

7-1　有一台三相异步电动机，其额定转速 $n_N=975\mathrm{r/min}$，电源频率 $f=50\mathrm{Hz}$。试求电动机的磁极对数 p 和额定负载时的转差率 s_N。

7-2 有一台三相异步电动机，其额定转速为1470r/min，电源频率为50Hz。在(a)启动瞬间，(b)转子转速为同步转速的2/3时，(c)转差率为0.02时三种情况下，试求：(1)定子旋转磁场对定子的转速；(2)定子旋转磁场对转子的转速；(3)转子旋转磁场对转子的转速；(4)转子旋转磁场对定子的转速；(5)转子旋转磁场对定子旋转磁场的转速。

7-3 已知Y180L-6型电动机的额定功率 $P_N=15kW$，额定转差率 $s_N=0.03$，电源频率 $f=50Hz$，试求：同步转速 n_1、额定转速 n_N、额定转矩 T_N。

7-4 某三相异步电动机的额定数据如下：$P_N=2.8kW$，$n_N=1470r/min$，△-Y，220/380V，10.9/6.3A，$\cos\varphi_N=0.84$，$f=50Hz$，试求：(1)额定负载时的效率；(2)额定转矩；(3)额定转差率。

7-5 某四极三相异步电动机的额定功率为30kW，额定电压为380V，三角形接法，频率为50Hz。在额定负载下运行时，其转差率为0.02，效率为90%，线电流为57.5A，试求：(1)额定转速 n_N；(2)额定转矩 T_N；(3)电动机的功率因数。

7-6 已知Y132S-4型三相异步电动机的额定技术数据如表7-3所示。

表7-3 额定技术数据

功率	转速	电压	效率	功率因数	I_{st}/I_N	T_{st}/T_N	T_{max}/T_N
5.5kW	1440r/min	380V	85.5%	0.84	7	2.0	2.2

电源频率为50Hz，试求额定状态下的转差率 s_N，电流 I_N 和转矩 T_N，以及启动电流 I_{st}，启动转矩 T_{st}，最大转矩 T_{max}。

7-7 Y225M-6型异步电动机的 $P_N=30kW$，$n_N=980r/min$，$f=50Hz$，$T_{max}=584.7N\cdot m$，试求电动机的过载系数 λ_m。

7-8 有一台三相异步电动机，额定功率 $P_N=20kW$，$n_N=970r/min$，额定电压 $U_N=220/380V$，额定效率 $\eta_N=88\%$，额定功率因数 $\cos\varphi_N=0.86$。当电源电压分别为220V和380V时，其额定电流和转差率各是多少？

第8章 继电接触器控制系统

对电动机和生产机械实现控制和保护的电工设备叫作控制电器，比如开关、按钮、继电器、接触器等。其中具有保护作用的电气设备，又称为保护电器，如熔断器、热继电器等。通过开关、按钮、继电器、接触器等电器触点的接通或断开来实现的各种控制叫作继电-接触器控制，这种方式构成的自动控制系统称为继电-接触器控制系统。典型的控制环节有电动控制、单向自锁运行控制、正反转控制、行程控制、时间控制等。本章主要介绍常用的控制电器以及三相异步电动机的各个基本控制电路，并对可编程逻辑控制器进行简单介绍。

8.1 常用的低压控制电器

1. 刀开关

刀开关又叫闸刀开关或隔离开关，一般用于不频繁操作的低压电路中，用作接通和切断电源，或用来将电路与电源隔离，有时也用来控制小容量电动机的直接启动与停机。

刀开关由绝缘底板、静插座、手柄、触刀和铰链支座等部分组成，图8-1(a)为其结构简图。刀开关的使用很简单，推动手柄使触刀绕铰链支座转动，即可将触刀插入静插座中，同时电路就被接通了。同样的，只要将触刀绕铰链支座做反向转动，触刀脱离静插座，电路就被切断了。为了保证触刀和插座合闸时接触良好，它们之间必须具有一定的接触压力，为此，额定电流较小的刀开关插座多用硬紫铜制成，利用材料的弹性来产生所需压力，额定电流大的刀开关还要通过在插座两侧加弹簧片来增加压力。

刀开关一般与熔断器串联使用，以便在短路或过负荷时熔断器熔断而自动切断电路。安装刀开关时，电源线应接在静触头上，负荷线接在与闸刀相连的端子上。对有熔断丝的刀开关，负荷线应接在闸刀下侧熔丝的另一端，以确保刀开关切断电源后闸刀和熔断丝不带电。在垂直安装时，手柄向上合为接通电源，向下拉为断开电源，不能反装。

低压刀开关种类很多，按闸刀的极数可分为单极、双极和三极等，刀开关的图形符号如图8-1(b)所示；按转换方式可以分为单投式刀开关、双投式刀开关；按操作方式可分为手柄直接操作式刀开关和杠杆式刀开关。常用的刀开关有HD型单投刀开关、HS型双投刀开关(刀形转换开关)、HR型熔断器式刀开关、HZ型组合开关、HK型闸刀开关、HY型倒顺开关和HH型铁壳开关等。

2. 组合开关

组合开关又叫转换开关，是一种转动式的闸刀开关，主要用于接通或切断电路、换接电

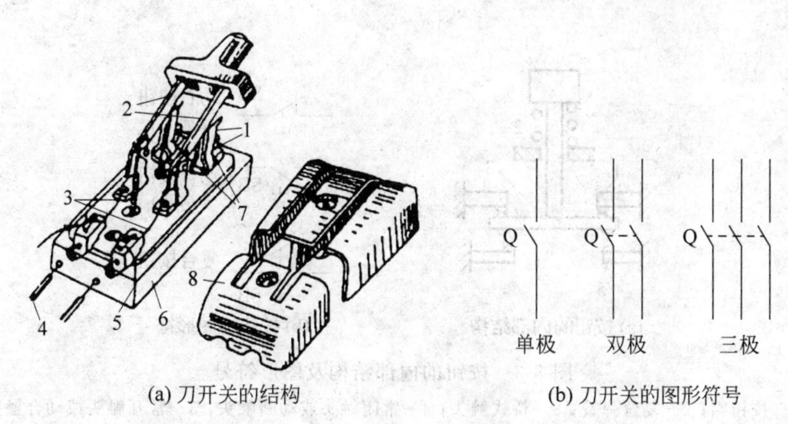

(a) 刀开关的结构　　(b) 刀开关的图形符号

图 8-1　刀开关的结构及图形符号

1—电源进线座；2—动触头；3—熔丝；4—负载线；5—负载接线座；6—瓷底座；7—静触头；8—胶木片

源、控制小型笼型三相异步电动机的启动、停止、正反转或局部照明。组合开关实质上也是一种刀开关，与一般刀开关不同的是，组合开关的操作手柄是在平行于其安装面的平面内向左或向右转动，而一般刀开关的操作手柄则是在垂直于其安装面的平面内向上或向下转动。组合开关有若干个动触片和静触片，分别装于数层绝缘件内，静触片固定在绝缘垫板上，动触片装在转轴上，随转轴旋转而变更通、断位置。

组合开关的结构及图形符号如图 8-2 所示。

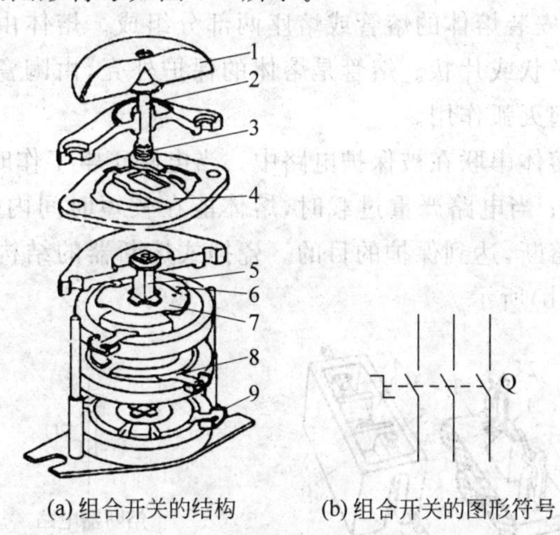

(a) 组合开关的结构　　(b) 组合开关的图形符号

图 8-2　组合开关的结构及图形符号

1—手柄；2—转轴；3—弹簧；4—凸轮；5—绝缘杆；6—绝缘垫板；7—动触片；8—静触片；9—接线柱

组合开关的主要技术参数有额定电压、额定电流、极数等，其中额定电流有 10A、25A、60A 等几级。全国统一设计的常用产品有 HZS、HZ10 系列和新型组合开关 HZ15 等系列。

3. 按钮

按钮是一种接通或分段小电流的主令电器。其触头运行通过的电流较小，一般不超过 5A，主要用于低压控制电路中，手动发出控制信号以控制接触器、继电器、电磁启动器等。典型控制按钮的内部结构及图形符号如图 8-3 所示。

启动按钮带有常开触头，手指按下按钮帽，常开触头闭合；手指松开，常开触头复位。

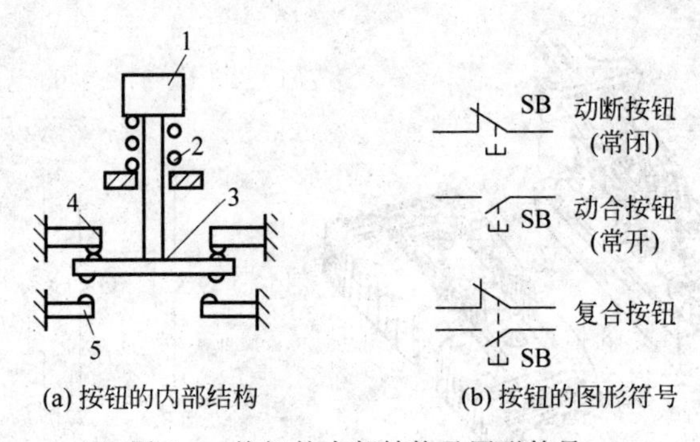

(a) 按钮的内部结构　　(b) 按钮的图形符号

图 8-3　按钮的内部结构及图形符号

1—按钮帽；2—复位弹簧；3—桥式触头；4—常闭触头或动断触头；5—常开触头或动合触头

启动按钮的按钮帽采用绿色。

停止按钮带有常闭触头，手指按下按钮帽，常闭触头断开；手指松开，常闭触头复位。停止按钮的按钮帽采用红色。

复合按钮带有常开触头和常闭触头，手指按下按钮帽，先断开常闭触头再闭合常开触头；手指松开，常开触头和常闭触头先后复位。

4. 熔断器

熔断器是一种简单而有效的保护电器，在电路中主要起短路保护作用。熔断器主要由熔体(也称为保险丝)和安装熔体的熔管或熔座两部分组成。熔体由熔点较低的材料如铅、锌、锡及铅锡合金做成丝状或片状。熔管是熔体的保护外壳，由陶瓷、绝缘钢纸或玻璃纤维制成，在熔体熔断时兼起灭弧作用。

使用时，熔断器的熔体串联在被保护电路中。当电路正常工作时，熔体允许通过一定大小的电流而长期不熔断；当电路严重过载时，熔体能在较短时间内熔断；当电路发生短路故障时，熔体能在瞬间熔断，达到保护的目的。瓷插式熔断器的结构如图 8-4(a)所示，熔断器的图形符号如图 8-4(b)所示。

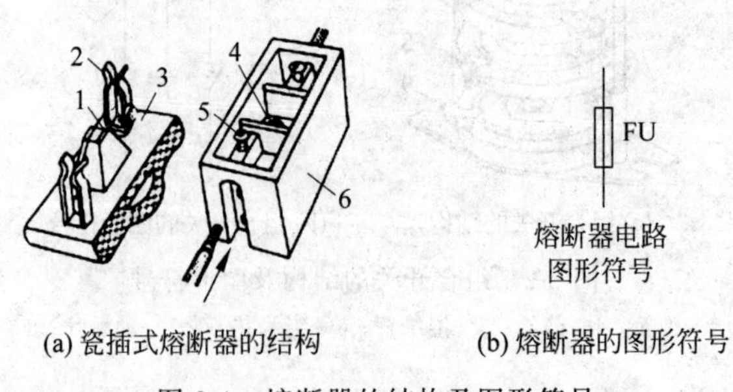

(a) 瓷插式熔断器的结构　　(b) 熔断器的图形符号

图 8-4　熔断器的结构及图形符号

1—动触片；2—熔体；3—瓷盖；4—瓷底；5—静触点；6—灭弧室

5. 交流接触器

交流接触器常用来接通和断开电动机或其他设备的主电路，每小时可开闭千余次。根据用途不同，交流接触器的触点分主触点和辅助触点两种。主触点一般比较大，接触电阻较小，用于接通或分断较大的电流，常接在主电路中；辅助触点一般比较小，接触电阻较大，用于接通或分断较小的电流，常接在控制电路(或称辅助电路)中。有时为了接通和分断较大的电流，在主触点上装有灭弧装置，以熄灭由于主触点断开而产生的电弧，防止烧坏触点。

在电路接通瞬间，保持线圈被常闭触点短接，可使启动线圈获得较大的电流和吸力。当接触器动作后，常闭触点断开，两线圈串联通电，由于电源电压不变，所以电流减小，但仍可保持衔铁吸合，因而可以节电和延长电磁线圈的使用寿命。

接触器是电力拖动中最主要的控制电器之一。在设计它的触点时已考虑到接通负荷时的启动电流问题，因此，选用接触器时主要应根据负荷的额定电流来确定。如一台 T112M-4 三相异步电动机，额定功率为 4kW，额定电流为 8.8A，选用主触点额定电流为 10A 的交流接触器即可。除电流之外，还应满足接触器的额定电压不小于主电路额定电压。

交流接触器的结构及图形符号如图 8-5 所示。

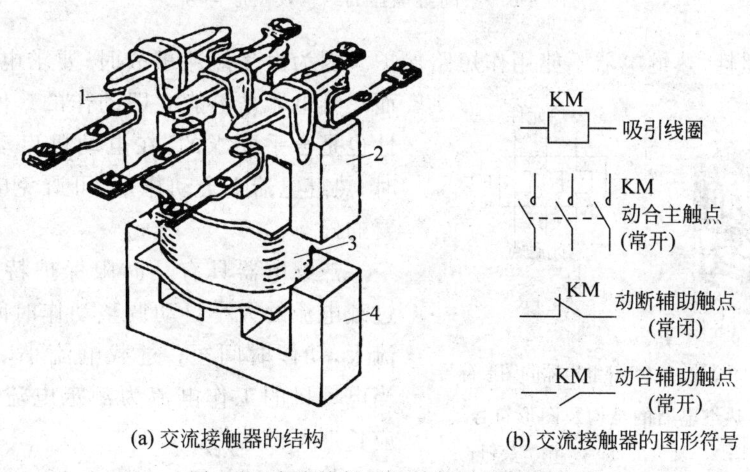

(a) 交流接触器的结构　　(b) 交流接触器的图形符号

图 8-5　交流接触器的结构及图形符号

1—主触头；2—衔铁；3—电磁线圈；4—静铁心

6. 中间继电器

中间继电器通常用来传递信号并同时控制多个电路，也可用来直接控制小容量电动机或其他电气执行元件。中间继电器的结构和工作原理与交流接触器基本相同，与交流接触器的主要区别是触点数目多，且触点容量小，只允许通过小电流。常用的中间继电器有 JZ7 系列和 JZ8 系列两种，后者是交直流两用的。在选用中间继电器时，主要应考虑电压等级和触点(动合和动断)数目。中间继电器的文字符号为 KA。中间继电器的结构及图形符号如图 8-6 所示。

7. 热继电器

电动机在实际运行中常遇到过载的情况。若电动机过载不大，时间较短，电动机绕组不超过允许温升，这种过载是允许的。但若过载时间长，过载电流大，电动机绕组的温升就会超过允许值，使电动机绕组绝缘老化，缩短电动机的使用寿命，严重时甚至会使电动机绕组烧毁。热继电器是利用电流流过热元件时产生的热量，即电流的热效应原理，使双金属片发生弯曲而推动执行机构动作的一种保护电器，主要用于交流电动机的过载保护、断相及电流不平衡运动的保护及其他电器设备发热状态的控制。热继电器还常和交流接触器配合组成电磁启动器，广泛用于三相异步电动机的长期过载保护。

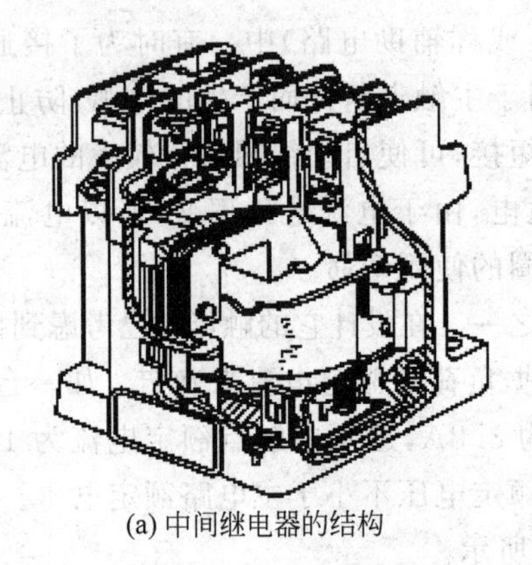

(a) 中间继电器的结构

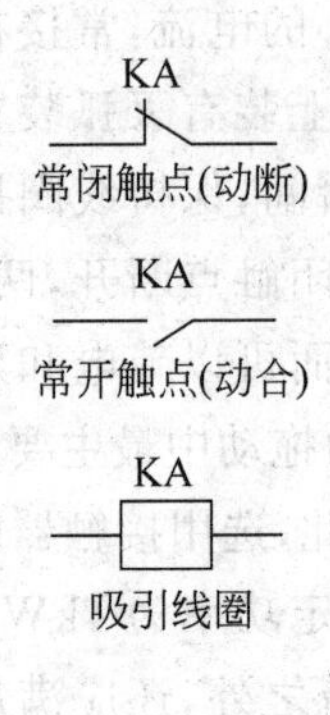

(b) 中间继电器的图形符号

图 8-6 中间继电器的结构及图形符号

由于热惯性,热继电器不能用作短路保护。因为发生短路事故时,要求电路立即断开,而热继电器是不能立即动作的。但是这个热惯性也是合乎要求的,在电动机启动或短时过载时,热继电器不会动作,这可避免电动机的不必要的停车。

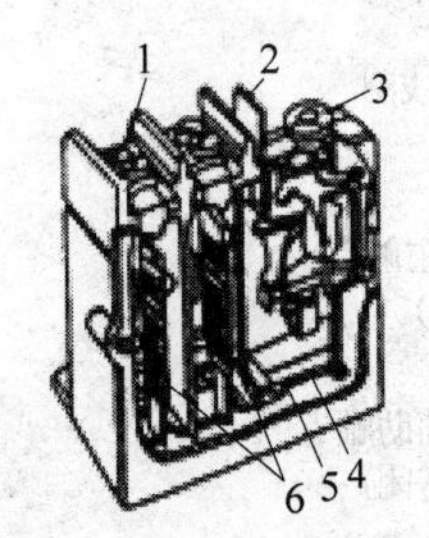

(a) 热继电器的结构

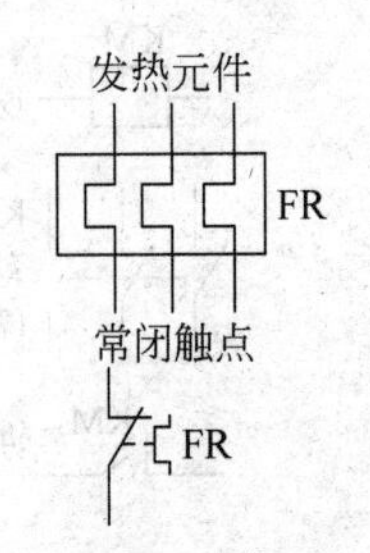

(b) 热继电器的图形符号

图 8-7 热继电器的结构及图形符号

1—接线柱;2—复位按钮;3—调节旋钮;4—动断触点;5—动作机构;6—热元件

热继电器具有反时限保护特性,可以根据过载电流的大小自动调整动作时间。即过载电流大,动作时间短;过载电流小,动作时间长。当电动机的工作电流为额定电流时,热继电器应长期不做动作。

热继电器的结构如图 8-7(a)所示,图 8-7(b)为其图形符号,其文字符号为 FR。

8. 低压断路器

低压断路器也叫自动空气开关,是常用的一种低压保护电器,由操作机构、触头、保护装置(各种脱扣器)、灭弧系统等组成。图 8-8 为低压断路器的外形及结构。

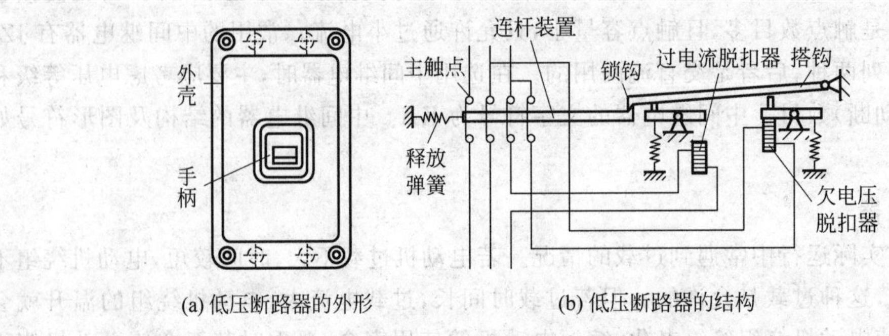

(a) 低压断路器的外形　(b) 低压断路器的结构

图 8-8 低压断路器的外形及结构

低压断路器的主触头是靠手动操作或电动合闸的。主触头闭合后,自由脱扣机构将主触头锁在合闸位置上。过电流脱扣器的线圈和热脱扣器的热元件与主电路串联,欠电压脱扣器的线圈和电源并联。当电路发生短路或严重过载时,过电流脱扣器的衔铁吸合，使自由脱扣机构动作，主触头断开主电路。当电路过载时，热脱扣器的热元件发热使双金属片向上弯曲，推动自由脱扣机构动作。当电路欠电压时，欠电压脱扣器的衔铁释放，同时使自由脱扣机构动作。分励脱扣器则作为远距离控制用，在正常工作时，其线圈是断电的，在需要远距离控制时，按下启动按钮，使线圈通电，衔铁带动自由脱扣机构动作，使主触头断开。

常用的低压断路器有DZ、DW和引进的ME、AE、3WE等系列。

9. 行程开关

行程开关又称位置开关，它能将机械位移转变为电信号，以实现对机械运动的电气控制。当机械的运动部件撞击触杠时，触杆下移使常闭触点断开，常开触点闭合；当运动部件离开后，在复位弹簧的作用下，触杆回复到原来位置，各触点恢复常态。

行程开关主要用来限制机械运动的位置和行程，使运动机械按一定位置或行程自动停止、反向运动、自动往返运动或变速运动，用于生产机械的运动方向、行程大小和位置保护。

三种行程开关的外形如图8-9(a)所示，行程开关的图形符号如图8-9(b)所示。行程开关的文字符号为SQ。

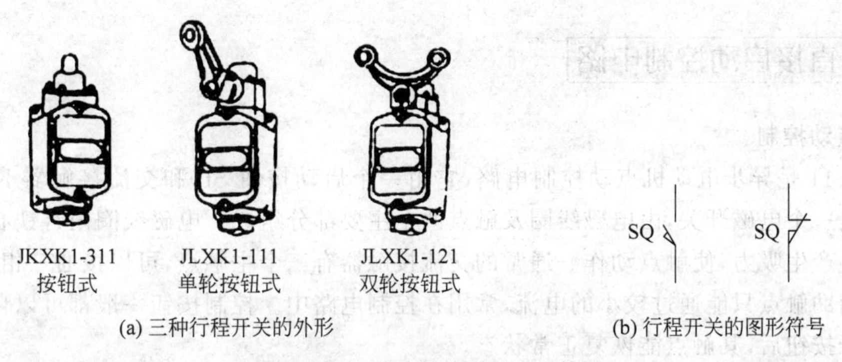

(a) 三种行程开关的外形　　(b) 行程开关的图形符号

图8-9　行程开关的外形及图形符号

10. 时间继电器

从得到输入信号(线圈的通电或断电)开始，经过一定的延时后才输出信号(触头的闭合或断开)使执行部分动作的继电器，叫作时间继电器。它被广泛用来控制生产过程中按时间原则制定的工艺程序，如作为绕线式异步电动机启动时切断转子电阻的加速继电器，笼型电动机Y/△启动等。

时间继电器的延时方式有两种。

(1) 通电延时：接收输入信号后延迟一定的时间，输出信号才发生变化。当输入信号消失后，输出瞬时复原。

(2) 断电延时：接收输入信号时，瞬时产生相应的输出信号。当输入信号消失后，延迟一定的时间，输出才复原。

时间继电器的种类很多，主要有电磁式、空气阻尼式、电动式、电子式等几大类。空气阻尼式时间继电器的结构如图8-10(a)所示。图8-10(b)为时间继电器的图形符号，其文字符号为KT。

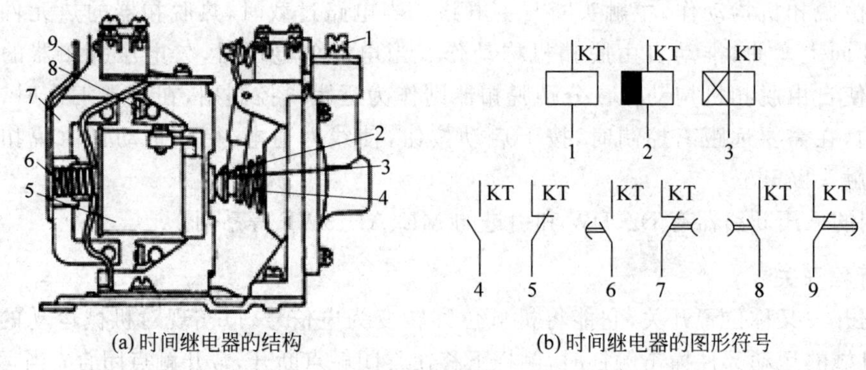

(a) 时间继电器的结构　　(b) 时间继电器的图形符号

图 8-10　时间继电器的结构及图形符号

1—线圈一般符号；2—断电延时线圈；3—通电延时线圈；4—瞬时闭合常开触点；
5—瞬时断开常闭触点；6—延时闭合瞬时断开动合触点；7—延时断开瞬时闭合动断触点；
8—瞬时闭合延时断开动合触点；9—瞬时断开延时闭合动断触点

8.2　三相异步电动机的基本控制电路

8.2.1　直接启动控制电路

1. 点动控制

图 8-11 是异步电动机点动控制电路，它由一个启动按钮 SB 和交流接触器 KM 组成。接触器是一个电磁开关，由电磁线圈及触点两个主要部分组成。电磁线圈内有铁心，线圈通电时铁心产生吸力，使触点动作。通常的交流接触器有三个主触点，可以接通三相电源。接触器的辅助触点只能通过较小的电流，常用在控制电路中。控制按钮一般都可以自动复位，当手离开按钮后，其触点能恢复正常状态。

点动控制电路的工作原理如下。不按启动按钮 SB 时，接触器 KM 线圈没有电流通过，接触器的铁心不能吸引，其主触点处于断开状态，电动机 M 不工作。按启动按钮 SB，接触器 KM 线圈通电，其铁心吸引，主触点闭合，接通主电路，电动机开始运行。很明显，要想使电动机长期运行，启动按钮 SB 必须始终按着；否则，接触器 KM 线圈无法长期通电，电动机也就不可能连续不断地运转。这种依靠启动按钮始终按着电动机才能持续运转的控制线路，通常称为点动控制线路。

2. 直接启动控制

一些控制要求不高的简单机械如小型台钻、砂轮机、冷却泵等都直接用开关启动，它适用于不频繁启动的小容量电动机，但不能实现远距离控制和自动控制。图 8-12 是电动机采用接触器直接启动电路，许多中小型卧式车床的主电动机都采用这种启动方式。

控制线路中的接触器辅助触点 KM 是自锁触头。其作用是：当放开启动按钮 SB_1 后，仍可保证 KM 线圈通电，电动机运行。通常将这种用接触器本身的触点来使其线圈保持通电的环节称作自锁环节。该启动方式有以下两个过程。

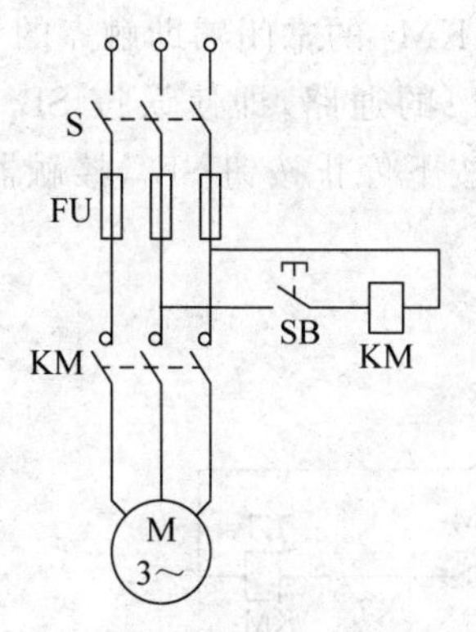

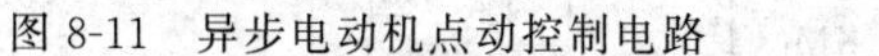
图 8-11 异步电动机点动控制电路

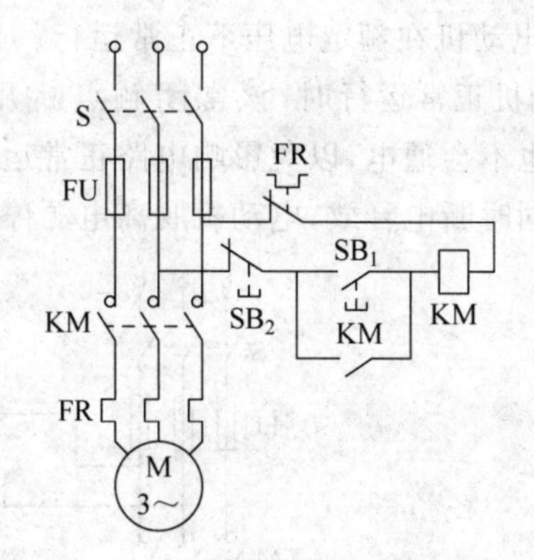

图 8-12 电动机采用接触器直接启动电路

(1) 启动过程。按下启动按钮 SB_1，接触器 KM 线圈通电，与 SB_1 并联的 KM 的辅助常开触点闭合，以保证松开按钮 SB_1 后 KM 线圈持续通电，串联在电动机回路中的 KM 的主触点持续闭合，电动机连续运转，从而实现连续运转控制。

(2) 停止过程。按下停止按钮 SB_2，接触器 KM 线圈断电，与 SB_1 并联的 KM 的辅助常开触点断开，以保证松开按钮 SB_2 后 KM 线圈持续失电，串联在电动机回路中的 KM 的主触点持续断开，电动机停转。

图 8-12 所示控制电路还可实现短路保护、过载保护和零压保护。起短路保护作用的是串接在主电路中的熔断器 FU。一旦电路发生短路故障，熔体立即熔断，电动机立即停转。起过载保护作用的是热继电器 FR。当过载时，热元件发热，将动断触点断开，使接触器线圈断开，主触点断开，电动机也就停下来了。

所谓零压(欠压)保护，就是当电源电压消失或电压过低时，接触器 KM 的铁心释放，主触点和辅助触点全部断开，电动机停止转动。如果电源电压恢复正常，接触器线圈不能自行通电，必须再按启动按钮 SB_1 接触器才会吸引，电动机才能启动运行。

8.2.2 Y/△降压启动控制

较大容量的笼型异步电动机(大于 100kW)因启动电流较大，一般都采用降压启动的方式启动，启动时降低加在电动机定子绕组上的电压，启动后再将电压恢复到额定值，使之在正常电压下运行。电枢电流和电压成正比，所以降低电压可以减小启动电流，避免在电路中产生过大的电压降，减小对电路电压的影响。Y/△降压启动控制就是降压启动中的一种常用的启动方法。

正常运行时，电动机定子绕组是接成三角形的，启动时把它接成星形，启动即将完毕时再恢复成三角形。目前 4kW 以上的 J02、J03 系列的三相笼型异步电动机定子绕组在正常运行时都是接成三角形的，对这种电动机就可采用Y/△换接降压启动。

图 8-13 为异步电动机的Y/△降压启动控制电路。启动按钮 SB_1 按下后，时间继电器 KT 和接触器 KM_2 通电吸合，KM_2 的常开主触点闭合，将定子绕组接成星形，其常开辅助触点闭合，接通接触器 KM_1。KM_1 的常开主触点闭合，将定子接入电源后，电动机在星形联结下启动。KM_1 的一对常开辅助触点闭合，进行自锁。经过一定的延时，KT 的常闭触点断开，KM_2 断电复位，接触器 KM_3 通电吸合。KM_3 的常开主触点将定子绕组接成三角

形，使电动机在额定电压下正常运行。与按钮 SB_1 串联的 KM_3 的常闭辅助触点的作用是：当电动机正常运行时，该常闭触点断开，切断了 KT、KM_2 的通路，即使误按 SB_1，KT 和 KM_2 也不会通电，以免影响电路正常运行。若要停车，则按下停止按钮 SB_3，接触器 KM_1、KM_3 同时断电释放，电动机脱离电源停止转动。

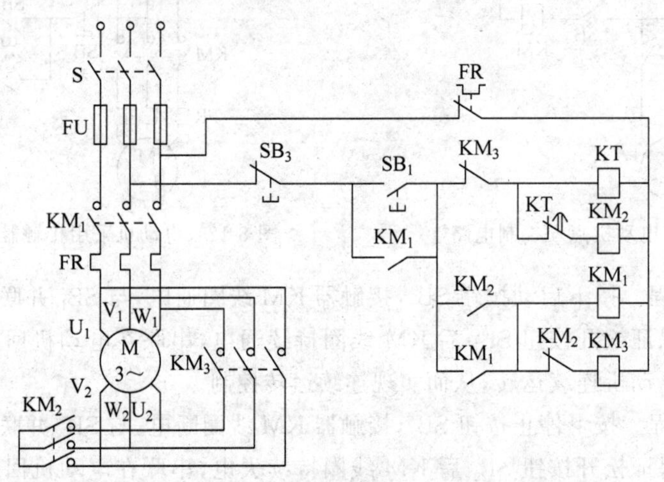

图 8-13　异步电动机Y/△降压启动控制电路

8.2.3　正反转控制电路

控制电路能对电动机进行正反向控制是生产机械的普遍需要，如大多数机床的主轴或进给运动都需要两个方向运行，故要求电动机能够正反转。在学习三相异步电动机的工作原理时已经知道，只要把电动机定子三相绕组所接电源任意两相对调，电动机定子相序即可改变，从而改变电动机的方向。如果用两个接触器 KM_1 和 KM_2 完成电动机定子相序的改变，那么正转与反转线路组合起来就成了正反转控制电路，如图 8-14 所示。当正转接触器 KM_1 工作时，电动机正转；当反转接触器 KM_2 工作时，由于调换了两根电源线，所以电动机反转。

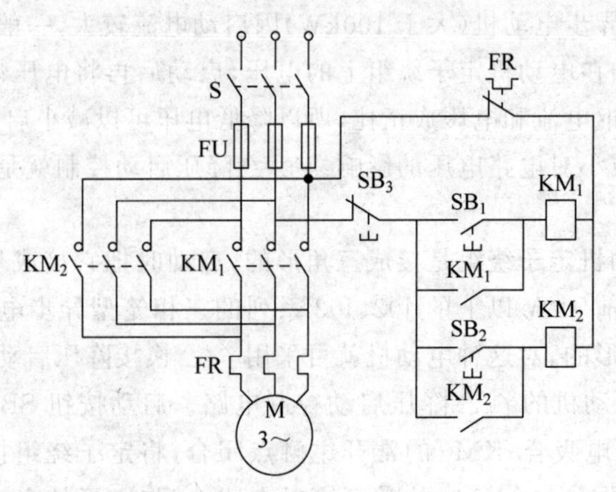

图 8-14　异步电动机正反转控制电路

异步电动机正反转控制电路可以分为三个工作过程，分别为正向启动过程、停止过程、反向启动过程。

(1) 正向启动过程。按下启动按钮 SB_1，正向接触器 KM_1 得电动作，与 SB_1 并联的 KM_1 的辅助常开触点闭合，使得 KM_1 线圈持续通电，串联在电动机回路中的 KM_1 主触点闭合，电动机正转。

(2) 停止过程。按下停止按钮 SB_3，正向接触器 KM_1 断电，与 SB_1 并联的 KM_1 的辅助触点断开，使得 KM_1 线圈持续失电，串联在电动机回路中的 KM_1 主触点断开，电动机停转。

(3) 反向启动过程。按下启动按钮 SB_2，反向接触器 KM_2 得电动作，与 SB_2 并联的 KM_2 的辅助触点闭合，使得 KM_2 线圈持续通电，串联在电动机回路中的 KM_2 主触点闭合，使电动机电子绕组与正转时相比相序反了，电动机反转。

从主回路看，如果 KM_1、KM_2 同时通电动作，就会造成主回路短路。在上述电路中如果按了 SB_1 又按了 SB_2，就会造成上述事故，因此这种电路是不能采用的。

图8-15为带电气互锁的异步电动机正反转控制电路，正转接触器 KM_1 的一个动断辅助触点串接在反转接触器 KM_2 的线圈电路中，而反转接触器的一个动断辅助触点串接在正转接触器的线圈电路中。这两个动断触点称为联锁触点，这种联锁方式称为电气联锁。该线路把接触器的动断辅助触点互相串联在对方的控制回路中进行联锁控制，这样当 KM_1 得电时，由于 KM_1 的动断触点打开，使 KM_2 不能通电，此时即使按下 SB_2 按钮，也不会造成短路，反之也是一样。接触器辅助触点的这种互相制约的关系称为“联锁”或“互锁”。

这种控制电路有个缺点，就是在正转过程中要求反转时，必须先按停止按钮 SB_3，让联锁触点 KM_1 闭合后，才能按反转启动按钮使电动机反转，带来操作上的不方便。为了解决这个问题，在生产上常采用复式按钮和触点联锁的控制电路，如图8-16所示。当电动机正转时，按下反转启动按钮 SB_2，它的动断触点断开，使正转接触器的线圈 KM_1 断电，主触点 KM_1 断开。与此同时，串接在反转控制电路中的动断辅助触点 KM_1 恢复闭合，反转接触器的线圈通电，KM_2 主触点闭合电动机反转。同时串接在正转控制电路中的动断辅助触点 KM_2 断开，起着联锁保护作用。这种联锁方式称为机械式联锁。

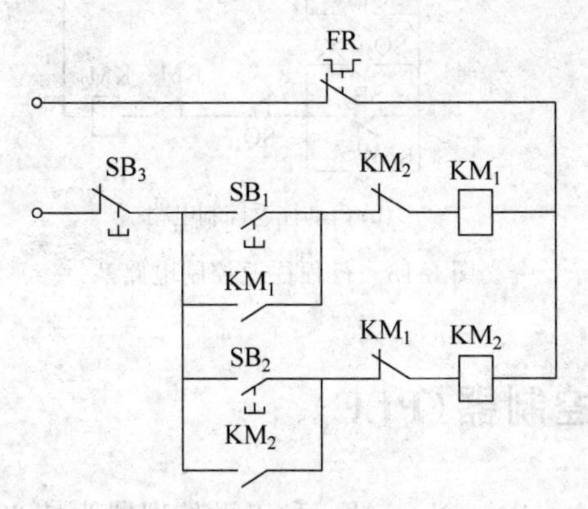

图8-15　带电气互锁的异步电动机正反转控制电路

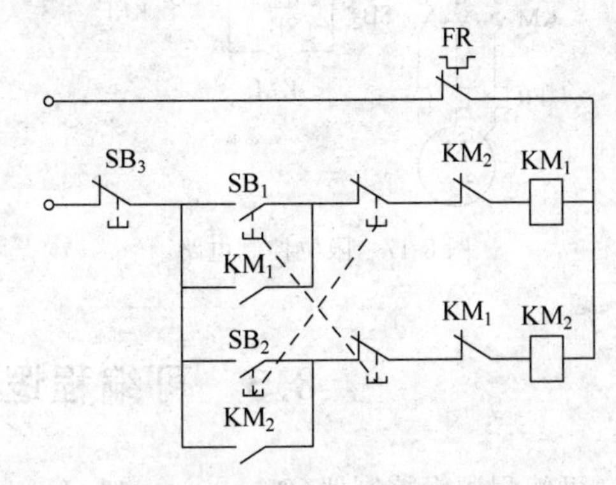

图8-16　具有电气互锁和机械互锁的异步电动机正反转控制电路

8.2.4 行程控制

行程控制又叫作位置控制或限位控制，就是利用生产机械运动部件上的挡铁与行程开关碰撞，使其触头动作，来接通或断开电路，以实现对生产机械运动部件的位置或行程的自动控制。行程控制可用来控制电动机的正反转，实现终端保护、自动循环、制动和变速等各项要求。实现这种控制要求所依靠的主要电器是行程开关。

1. 限位控制

限位控制的接线是将行程开关 SQ 的常闭触头串入相应的接触器线圈回路中。未到限位时，行程开关不动作，只有碰撞行程开关时才动作，起到限位保护的作用，如图 8-17 所示。

2. 行程往返控制

有些生产机械，如万能铣床，要求工作台在一定的行程内能自动往返运动，以便实现对工件的连续加工，提高生产效率。即要求工作台达到指定位置时，不但要求工作台停止原方向运动，而且还要求它自动改变方向，向相反方向运动。

图 8-18 为行程往返控制电路。行程开关 SQ_1 和 SQ_2 分别装在工作台的原位和终点，由装在工作台上的挡块来撞动。按下正向启动按钮 SB_1，电动机正向启动运行，带动工作台前进。当工作台到达终点时（譬如这时机床加工完毕），挡块压下终点行程开关 SQ_2，将串接在正转控制电路中的动断触点 SQ_2 压开，电动机停止正转。与此同时，将反转控制电路中的动合触点 SQ_2 压合，电动机反转，带动工作台后退。退到原位，挡块压下 SQ_1，将串接在反转控制电路中的动断触点压开，于是电动机在原位停止。

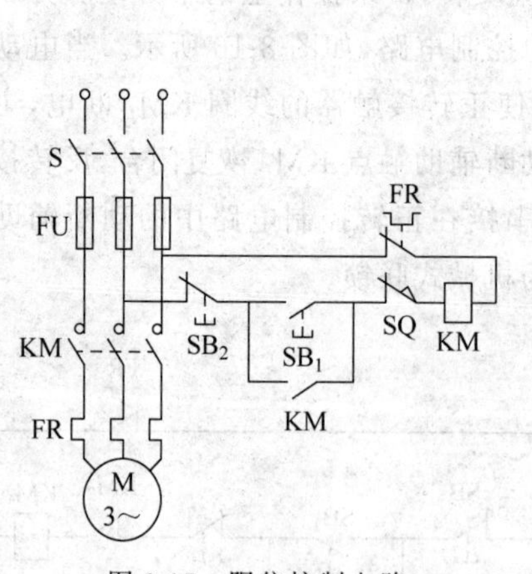

图 8-17 限位控制电路

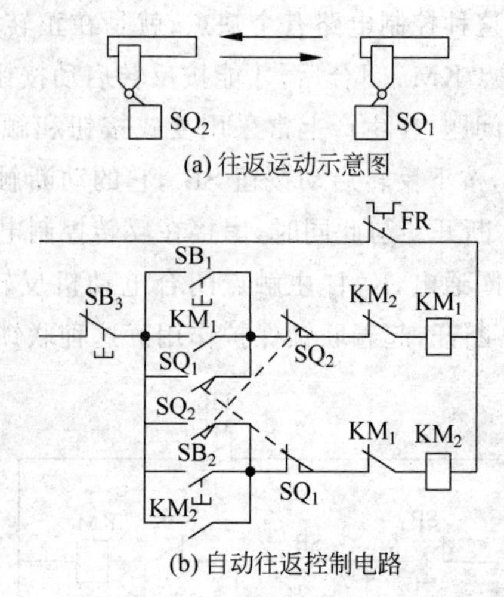

(a) 往返运动示意图

(b) 自动往返控制电路

图 8-18 行程往返控制电路

8.3 可编程逻辑控制器（PLC）

可编程逻辑控制器（Programmable Logic Controller，PLC）是一种以微处理器为核心的电子系统，它是在继电器控制和计算机控制的基础上发展而来的一种新型工业自动控制装置。它采用可编程控制器的存储器，用来在其内部存储执行逻辑运算等操作指令，并通过数字式、模拟式输入和输出控制各种类型的机械或生产过程。

8.3.1 PLC 的发展历程

1969 年，美国数字设备公司(DEC)研制出第一台可编程控制器，用于通用汽车公司的生产线，取代生产线上的继电器控制系统，开创了工业控制的新纪元。1971 年，日本开始生产可编程控制器，德国、英国、法国等各国相继开发了适用于本国的可编程控制器，并推广使用。1974 年，我国开始研制生产可编程控制器。早期的可编程控制器是为取代继电器-接触器控制系统而设计的，用于开关量控制，具有逻辑运算、计时、计数等顺序控制功能，故称之为可编程逻辑控制器 PLC。

随着微电子技术、计算机技术及数字控制技术的高速发展，到 20 世纪 80 年代末，PLC 技术已经很成熟，并从开关量逻辑控制扩展到计算机数字控制(CNC)等领域。近年生产的 PLC 在处理速度、控制功能、通信能力等方面均有新的突破，并向电气控制、仪表控制、计算机控制一体化方向发展，性价比不断提高，成为了工业自动化的支柱之一。这时候的可编程控制器的功能已不限于逻辑运算，具有了连续模拟量处理、高速计数、远程输入和输出及网络通信等功能。国际电工委员会(IEC)将可编程逻辑控制器改称为可编程控制器 PC (Programmable Controller)。后来由于发现其简写与个人计算机(Personal Computer)相同，所以又重新沿用 PLC 的简称。

目前在世界先进工业国家，PLC 已经成为工业控制的标准设备，它的应用覆盖了大部分的工业企业。PLC 技术已经成为当今世界的潮流，成为工业自动化的三大支柱(PLC 技术、机器人、计算机辅助设计和制造)之一。

8.3.2 PLC 的结构

PLC 硬件系统的基本组成如图 8-19 所示。

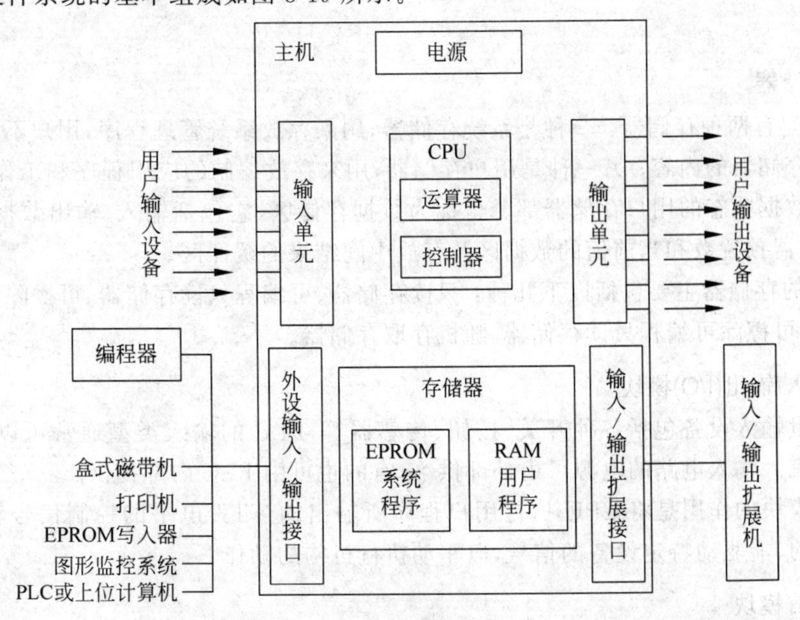

图 8-19　PLC 硬件系统的基本组成

PLC的主机由CPU、存储器(EPROM、RAM)、输入/输出单元、外设I/O接口、通信接口及电源组成。对于整体式PLC,这些部件都在同一个机壳内。而对于模块式PLC,各部件独立封装,称为模块,各模块通过机架和电缆连接在一起。主机内的各个部分均通过电源总线、控制总线、地址总线和数据总线连接,根据实际控制对象的需要配备一定的外部设备,构成不同的PLC控制系统。常用的外部设备有编程器、打印机、EPROM写入器等。PLC可以配置通信模块与上位机及其他PLC进行通信,构成PLC的分布式控制系统。

1. 电源

PLC电源用于为PLC各模块的集成电路提供工作电源,有的还为输入电路提供24V的工作电源。电源输入类型有交流电源(AC 220V或AC 110V)和直流电源(常用的为DC 24V)。一般交流电压波动在+10%(+15%)范围内,可以不采用其他措施而将PLC直接连接到交流电网。

2. 中央处理器(CPU)

CPU是PLC的控制中枢,每套PLC至少有一个CPU,CPU按PLC的系统程序赋予的功能接收并存储用户程序和数据,用扫描的方式采集由现场输入装置送来的状态或数据,并存入规定的寄存器中,同时诊断电源和PLC内部电路的工作状态及编程过程中的语法错误等。当PLC运行时,首先以扫描的方式接收现场各输入装置的状态和数据,并分别存入I/O映像区,然后从用户程序存储器中逐条读取用户程序,经过命令解释后按指令的规定执行逻辑或算数运算的结果并送入I/O映像区或数据寄存器内。等所有的用户程序执行完毕之后,最后将I/O映像区的各输出状态或输出寄存器内的数据传送到相应的输出装置,如此循环运行,直至停止。

可编程控制器中常用的CPU主要采用通用微处理器、单片机和双极型位片式微处理器三种类型。通用微处理器有8080、8086、80286、80386等;单片机有8031、8096等;位片式微处理器有AM2900、AM2903等。FX2可编程控制器使用的微处理器是16位的8096单片机。

3. 存储器

PLC配有两种存储器:一种是系统存储器,用来存放系统管理程序,用户不能访问和修改这部分存储器的内容;另一种是用户存储器,用来存放编制的应用程序和工作数据状态。存放工作数据状态的用户存储器部分也称为数据存储区,它包括输入/输出数据映像区、定时器/计数器预置数和当前值的数据区及存放中间结果的缓冲区。

PLC的存储器主要包括以下几种:只读存储器、可编程只读存储器、可擦除可编程只读存储器、电可擦除可编程只读存储器、随机存取存储器。

4. 输入/输出(I/O)模块

开关量输入设备包括各种开关、按钮、传感器等,PLC的输入类型通常可以是直流、交流和交直流。输入电路的电源可由外部供给,有的也可由PLC内部提供。

输出模块的作用是将CPU执行用户程序所输出的TTL电平的控制信号转化为生产现场所需的、能驱动特定设备的信号,以驱动执行机构的动作。

5. 通信模块

PLC具有通信联网的功能,它使PLC与PLC之间、PLC与上位计算机以及其他智能设备之间能够交换信息，形成一个统一的整体，实现分散集中控制。多数 PLC 具有 RS-232 接口，还有一些内置有支持各自通信协议的接口。

6. 编程器

编程器是 PLC 重要的外部设备，利用编程器可将用户程序送入 PLC 的用户程序存储器，调试和监控程序的执行过程。编程器从结构上可分为三种类型：简易编程器、图形编程器、通用计算机编程器。

7. 外设接口

外设接口电路用于连接手持编程器或其他图形编程器、文本显示器，并能通过外设接口组成 PLC 的控制网络。PLC 使用 PC/PPI 电缆或者 MPI 卡通过 RS-485 接口与计算机连接，可以实现编程、监控、联网等功能。

8.3.3 PLC 的工作原理

1. 基本工作模式

PLC 有运行模式和停止模式。

运行模式：分为内部处理、通信服务、输入处理、程序执行、输出处理 5 个阶段。

停止模式：当处于停止工作模式时，PLC 只进行内部处理和同行服务等内容。

2. PLC 工作过程

(1) 内部处理阶段

在此阶段，PLC 检查 CPU 模块的硬件是否正常，复位监视定时器，以及完成一些其他内部工作。

(2) 通信服务阶段

在此阶段，PLC 与一些智能模块通信、响应编程器键入的命令、更新编程器的显示内容等，当 PLC 处于停止状态时，只进行内容处理和通信操作等内容。

(3) 输入处理阶段

输入处理也称作输入采样。在此阶段顺序读取所有输入端子的通断状态，并将所读取的信息存到输入映像寄存器中，此时，输入映像寄存器被刷新。

(4) 程序执行阶段

按先上后下、先左后右的步序，对梯形图程序进行逐句扫描并根据采样到输入映像寄存器中的结果进行逻辑运算，运算结果再存入有关映像寄存器中。遇到程序跳转指令，则根据跳转条件是否满足来决定程序的跳转地址。

(5) 输出处理阶段

程序处理完毕后，将所有输出映像寄存器中各点的状态转存到输出锁存器中，再通过输出端驱动外部负载。

在运行模式下，PLC 按上述 5 个阶段进行周而复始的循环工作，称为循环扫描工作方式。

3. PLC 工作方式与特点

PLC 采用集中采样、集中输出、周期性循环扫描的"串行"工作方式。

PLC 的工作方式是一个不断循环的顺序扫描工作方式。每一次扫描所用的时间称为扫描周期或工作周期。PLC运行正常时，扫描周期的长短与CPU的运算速度、I/O点的情况、用户应用程序的长短及编程情况等均有关。通常用PLC执行1KB指令所需时间来说明其扫描速度(一般1～10ms/KB)。

PLC具有输出滞后的特点，主要是指从PLC的外部输入信号发生变化至它所控制的外部输出信号发生变化的时间间隔，一般为几十毫秒到100ms。引起输出滞后的因素主要有输入模块的滤波时间、输出模块的滞后时间、扫描方式引起的滞后。

PLC是集中采样，在程序处理阶段即使输入发生了变化，输入映像寄存器中的内容也不会变化，要到下一周期的输入采样阶段才会改变。

由于PLC是串行工作，所以PLC的运行结果与梯形图程序的顺序有关。

8.3.4 PLC的编程语言

PLC的用户程序是设计人员根据控制系统的工艺控制要求，通过PLC编程语言的编制设计的。根据国际电工委员会制定的《工业控制编程语言标准(IEC1131-3)》，PLC的编程语言包括5种：梯形图语言(LD)、指令表语言(IL)、功能模块图语言(FBD)、顺序功能流程图语言(SFC)及结构化文本语言(ST)。

1. 梯形图语言(LD)

梯形图语言是PLC程序设计中最常用的编程语言。它是与继电器线路类似的一种编程语言。由于电气设计人员对继电器控制较为熟悉，因此，梯形图编程语言得到了广泛的应用。

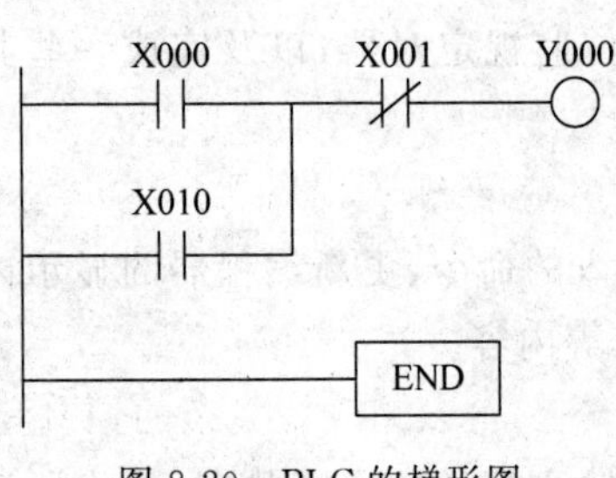

图8-20 PLC的梯形图

梯形图编程语言的特点是：与电气操作原理图相对应，具有直观性和对应性；与原有继电器控制相一致，电气设计人员易于掌握。

梯形图编程语言与原有的继电器控制的不同点是：梯形图中的能流不是实际意义的电流，内部的继电器也不是实际存在的继电器，应用时需要与原有继电器控制的概念区别对待。图8-20所示是三菱公司的FX2N系列产品的最简单的梯形图。

2. 指令表语言(IL)

指令表编程语言是与汇编语言类似的一种助记符编程语言，和汇编语言一样由操作码和操作数组成。在无计算机的情况下，适合采用PLC手持编程器对用户程序进行编制。同时，指令表编程语言与梯形图编程语言图一一对应，在PLC编程软件中可以相互转换。

指令表编程语言的特点与梯形图基本一致，主要是：采用助记符表示操作功能，容易记忆，便于掌握；在手持编程器的键盘上采用助记符表示，便于操作，可在无计算机的场合进行编程设计；与梯形图有一一对应关系。

3. 功能模块图语言(FBD)

功能模块图语言是与数字逻辑电路类似的一种PLC编程语言。采用功能模块图的形式表示模块所具有的功能，不同的功能模块有不同的功能。

功能模块图程序设计语言的特点是：以功能模块为单位，分析理解控制方案简单容易；功能模块以图形的形式表达功能，直观性强，对于具有数字逻辑电路基础的设计人员很容易掌握；对规模大、控制逻辑关系复杂的控制系统，功能模块图能够清楚表达功能关系，使编程调试时间大大减少。

4. 顺序功能流程图语言(SFC)

顺序功能流程图语言是为了满足顺序逻辑控制而设计的编程语言。编程时将顺序动作的过程分成步和转移条件，根据转移条件对控制系统的功能流程顺序进行分配，一步一步地按照顺序进行动作。每一步代表一个控制功能任务，用方框表示。在方框内含有用于完成相应控制功能任务的梯形图逻辑。这种编程语言使程序结构清晰，易于阅读及维护，大大减轻了编程的工作量，缩短了编程和调试时间。常用于系统的规模较大，程序关系较复杂的场合。

顺序功能流程图编程语言的特点：以功能为主线，按照功能流程的顺序分配，条理清楚，便于程序理解；避免梯形图或其他语言不能顺序动作的缺陷，同时也避免了用梯形图语言对顺序动作编程时，由于机械互锁造成用户程序结构复杂、难以理解的缺陷；用户程序扫描时间大大缩短。

5. 结构化文本语言(ST)

结构化文本语言是用结构化的描述文本来描述程序的一种编程语言。它是类似于高级语言的一种编程语言。在大中型的 PLC 系统中，常采用结构化文本描述控制系统中各个变量的关系，主要用于其他编程语言较难实现的用户程序编制。

结构化文本编程语言采用计算机的描述方式描述系统中各种变量之间的运算关系，完成所需的功能或操作。大多数 PLC 制造商采用的结构化文本编程语言与 BASIC 语言、PASCAL 语言或 C 语言等高级语言类似，但为了应用方便，在语句的表达方法及语句的种类等方面都进行了简化。

结构化文本编程语言的特点是：采用高级语言进行编程，可以完成较复杂的控制运算；需要有一定的计算机高级语言的知识和编程技巧，对工程设计人员要求较高；直观性和操作性较差。

不同型号的 PLC 编程软件对以上 5 种编程语言的支持种类不同，早期的 PLC 仅支持梯形图编程语言和指令表编程语言。目前的 PLC 对梯形图(LD)、指令表(STL)、功能模块图(FBD)编程语言都支持。

8.3.5　PLC 的应用场合

随着微电子技术的快速发展，PLC 的制造成本不断下降，而其功能却大大增强，应用面覆盖了诸如钢铁、冶金、采矿、水泥、石油、化工、轻工、电力、机械制造、汽车、装卸、造纸、纺织、环保、交通、建筑、食品、娱乐等各行各业。特别是在轻工行业中，因生产门类多，加工方式多变，产品更新换代快，所以 PLC 广泛应用在组合机床自动线、专用机床、塑料机械、包装机械、灌装机械、电镀自动线、电梯等电气设备中。可编程控制器所具有的功能使它既可用于开关量控制，又可用于模拟量控制；既可用于单机控制，又可用于组成多级控制系统；既可控制简单系统，又可控制复杂系统。它的应用可大致归纳为如下几类。

1. 逻辑控制

PLC在开关逻辑控制方面得到了最广泛的应用。用PLC可取代传统继电器系统和顺序控制器，实现单机控制、多机控制及生产自动线控制，如各种机床、自动电梯、高炉上料、注塑机械、包装机械、印刷机械、纺织机械、装配生产线、电镀流水线、货物的存取、运输和检测等的控制。

2. 运动控制

运动控制是通过配用PLC的单轴或多轴等位置控制模块、高速计数模块等来控制步进电动机或伺服电动机，从而使运动部件能以适当的速度或加速度实现平滑的直线运动或圆弧运动。可用于精密金属切削机床、成型机械、装配机械、机械手、机器人等设备的控制。

3. 过程控制

过程控制是通过配用A/D、D/A转换模块及智能PID模块实现对生产过程中的温度、压力、流量、速度等连续变化的模拟量进行单回路或多回路闭环调节控制，使这些物理参数保持在设定值上。在各种加热炉、锅炉等的控制以及化工、轻工、食品、制药、建材等许多领域的生产过程中有着广泛的应用。

4. 数据处理

许多PLC具有数学运算(包括逻辑运算、函数运算、矩阵运算等)、数据的传输、转换、排序、检索和移位以及数制转换、位操作、编码、译码等功能，可以完成数据的采集、分析和处理任务。这些数据可以与存储在数据存储器中的参考值进行比较，也可传送给其他智能装置，或者输送给打印机打印制表。数据处理一般用于大、中型控制系统，如数控机床、柔性制造系统、过程控制系统、机器人控制系统等。

5. 多级控制

多级控制是指利用PLC的网络通信功能模块及远程I/O控制模块实现多台PLC之间的链接、PLC与上位计算机的链接，以达到上位计算机与PLC之间及PLC与PLC之间的指令下达、数据交换和数据共享。这种由PLC进行分散控制、计算机进行集中管理的方式能够完成较大规模的复杂控制，甚至实现整个工厂生产的自动化。

本章小结

本章主要介绍了常用的低压控制电器、三相异步电动机的基本控制电路、可编程逻辑控制器(PLC)。主要内容如下。

(1) 介绍了刀开关、组合开关、按钮、熔断器、交流接触器、中间继电器、热继电器、低压断路器、行程开关、时间继电器的用途、结构、图形符号。

(2) 三相异步电动机的基本控制电路分别有直接启动控制电路、Y/△降压启动控制电路、正反转控制电路以及行程控制。

直接启动控制电路可分为点动控制和直接启动控制。点动控制线路依靠启动按钮始终按着电动机进行持续运转；直接启动控制电路由接触器、启动按钮、停止按钮组成，通过启动/停止按钮对接触器进行通/断电，从而实现对电动机的控制。

Y/△降压启动控制电路，启动时降低加在电动机定子绕组上的电压，启动后再将电压恢复到额定值，使之在正常电压下运行。通常用于较大容量的笼型异步电动机中。

正反转控制电路通过两个接触器 KM_1 和 KM_2 完成电动机定子相序的改变，从而组成由正转与反转电路组合而成的正反转控制电路。该控制电路有三个工作过程，分别是正向启动过程、停止过程、反向启动过程。

行程控制利用生产机械运动部件上的挡铁与行程开关碰撞，使其触头动作来接通或断开电路，以实现对生产机械运动部件的位置或行程的自动控制。行程控制中有限位控制、行程往返控制。

(3) 可编程逻辑控制器由电源、中央处理单元(CPU)、存储器、输入/输出(I/O)模块、通信模块、编程器、外设接口等硬件系统组成。

PLC的工作过程分为5步，分别是内部处理阶段、通信服务阶段、输入处理阶段、程序执行阶段、输出处理阶段。

PLC的编程语言有梯形图语言(LD)、指令表语言(IL)、功能模块图语言(FBD)、顺序功能流程图语言(SFC)、结构化文本语言(ST)。

习　题　8

8-1　为什么热继电器不能作短路保护？为什么在三相主电路中只用两个(当然用三个也可以)热元件就可以保护电动机？

8-2　说明接触器的三个主触点连接在电路的哪个部分？辅助常开触点起自锁作用时连接在电路哪里？辅助常闭触点起互锁作用时连接在电路哪个部分？

8-3　分析图8-21所示控制电路，当接通电源后其控制功能是什么？

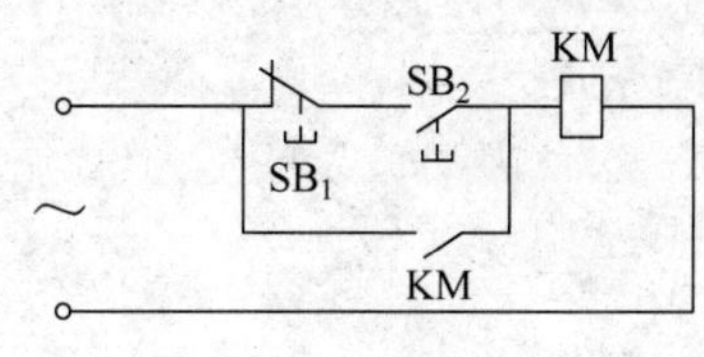

图8-21　控制电路

8-4　图8-22为两台笼型三相异步电动机同时启停和单独启停的单向运行控制电路。(1)说明各文字符号所表示的元器件名称；(2)说明QS在电路中的作用；(3)简述同时启停的工作过程。

8-5　设计两台电动机顺序控制电路：M_1 启动后 M_2 才能启动；M_2 停转后 M_1 才能停转。

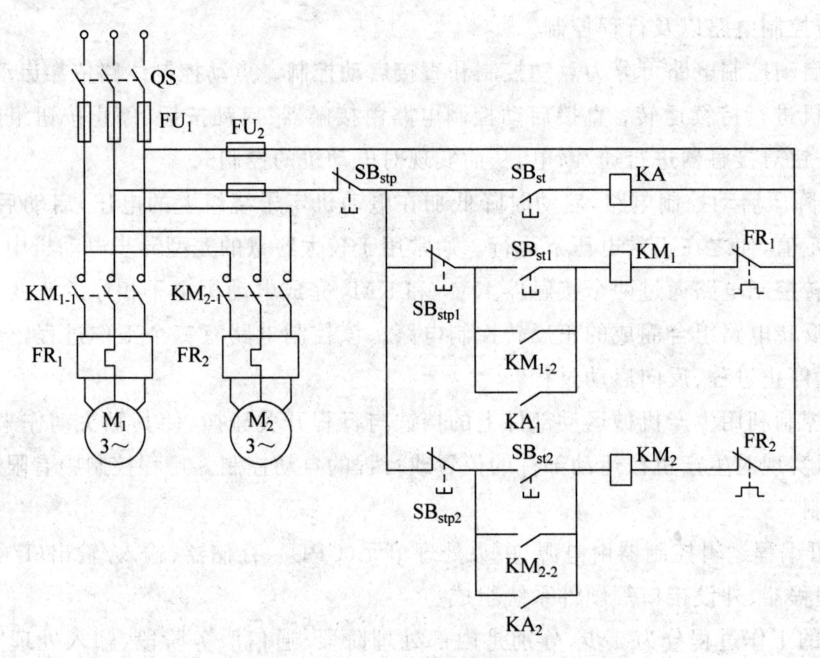

图 8-22　笼型三相异步电动机

电气测量技术

电气测量具有测量方便、易于实现自动化和遥测等优点，它不仅可以直接对电气参数及电磁参数进行测量，而且几乎所有的"非电量"都可以通过传感器转换成电量进行测量，所以，它在各种测量技术中占有很重要的地位。本章主要介绍测量的基本知识，电工仪表的分类以及电压、电流、功率、电能、电阻、电感、电容的测量。

9.1 测量基础知识

1. 测量及测量单位

电工测量就是利用电工仪表，通过实验的方法把被测量与标准量进行比较以确定被测量大小的过程。要想确定被测量的大小，必须有一个参考量，即标准量，将这个参考量定义为单位。测量单位一旦确定，所有同类物理量都可以用它来表示。测量的结果通常可用两部分表示：一部分是数字值；另一部分是测量单位的名称，一般表示为

$$X = A_x \cdot X_0$$

式中：X 表示被测量；A_x 表示测量所得的数值，即单位的倍数；X_0 表示测量单位。

例如对某一电压进行测量，所得测量结果表示为

$$V_x = 5\text{V}$$

上式表示被测电压 V_x 等于单位量 V 的 5 倍。

在测量过程中，所选单位不同，得到的测量结果就不同。为了对同一物理量在不同时间、空间进行测量时得到相同的结果，必须采用统一且固定不变的单位。只有这样，测量才有实际意义。单位制的种类很多，目前普遍采用的是国际单位制，用代号 SI 表示。

国际单位制中有 7 个基本单位，即长度单位——米(m)；质量单位——千克(kg)；时间单位——秒(s)；电流单位——安培(A)；热力学温度单位——开尔文(K)；光强单位——坎德拉(cd)；物质的量单位——摩尔(mol)。

根据上述 7 个基本单位，再根据体现被测量之间存在的相互联系的数学公式，就可以导出各物理量的单位，称为导出单位。

在电磁学中涉及的物理量的单位只和 4 个基本单位有关，即米、千克、秒、安培。通过这 4 个基本单位和电磁学定律，就可导出电磁学中所有物理量的单位。

表 9-1 中列出了部分电磁学物理量的 SI 导出单位。

表 9-1　电磁学物理量的部分 SI 导出单位

物理量	定义方程式	单位名称	单位代号	
			中文	国际
电量	$q=It$	库伦	库	C
电压	$U=\frac{W}{q}$	伏特	伏	V
电容	$C=\frac{U}{q}$	法拉	法	F
电阻	$R=\frac{U}{I}$	欧姆	欧	Q
电阻率	$\rho=\frac{S}{l}R$	欧姆·米	欧·米	Ω·m
电导	$G=\frac{1}{R}$	西门子	西	S
电场强度	$E=\frac{U}{d}$	伏特每米	伏/米	V/m
磁通	$\Delta\Phi_{\mathrm{m}}=E\cdot\Delta t$	韦伯	韦	Wb
磁感应强度	$B=\frac{\Phi_{\mathrm{m}}}{S}$	特斯拉	特	T
磁场强度	$H=\frac{1}{2\pi r}$	安培每米	安培/米	A/m

2. 测量方式的分类

1）直接测量

在测量过程中，能够直接将被测量与标准量进行比较，或能够直接用已经刻度好的测量仪器对被测量进行测量，从而直接获得被测量数值的测量方法，称为直接测量。例如用电压表测量电压、用电度表测量电能以及用直流电桥测量电阻等都是直接测量。直接测量广泛应用于工程测量中。

2）间接测量

通过对与被测量有一定函数关系的几个量进行直接测量，然后按函数关系计算出被测量，这种测量方式称为间接测量。例如测量电阻时，可用电压表测出该电阻两端的电压，用电流表测出流过它的电流，然后根据欧姆定律，间接计算出电阻数值。

3. 测量方法分类

1）直读法

用直接指示被测量数值的指示仪表进行测量，能够直接在仪表上读取读数，这种测量方法称为直读法。在直读法的测量过程中，度量器不直接参与作用。例如用欧姆表测量电阻时，没有直接使用标准电阻与被测量的电阻进行比较，而是直接根据欧姆表指针在欧姆标尺上的位置读取被测电阻数值。在这种测量过程中，标准电阻间接地参与作用，因为欧姆表的标尺是事先经过“标准化”的。此外，用电流表测量电流，用电压表测量电压等都是直读法测量。用直读法进行测量虽测量过程简单，操作容易，但准确度不高。

2）比较法

比较法是将被测量与度量器置于比较仪器上进行比较，从而求得被测量数据的一种方法。这种方法多用于准确度要求较高的场合。为了保证比较结果的准确度，需要较准确的仪器，测量时还要保持较严格的实验条件，如温度、湿度、振动、外界电磁干扰等都不能超过规定值。根据比较时的特点，比较法又可分为平衡法、微差法和替代法。

(1) 平衡法(零值法)。在测量过程中，连续改变标准量，使它产生的效应与被测量产生的效应相互抵消或平衡，这种方法称为平衡法。由于在平衡时指示器指零，所以又称为零值法。用电桥和电位差计进行测量就是应用平衡法原理。

(2) 微差法(差值法)。如果在平衡法过程中，被测量与标准量不能平衡或标准量不便调节，则用测量仪器测量两者的差值或正比于差值的量，进而根据标准量的数值确定被测量的大小，这种方法称为微差法。

(3) 替代法。将被测量与标准量分别接入同一测量装置，在标准量替代被测量的情况下调节标准量使测量装置的工作状态保持不变，从而用标准量的数值来确定被测量的大小，这种方法称为替代法。

9.2　测量误差及其表示方法

1. 测量仪表的误差

不管仪表的质量如何，仪表的指示值与实际值之间总有一定的差值，称为误差。显然，仪表的准确度与其误差有关。误差有两种：一种是基本误差，它是由仪表本身的因素引起的，例如由弹簧永久变形或刻度不准确等造成的固有误差；另一种是附加误差，它是由外加因素引起的，例如测量方法不正确、读数不准确、电磁干扰等。仪表的附加误差是可以减小的，使用者应尽量让仪表在正常情况下进行测量，这样可以近似认为只存在基本误差。

2. 测量误差的表示方法

(1) 绝对误差：指测量仪表的读数 A_x 与实际值 A_0 之间的差值 ΔA，即

$$\Delta A = A_x - A_0 \tag{9-1}$$

绝对误差可正可负，即对同一真实值而言，采用不同的仪表来测量，测量的绝对误差(绝对值)越小，测量的准确度越高。绝对误差有大小、符号和单位。

(2) 相对误差：指绝对误差 ΔA 与实际值 A_0 之比，用 γ 表示，以百分数记。即

$$\gamma = \frac{\Delta A}{A_0} \times 100\% \tag{9-2}$$

由于在一般情况下指示值与实际值比较接近，因此，当实际值 A_0 难以确定时，可以用测量值 A_x 代替，这时的相对误差为

$$\gamma = \frac{\Delta A}{A_x} \times 100\% \tag{9-3}$$

相对误差越小，测量的准确度越高。在选用仪表的量程时，应该使被测量的值尽量接近满标值。通常当被测量的值接近满刻度的2/3时，测量结果较为准确。

【例 9-1】 用一电压表测量200V电压时，其绝对误差为+1V。用另一电压表测量另一电压读数为20V时，绝对误差为+0.5V。求它们的相对误差。

解：

$$\gamma=\frac{\Delta A}{A_{x1}}\times 100\%=\frac{1}{200}\times 100\%=0.5\%$$

$$\gamma=\frac{\Delta A}{A_{x2}}\times 100\%=\frac{0.5}{20}\times 100\%=2.5\%$$

可见前者的绝对误差大于后者，但误差对测量结果的影响，后者却大于前者。衡量误差对测量结果的影响，通常用相对误差更为确切。

(3) 引用误差：绝对误差和相对误差是从误差的表示和测量的结果来反映某一测量值的误差情况，但并不能用来评价测量仪表和测量仪器的准确度。为计算和划分测量指示仪表的准确度等级，提出了引用误差的概念。以绝对误差Δ与仪表上量限A_m的比值所表示的误差称为引用误差，用γ_n表示

$$\gamma_n=\frac{\Delta}{A_m}\times 100\% \tag{9-4}$$

目前我国生产的电工测量指示仪表的准确度等级就是按照正确工作条件下的最大引用误差来划分的。

【例 9-2】 某电流表的量程为100mA，发现在50mA刻度处的误差最大，其绝对值为1.5mA，其他刻度处的误差的绝对值都小于1.5mA，则该电流表的最大引用误差为

$$\gamma_{max}=\frac{\Delta I_{max}}{I_m}\times 100\%=\pm 1.5\%$$

它表示仪表在正常工作条件下使用时可能产生的最大引用误差的数值不超过±1.5%。该电流表的准确度等级为1.5级。

根据国家标准的规定，我国生产的电工仪表的准确度等级共分7个等级。在规定的条件下正常工作时各级仪表的基本误差不超过表9-2所示的规定值。

表 9-2 仪表的准确度等级

准确度等级	0.1	0.2	0.5	1.0	1.5	2.0	2.5
最大引用误差	±0.1%	±0.2%	±0.5%	±1.0%	±1.5%	±2%	±2.5%

9.3 模拟指示仪表

模拟式电工仪表测量结果多是通过指针位置，读出被测量的数值。模拟指示电工仪表有很多种分类方法。按作用原理分，常用的有磁电式、电磁式、电动式和感应式等；按被测量的种类分，有电流表、电压表、功率表、电阻表等。

表9-3和表9-4列出了一些常用仪表的符号和用途。

表 9-3　电工仪表按工作原理分类

名　称	符号	工作原理	被测种类
磁电式		永久磁铁的磁场与载流的动圈相互作用	电压、电流、电阻
电磁式		使电流通过固定线圈产生磁场，此磁场使动铁片受到电磁力而运动	电流、电压
电动式	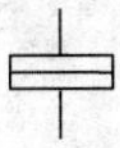	通电的固定线圈与活动线圈之间产生电磁力	电流、电压、功率、电能、功率因数
感应式		使电流通过固定线圈并产生交变磁场，此磁场与活动转盘上感应电流相互作用	电流、电压
整流式	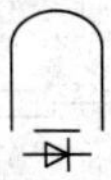	先用整流电路将交流变为直流，再用磁电式仪表进行测量	电流、电压

表 9-4　电工仪表符号及其用途

序号	符号	仪表名称	被测量的种类
1	Ⓐ	电流表	电流
2	Ⓥ	电压表	电压
3	Ⓦ	功率表	电功率
4	W·h	瓦时计	电能量
5	φ	相位计	相位差
6	f	频率计	频率
7	Ω	欧姆表	电阻
	MΩ	兆欧表	

1. 指针式万用表

指针式万用表又称磁电式万用表。一般由高质量的磁电式表头配上若干分流器、倍压器以及干电池、半导体二极管、转换开关等组成。图 9-1 是 MF-30 型万用表的外形图，下面以该万用表为例，说明其使用方法。

1）直流电流的测量

将万用表串联在被测电路中，其转换开关打到直流电流挡区域，其测量原理电路如图 9-2 所示。电流从"＋"端流入，"－"端流出。通过旋转转换开关的位置，即可改变分流器的电阻，从而改变直流电流挡的量程。

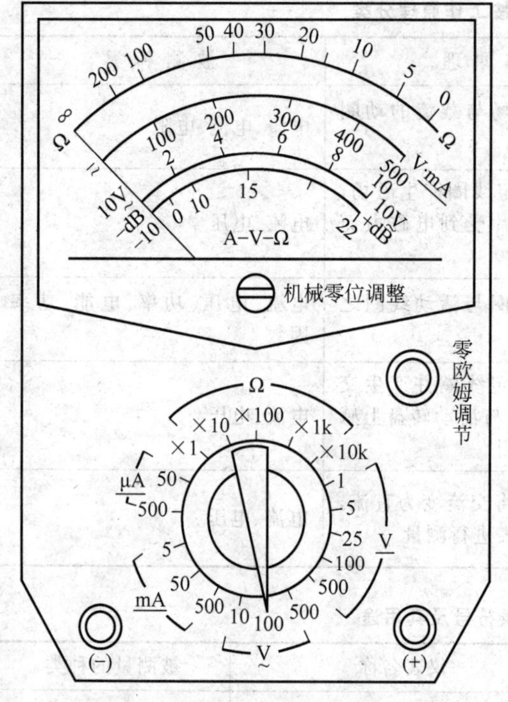

图 9-1　MF-30 型万用表

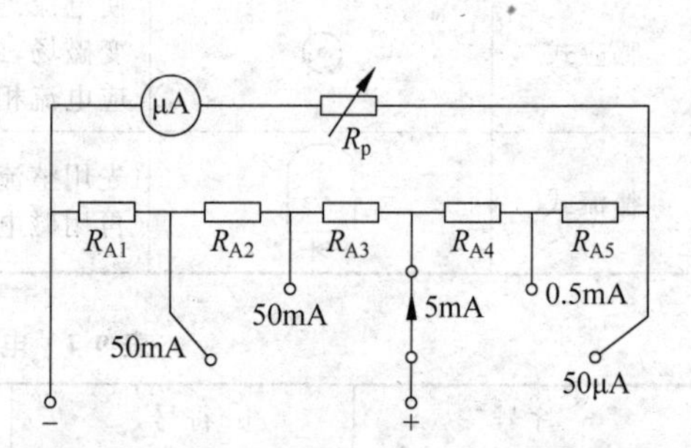

图 9-2　测量直流电流的原理电路图

例如打到 5mA 挡，分流器的阻值为 $R_{A1}+R_{A2}+R_{A3}$，其余电阻与表头串联；指针偏转时，应该按照表盘上第二条线读数，但要注意量程与满标值之间的关系。实际使用时，如果对被测电流的大小不了解，应该先用最大量程进行测量，以防指针被打坏，然后再根据指针的偏转程度选用合适的量程，以减小误差。转换量程时注意不可带电转换。

2）直流电压的测量

将万用表并联在被测电路中，其转换开关打到直流电压挡区域，其测量原理电路如图 9-3 所示。电流从"＋"端流入，"－"端流出。直流电压表由直流电流表串联不同的电阻构成，串接的电阻越大，电压表的量程越大。电压表的内阻越高，从测量电路分到的电流越小，被测电路受到的影响越小。通常用仪表的灵敏度来表示这一特征，即用仪表的总内阻与电压量程的比值来表示。如 MF-30 型万用表的 500V 挡，其总内阻为 2500kΩ，则灵敏度为 2500/500＝5(kΩ/V)。

3）交流电压的测量

将万用表并联在被测电路中，其转换开关打到交流电压挡区域，其测量原理电路如图 9-4 所示。由于磁电式仪表只能测直流，所以测交流电压时需要在测量电路中增加整流装置，电路中设置了整流二极管 VD_1 和 VD_2，使流过表头的电流方向保持不变。

测量时，在正弦交流电的正半周，二极管 VD_1 导通，VD_2 截止，这时万用表与测量直流电压时的电路相同；在正弦交流电的负半周，VD_2 导通，VD_1 截止，表头被短接，没有电流通过万用表。可见，万用表测交流电压时，测的是正弦波正半周的电流平均值，而正半周的电流平均值与交流电压的有效值间有一定的比例关系，因此可以直接用万用表来测量正弦交流电压的有效值。普通万用表可测量频率为 45Hz～1kHz 的正弦交流电，但不能测量非正弦周期电量。交流电压挡的量程改变与直流电压相同，灵敏度较直流电压挡低。

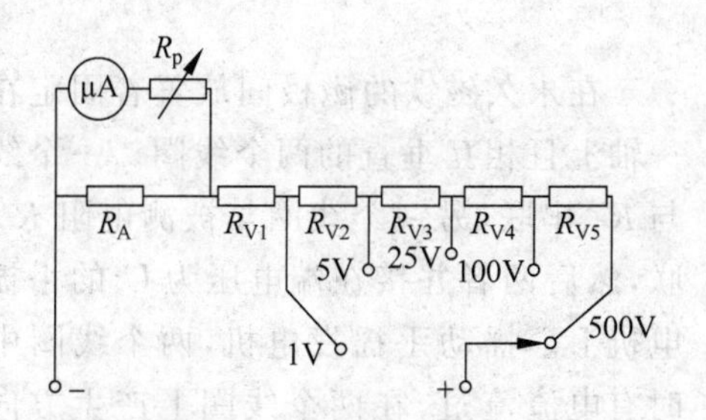

图 9-3　测量直流电压的原理电路图

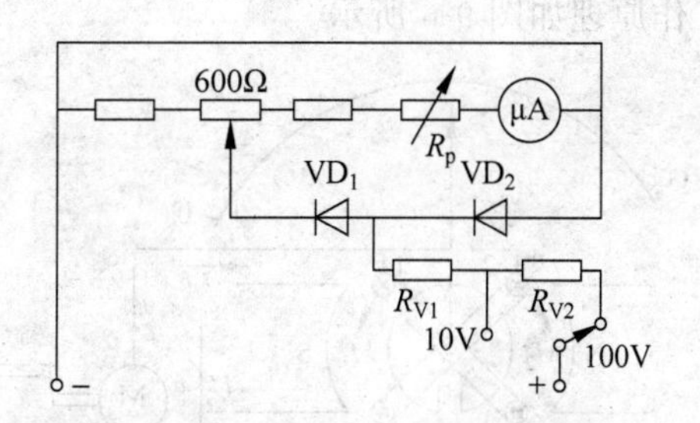

图 9-4　测量交流电压的原理电路图

4）电阻的测量

将万用表打到电阻挡区域，就可以测量电阻。把待测电阻分别与万用表的两个表笔相接触，这样待测电阻与万用表内的干电池、调节电阻、表头形成一个闭合回路，如图 9-5 所示，万用表面板上的"＋"端接内部电源的负极，而"－"端接内部电源的正极，这样回路中将有电流产生，使指针偏转，指示被测电阻值。

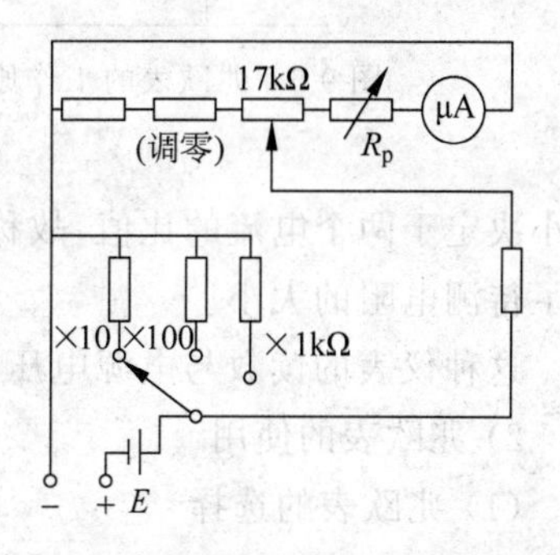

图 9-5　测量电阻的原理电路图

如果被测电阻较大，则回路电流较小，偏转角也小；当被测电阻为零时，偏转角最大；被测电阻无穷大时，偏转角为零。因此，测量电阻时，万用表的刻度刚好与测量电压、电流时的刻度方向相反。表盘上的刻度与量程挡之间成比例关系，例如对于×10挡，指示值乘以 10 即为当前所测电阻值。

使用万用表测量电阻时必须注意以下几点。

(1) 测量电阻前必须先调零。方法是将万用表打到电阻挡，两个表笔短接，若指针偏转后指在 0 刻度，说明该万用表不需要调零；否则应转动调节电位器，使指针指到零。每换一个量程，需要调零一次。如果调零后指针调不到 0 刻度，则说明表内电池不足或接触不良，需要更换电池或维修。

(2) 为了提高测量电阻的准确性，应尽量使用刻度盘的中间段，因此需要选择合适的量程。

(3) 使用电阻挡测量电阻时应特别注意，不要带电测量，以免外电路电压在电阻测量电路中产生电流，烧坏万用表。

(4) 测量低电阻时，要注意表笔的接触电阻；测量大电阻时，应注意不要与人体形成并联电路。

(5) 测量结束后，应将转换开关转到高电压挡，避免造成电池的浪费。

2. 兆欧表

兆欧表是专门用来检查和测量电气设备或供电线路的绝缘电阻的可携式指示仪表。由于它是用来测量大电阻的，所以它的刻度尺单位是"兆欧"，故称兆欧表；又因为它内部有一台手摇发电机，故又称为摇表。

1）兆欧表的结构和工作原理

常见的兆欧表主要由作为电源的高压手摇发电机和磁电式流比计两部分组成，兆欧表的工作原理如图 9-6 所示。

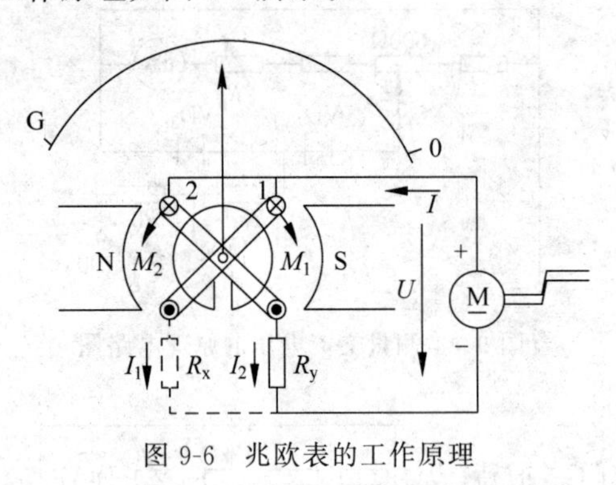

图 9-6 兆欧表的工作原理

在永久磁铁的磁极间放置着固定在同一轴上且相互垂直的两个线圈。一个线圈与 R_y 串联，另一个线圈与被测电阻 R_x 串联，然后两者并接在端电压为 U 的手摇发电机上。摇动手摇发电机，两个线圈中同时有电流流过，在两个线圈上产生方向相反的转矩。转矩不仅与线圈中通过的电流大小有关，还与线圈所处位置的磁场强弱有关。当转动部分偏转到两个转矩平衡的位置时，指针停止偏转。这个偏转角度的大小决定于两个电流的比值，故称为流比计。由于附加电阻是不变的，因此电流的比值就决定了待测电阻的大小。

这种仪表的读数与电源电压 U 无关，所以手摇发电机转动的快慢不影响读数。

2）兆欧表的使用

（1）兆欧表的选择

选用兆欧表时，其额定电压一定要与被测电气设备或线路的工作电压相适应，测量范围应与被测绝缘电阻的范围相吻合。不能用额定电压过高的兆欧表测量低电压电气设备的绝缘电阻，以免设备的绝缘受到损坏；也不能用额定电压较低的兆欧表测量高压设备的绝缘电阻，否则测量结果不能真正反映工作电压下的绝缘电阻。

（2）测量前的准备

测量前应先对兆欧表进行开路和短路试验，检查仪表是否良好。如断开连接线，摇动发电机手柄，指针指示电阻为∞；再短路“线”与“地”端，摇动发电机手柄，指针指示电阻为 0，则说明仪表没问题，否则需要检修仪表。

为了防止发生人身和设备事故并得到准确的测量结果，被测设备测量前必须切断电源，并将设备充分放电。

（3）接线

兆欧表有三个接线端，分别是“屏”(G)、“线”(L)和“地”(E)。测量电路的绝缘电阻时，被测电阻接在“线”与“地”之间；测量电机某一相的绝缘电阻时，“线”接被测相，“地”接电机的机座；测量电缆的绝缘电阻时，“线”接电缆的缆芯，“地”接电缆外皮，“屏”接电缆内层绝缘物。

（4）测量

测量时，手摇发电机应由慢到快，当转速达到 120r/min 时，要保持匀速。若发现表针指零，说明被测绝缘电阻出现短路现象，应立即停止摇动，以免兆欧表因发热而损坏。

3. 检流计

一般指针式磁电系仪表虽然灵敏度较高，但对于微小的电流和电压（10^{-8}A、10^{-6}V 或更小）还无法测量，为了能够测量微小电流和电压，还需进一步提高测量机构的灵敏度。为此，在磁电系测量机构的结构上采取一些特殊的措施，构成了磁电系检流计。其中用于测量短暂脉冲电量的检流计叫作冲击检流计,它主要用于磁测量。

使用检流计时必须注意以下几点。

(1) 不要受任何机械振动,必须轻拿轻放。搬动时和用完后,要将活动部分用止动器锁住或将连接动圈的两个接线柱用金属片或导线短接,这样可以使活动部分处于过阻尼状态以减小活动部分的摆动。

(2) 使用时要按规定工作位置放置,有水准器的,要按水准器调节检流计的位置,使其处于水平位置。

(3) 不能将检流计放在磁场源附近,同时应采用适当措施消除漏电流、接触热电动势及附加感应对被测电流的影响。

(4) 要根据被测对象,选择灵敏度和外临界电阻合适的检流计。

(5) 检流计进行测量时,其灵敏度应逐步提高。当被测电流的大致范围未知时,应串入一个大保护电阻(几兆欧)或配一个分流器。测量时,根据指示器的偏转情况,逐步提高灵敏度。

(6) 不允许用万用表、欧姆表或电桥测量检流计内阻,以免通入过大电流烧坏检流计。

9.4　数字式仪表

数字仪表是将被测的连续变化的电量经离散化、数据处理后自动地以数字形式进行显示、记录和控制的仪表。数字式仪表具有测量准确度高、测量速度快、输入阻抗高、抗干扰能力强、读数准确等优点,并能与计算机或其他数字测量仪器配合构成各种自动测量系统。

数字仪表的种类繁多,分类方法也很多,下面介绍几种常用的分类方法。

(1) 按显示位数分,一般可分为$3\frac{1}{2}$位、$3\frac{3}{4}$位、$4\frac{1}{2}$位、$5\frac{1}{2}$位、$6\frac{1}{2}$位、$7\frac{1}{2}$位、$8\frac{1}{2}$位等。

(2) 按准确度分,可分为低准确度,在0.1级以下;中准确度,在0.01级以下;高准确度,在0.01级以上。

(3) 按测量速度分,可分为低速,几次/秒～几十次/秒;中速,几百次/秒～几千次/秒;高速,百万次/秒以上。

(4) 按使用场合分,可分为标准型,其准确度高,对环境条件要求比较严格,适宜于实验室条件下使用或作为标准仪器使用;通用型,具有一定准确度,对环境条件要求比较低,适用于现场测量;面板型,其准确度低,对环境要求也低,是设备面板上使用的仪表。

(5) 按测量参数分,可分为直流数字电压表、交流数字电压表、数字功率表、频率(周期时间)表、数字相位表、数字电路参数(L、R、C)表和数字万用表等。

1. 电子计数器

电子计数器是一种能在一定时间内对数字量(脉冲信号)进行计数,并将结果以数字显示出来的仪器。它是一种多功能测量仪器,通过不同的内部联接,可以测量信号的频率、周期、时间间隔、相位等参数。电子计数器是数字仪表不可缺少的组成部分,也可作为独立的测量仪器。

电子计数器计数功能方框图如图9-7所示,功能如下。

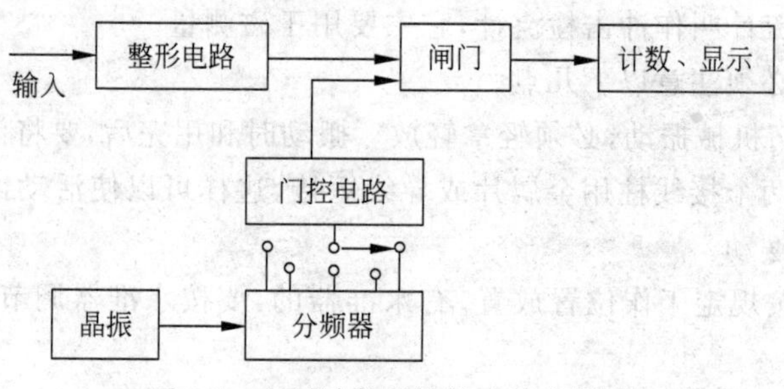

图 9-7　电子计数器计数功能方框图

(1) 整形、放大部分把不同波形、幅值的被测信号转换成脉冲信号。该脉冲信号与被测信号基波频率相同。

(2) 石英晶体振荡器输出标准频率的脉冲序列。该脉冲序列经分频后，可得到周期已知的一系列(不同周期)标准脉冲信号序列。它们或被用作计数器的标准计数脉冲(也称填充脉冲)，或用来作为标准时间，用以控制计数器的门电路，控制进入计数器的被测脉冲个数。

(3) 计数器在控制门(也称主门或闸门)的控制作用下工作，记录通过控制门并体现被测对象的脉冲数，并把测得的结果以数字形式显示出来。

2. 数字万用表

万用表是一种便携式的维修工具。数字万用表由于体积小，过载能力强，无可动部件，耐振动，比起模拟式万用表更便于携带。数字万用表的基本功能是测量直流电压(DCV)，然后在电压表电路的基础上加上某些扩展，使之可用于测量其他电磁量，例如交流电压(ACV)、直流电流(DCA)、交流电流(ACA)、电阻(R)、三极管共射电路的电流放大倍数(HpE)、电容(C)等。有的数字万用表还可以用于测量频率(f)、温度(T)、具有可以检查线路通断的蜂鸣器(BZ)、50Hz 的方波输出等，有的还设置保持(HOLD)功能、自动关机功能、逻辑测试(Logic)功能。

数字式万用表的结构原理如图 9-8 所示。数字式万用表通过测量被测电流流过分流电阻产生的直流或交流电压的方法实现对直流电流和交流电流的测量。通过外加恒定电压，使一个恒定的电流流过被测电阻，然后测其两端的直流电压即可得到被测的电阻数值。

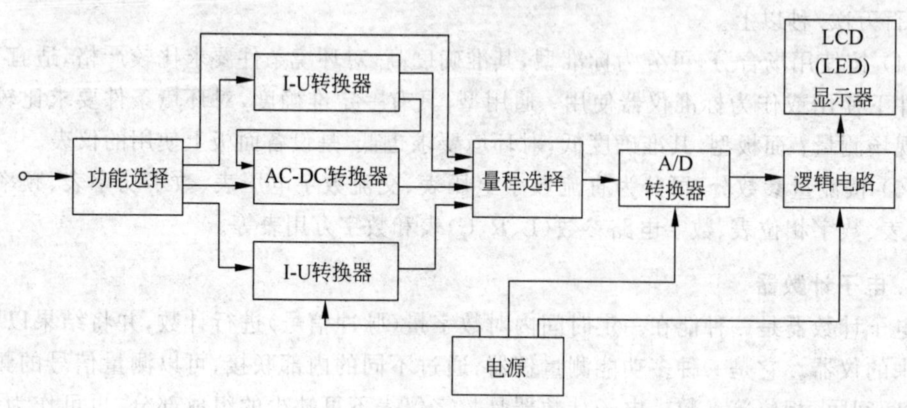

图 9-8　数字式万用表原理图

目前的袖珍型数字万用表多为液晶显示，在显示窗口上一般设有4位数字显示、交直流显示、单位显示、小数点显示和正负号显示灯。有的数字式万用表在窗口上还设有过载显示和电源显示等其他显示功能。

数字式万用表多采用面板结构，量程开关是数字式万用表面板上的中心部件，此开关有的用多位转换开关，有的用一排按键开关。量程开关可以选择各种测量功能和每种功能下的不同量程。

下面以DT-830型数字式万用表为例说明它的测量范围和使用方法。

1）测量范围

(1) 直流电压(DCV)分5挡：200mV、2V、20V、200V、1000V，输入电阻为10MΩ。

(2) 交流电压(ACV)分5挡：200mV、2V、20V、200V、750V，输入电阻为10MΩ，频率范围为40～500Hz。

(3) 直流电流(DCA)分5挡：200μA、2mA、20mA、200mA、10A。

(4) 交流电流(ACA)分5挡：200μA、2mA、20mA、200mA、10A。

(5) 电阻分六档：200Ω、2kΩ、20kΩ、200kΩ、2000kΩ、20MΩ。

此外，还可检查二极管的导电性能，测量晶体管的电流放大倍数(h_{FE})和检查线路通断。

2）面板说明

图9-9是DT-830型数字式万用表的面板图。

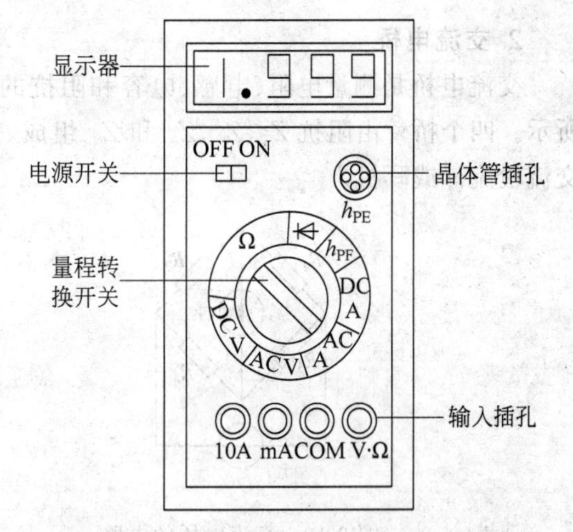

图9-9　DT-830型数字式万用表的面板图

(1) 显示器：显示4位数字，最高位只能显示1或不显示数字，算半位，故称三位半显示器。最大指示为1999或－1999。当显示1或－1时，表示被测量超出量程，无法显示，应更换较大的量程进行测量。

(2) 电源开关：使用时将开关置于ON位置；使用完毕置于OFF位置，以免空耗电池。

(3) 转换开关：用来选择测量挡位及其量程。根据被测电量(电压、电流、电阻等)的种类，选择相应的测量挡位；按被测量程的大小，选择合适的量程。

(4) 输入插孔：将黑色测试笔插入COM插座。红色测试笔有如下3种插法：测量电压和电阻时插入V·Ω插座；测量小于200mA的电流时插入mA插座；测量大于200mA的电流时插入10A插座。

9.5　比较式仪表

常用的比较式仪表有直流电桥、交流电桥和电位差计等。电桥用以测量电阻、电感和电容等电路参数；电位差计用以测量电压、电动势，也可测量电流和电阻等。

比较式仪表采用标准电路元件构成。测量时将被测量与标准量进行比较，测量是在平衡状态下进行的，因此比较式仪表的准确度比直读式仪表高。

1. 直流电桥

最常用的单臂直流电桥(惠斯通电桥)是用来测量中值(约 1Ω～0.1MΩ)电阻的。其电路如图 9-10 所示。当检流计 G 中无电流通过时,电桥达到平衡。从已学知识可知,电桥平衡的条件为

$$R_1R_4=R_2R_3$$

设 $R_1=R_x$ 为被测电阻,则

$$R_x=\frac{R_2}{R_4}R_3 \tag{9-5}$$

式中：$\frac{R_2}{R_4}$为电桥的比臂；R_3 为较臂。测量时先将比臂调到一定比值,而后再调节桥臂直到电桥平衡。

电桥也可以在不平衡的情况下进行测量。先将电桥调节到平衡,当 R_x 有所变化时,电桥的平衡被破坏,检流计流过电流,这个电流与 R_x 有一定的函数关系,因此,可以直接读出被测电阻值或引起电阻发生变化的某种非电量的大小。不平衡电桥一般用在非电量的电测技术中。

2. 交流电桥

交流电桥是测量电阻、电感、电容和阻抗的比较式测量仪表。交流电桥的电路如图 9-11 所示。四个桥臂由阻抗 Z_1、Z_2、Z_3 和 Z_4 组成,交流电源一般是低频信号发生器,指零仪器是交流检流计或耳机。

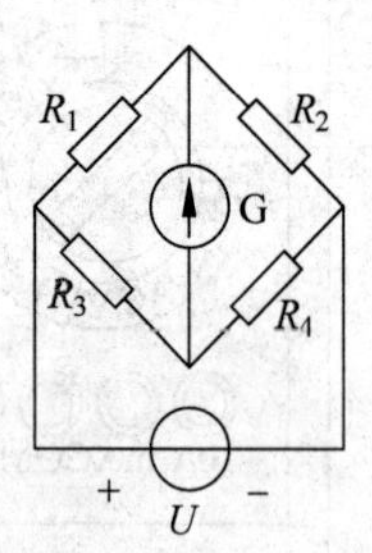

图 9-10　直流电桥的电路

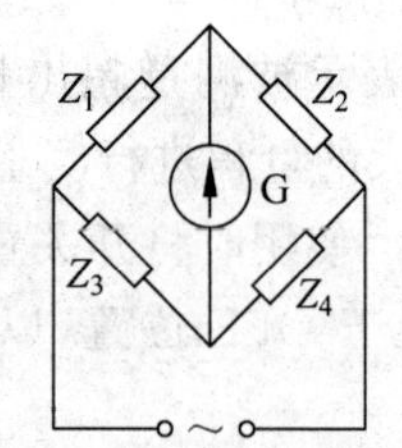

图 9-11　交流电桥的电路

当电桥平衡时,有

$$Z_1Z_4=Z_2Z_3$$

将阻抗写成指数形式,则为

$$|Z_1|\,e^{j\varphi_1}\;|Z_4|\,e^{j\varphi_2}=|Z_2|\,e^{j\varphi_2}\;|Z_3|\,e^{j\varphi_3}$$

由此得

$$|Z_1||Z_4|=|Z_2||Z_3| \qquad \varphi_1+\varphi_4=\varphi_2+\varphi_3$$

为了使调节平衡容易些,通常将两个桥臂设计为纯电阻。

设 $\varphi_4=\varphi_2=0$,即 Z_4 和 Z_2 是纯电阻,则 $\varphi_1=\varphi_3$,即 Z_1 和 Z_3 必须同为电感性或电容性的。设 $\varphi_2=\varphi_3=0$,即 Z_2 和 Z_3 是纯电阻,则 $\varphi_1=-\varphi_4$,即 Z_1、Z_4 中,一个是电感性的,而另一个是电容性的。

1）电容的测量

测量电容的电路如图 9-12 所示。电阻 R_2 和 R_4 作为两臂，被测电容器（C_x，R_x）作为一臂，无损耗的标准电容器（C_0）和标准电阻（R_0）串联后作为另一臂。

$$\left(R_x - \mathrm{j}\frac{1}{\omega C_x}\right)R_4 = \left(R_0 - \mathrm{j}\frac{1}{\omega C_0}\right)R_2$$

由此得

$$R_x = \frac{R_2}{R_4}R_0$$

$$C_x = \frac{R_4}{R_2}C_0$$

为了同时满足上两式的$\frac{R_2}{R_4}$平衡关系，必须反复调节 R_2 和 R_0（或 C_0）直到平衡为止。

2）电感的测量

测量电感的电路如图 9-13 所示，R_x 和 L_x 是被测电感元件的电阻和电感。电桥平衡的条件为

$$R_2R_3 = (R_x + \mathrm{j}\omega L_x)\left(R_0 - \mathrm{j}\frac{1}{\omega C_0}\right)$$

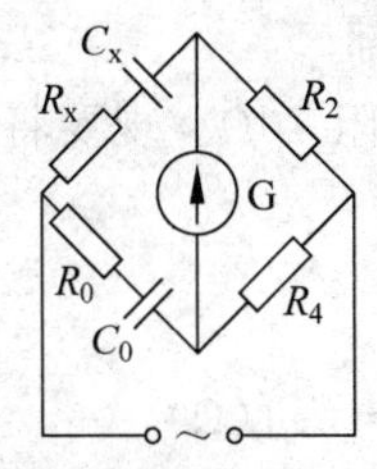

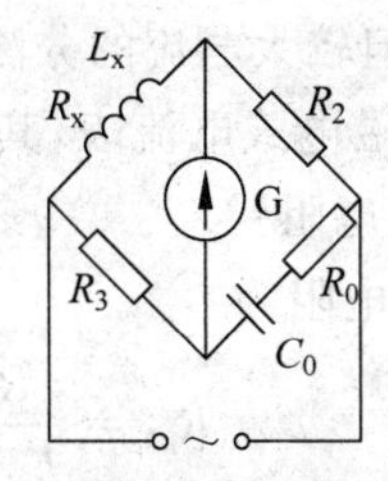

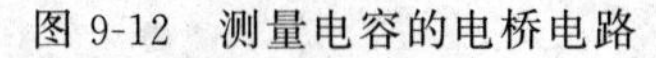

图 9-12　测量电容的电桥电路　　　图 9-13　测量电感的电桥电路

由上式可得出

$$L_x = \frac{R_2R_3C_0}{1+(\omega R_0C_0)^2}$$

$$R_x = \frac{R_2R_3R_0(\omega C_0)^2}{1+(\omega R_0C_0)^2}$$

调节 R_2 和 R_0 使电桥平衡。

9.6　电流和电压的测量

1. 电流的测量

测量直流电流通常采用磁电式电流表，测量交流电流主要采用电磁式电流表。电流表应串联在电路中，如图 9-14(a)所示。为了使电路的工作不受接入电流表的影响，电流表的内阻必须很小。

1）直流电流的测量

采用磁电式电流表测量电流时，为了扩大它的量程，应在测量机构上并联一个称为分流

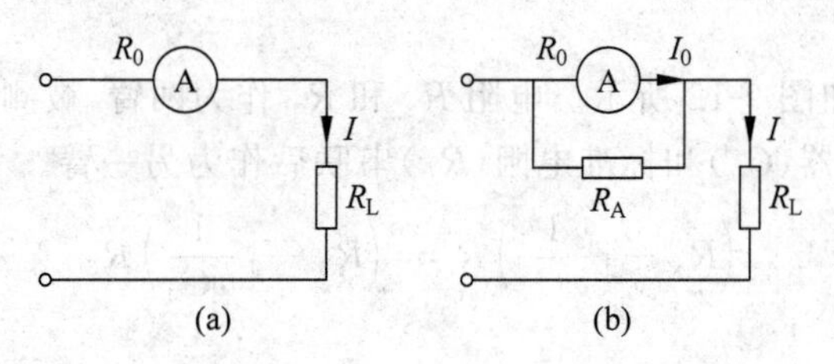

图 9-14 电流表与分流器

器的低值电阻 R_A，如图 9-14(b)所示。图中 R_0 为表头的内阻，当被测电流为 I 时，流过表头的电流 I_0 为

$$I_0 = I\frac{R_A}{R_A + R_0} \tag{9-6}$$

则可得出分流电阻

$$R_A = \frac{R_0}{\dfrac{I}{I_0} - 1} \tag{9-7}$$

由式(9-7)可知，需要扩大的量程越大，则分流电阻应越小。多量程电流表具有多个不同量程的接头，这些接头可分别与相应阻值的分流器并联。分流器一般放在仪表的内部，成为仪表的一部分，但较大电流的分流器常放在仪表的外部。

【例 9-3】 一磁电式电流表，其满量程为 10mA，内阻 10Ω。现要将其量程改为 1A，问应并联多大的分流电阻？

解：应并联的电阻为

$$R_A = \frac{R_0}{\dfrac{I}{I_0} - 1} = \frac{10}{\dfrac{1}{10\times 10^{-3}} - 1} = 0.1(\Omega)$$

2）交流电流的测量

测量交流电流一般用电磁式电流表，进行精密测量时用电动式电流表。由于所测的是交流电流，所以其测量机构既有电阻又有电感，要想扩大量程就不能单纯地并联分流电阻，而应将固定线圈绕组分成几段，采用线圈串联、并联及混联的方法来实现多个量程。当被测电流很大时，可利用电流互感器扩大量程。电流互感器实质上是一种专用的变压器，可以将被测电路的大电流按照变压器变电流的原理转变为便于测量的小电流。使用电流互感器扩大交流电流表量程的接线如图 9-15 所示。通过图中交流电流表的读数 I_2 和互感器的电流比 K_i，可以间接地测量被测支路的大电流 I_1，相互关系为

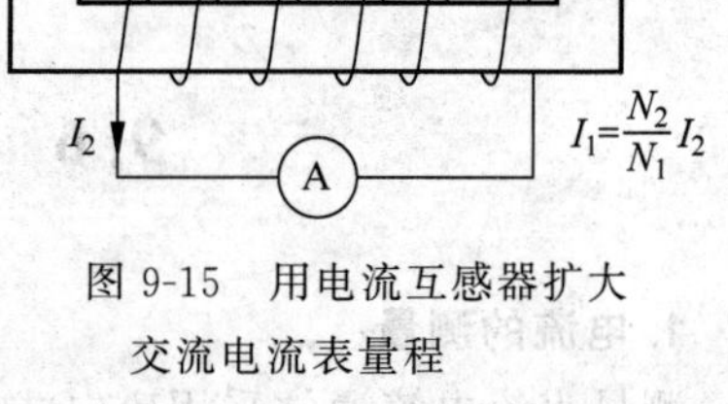

图 9-15 用电流互感器扩大交流电流表量程

$$I_1 = K_i I_2 \frac{N_2}{N_1} I_2 \tag{9-8}$$

2. 电压的测量

测量直流电压常使用磁电式电压表，测量交流电压常使用电磁式电压表，精密测量则常采用电动式电压表。

测量电路中某两点间的电压时，应将电压表并联在这两点之间，如图9-16(a)所示。电压表并入电路必然会分掉原来支路的电流，影响电路的测量结果，为了尽量减小测量误差，电压表的内阻应远大于被测支路的电阻。由于测量机构本身电阻 R_0 不大，所以在电压表的测量机构中都串联一个很大的电阻。

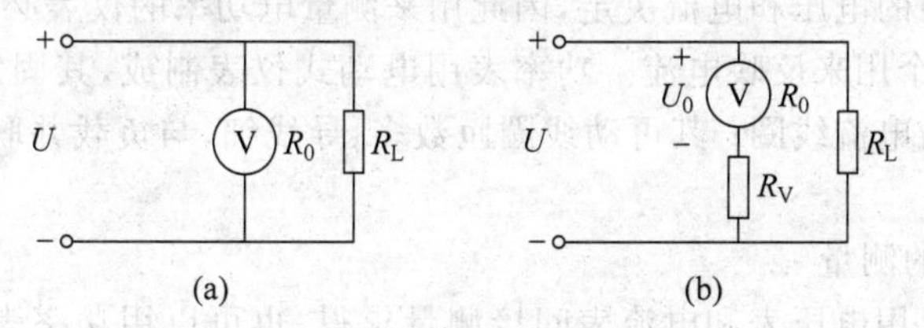

图9-16　电压表与倍压器

1）直流电压的测量

为了扩大量程，要在表头中串入称为倍压器的高值电阻 R_V，如图9-16(b)所示。设电压表原来的量程为 U_0，扩大后的量程为 U，则

$$U_0=U\frac{R_0}{R_0+R_V} \tag{9-9}$$

由式(9-9)可得分压电阻

$$R_V=R_0\left(\frac{U}{U_0}-1\right) \tag{9-10}$$

由式(9-10)可知，电压表要扩大的量程越大，所串联的倍压器的阻值应越大。多量程的电压表内部具有多个分压电阻，不同的量程串接不同的分压电阻。

【例9-4】　一磁电式电压表，量程为100V，内阻4000Ω。现想将其量程改为300V，问应串联多大的电阻？

解：应串联的电阻为

$$R_V=R_0\left(\frac{U}{U_0}-1\right)=4000\times\left(\frac{300}{100}-1\right)=8000(\Omega)$$

2）交流电压的测量

要想扩大交流电压表的量程，可以采用线圈串、并联的方法来实现，也可以在电磁式电压表内部串联倍压器来实现。测量600V以上的电压时，应该使用电压互感器先把电压降低再来配合测量。电压互感器是一个专用的变压器，是应用变压器的变压原理将不方便测量的高电压转变为易于测量的低电压。使用电压互感器扩大交流电压表量程的接线如图9-17所示，图中 U_1 为高电压，U_2 为可测电压，电压比为 K_u，那么高低电压相互之间的关系为

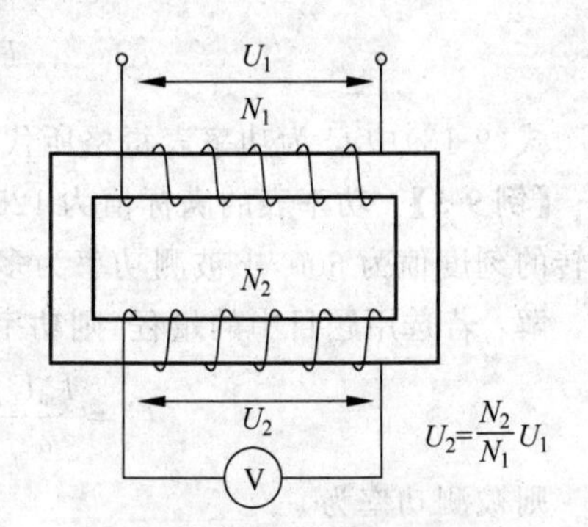

图9-17　用电压互感器扩大交流电压表量程

$$U_1 = K_u U_2 = \frac{N_1}{N_2} U_2 \tag{9-11}$$

即由电压互感器电压比 K_u 及电压表读数 U_2，可间接测知被测高电压 U_1。

9.7 功率和电能的测量

1. 电功率的测量

电功率由电路中的电压和电流决定，因此用来测量电功率的仪表必须具有两个线圈，一个用来反映电压，一个用来反映电流。功率表用电动式仪表制成，其固定线圈匝数少，导线粗，与负载串联，作为电流线圈；其可动线圈匝数多，导线细，与负载并联，作为电压线圈，如图 9-18 所示。

1）直流电功率的测量

直流电功率可以用电压表和电流表间接测量求得，也可以用功率表来直接测量。直接测量时的接线如图 9-19 所示。应该注意，电压线圈与电流线圈的始端标记为“＊”，应把这两个始端接于电源的同一端，使两个线圈的电流参考方向相同，否则指针将要反转。

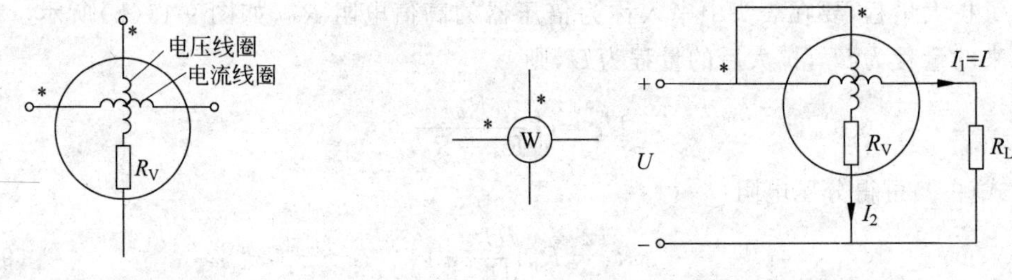

图 9-18　功率表

图 9-19　功率表的接线方法

由于电动式仪表的偏转角 α 与两个线圈的电流乘积成正比，而通过电压线圈的电流与负载电压成正比，因此有

$$\alpha = K I_1 \frac{U}{R_2} = K_P I U \tag{9-12}$$

由式(9-12)可知，电动式功率表的偏转角与功率 IU 成正比。也就是说，只要测出了指针的偏转格数，就可以算出被测量的电功率，即

$$P = UI = \frac{\alpha}{K_P} = C\alpha \tag{9-13}$$

式(9-13)中 C 为功率表每格所代表的功率，用量程除以满标值求得。

【例 9-5】　功率表的满标值为 1250，现选用电压为 250V，电流为 10A 的量程，读得指针偏转的刻度值为 600，求被测功率为多少？

解：若选用题目中的量程，则功率表每格所代表的功率为

$$C = \frac{I_m U_m}{\alpha_m} = \frac{250 \times 10}{1250} = 2(\text{W/ 格})$$

则被测功率为

$$P = C\alpha = 2 \times 400 = 800(\text{W})$$

从上例可以看出，功率表的量程选择实际上是通过选择电压和电流量程来实现的。

2）单相交流电功率的测量

电动式仪表在测量交流电时，其偏转角不仅正比于两线圈的电流有效值的乘积，而且正比于两电流相位差的余弦。由于电动式仪表的电压线圈串有很大的分压电阻，故可认为电压线圈上的电压与其电流基本同相，则有

$$\alpha = KI_1 I_2 \cos\varphi = KI_1 \frac{U}{R_2}\cos\varphi = K_P IU\cos\varphi \tag{9-14}$$

则单相交流电的功率为

$$P = UI\cos\varphi = \frac{\alpha}{K_P} = C\alpha \tag{9-15}$$

可见，由功率表测得的单相交流电的功率是平均功率，它与功率表的偏转角成正比。同理，只要测出了仪表的偏转角，即可计算出被测功率。

实验室用的单相功率表一般都有两个相同的电流线圈，可以通过两个线圈的不同连接方法（串联或并联）来获得不同的量程，电压线圈量程的改变是通过改变倍压器实现的。

3）三相交流电功率的测量

三相电路有功功率的测量，要根据负载的连接方式和对称与否采用不同的测量方法。其常用的测量方法有一瓦计法、两瓦计法和三瓦计法。

（1）一瓦计法

一瓦计法只适用于三相四线制系统中三相对称负载的三相功率的测量，此时表中读数为单相功率 P_1，由于三相功率相等，因此，三相功率为

$$P = 3P_1 \tag{9-16}$$

（2）两瓦计法

对于三相三线制电路，不论负载是星形联结还是三角形联结，也不论负载是否对称，都可以采用两瓦计法测量功率，如图 9-20 所示。

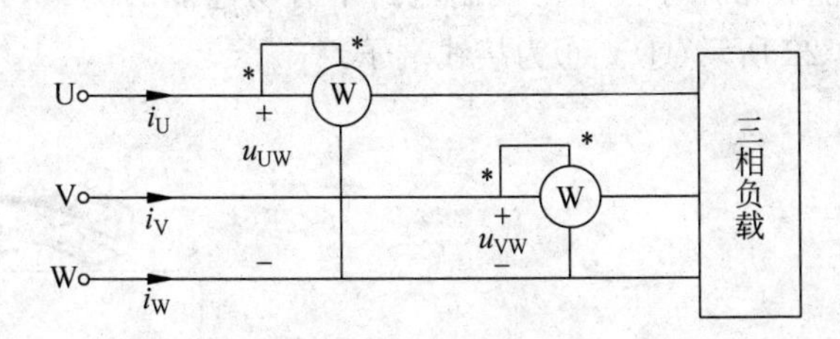

图 9-20　两瓦计法测量三相功率

三相瞬时功率为

$$\begin{aligned} p &= p_1 + p_2 + p_3 = u_U i_U + u_V i_V + u_W i_W = u_U i_U + u_V i_V + u_W(-i_U - i_V) \\ &= (u_U - u_W)i_U + (u_V - u_W)i_V = u_{UW} i_U + u_{VW} i_V = p_1 + p_2 \end{aligned} \tag{9-17}$$

式(9-17)中，i_U、i_V 分别为经过每个功率表电流线圈的电流，是线电流；u_{UW}、u_{VW} 分别为加在每个功率表电压线圈上的电压，是线电压。

由式(9-17)可以看出，三相功率可以用两个功率表测量得出，且各功率表的读数分别为

$$\begin{cases} P_1 = \dfrac{1}{T}\displaystyle\int_0^T u_{UW} i_U \mathrm{d}t = U_{UW} I_U \cos\alpha \\ P_2 = \dfrac{1}{T}\displaystyle\int_0^T u_{VW} i_V \mathrm{d}t = U_{VW} I_V \cos\beta \end{cases} \tag{9-18}$$

式(9-18)中：α 为线电压 u_{UW} 与线电流 i_U 的相位差；β 为线电压 u_{VW} 与线电流 i_V 的相位差。三相总功率等于 P_1 和 P_2 的和，即

$$P=P_1+P_2$$

所以，三相功率可以用两个功率表进行测量，两个功率表的电流线圈串接在三相电路中任意两相以测线电流，电压线圈分别跨接在电流线圈所在相和公共相之间以测线电压。应该注意的是，电压线圈和电流线圈的进线端“ * ”仍然应该接在电源的同一侧，否则将损坏仪表。

(3) 三瓦计法

对于三相四线制电路，通常采用三瓦计法测量功率，如图 9-21 所示。三个功率表的代数和即为三相总功率，即

$$P=P_1+P_2+P_3 \tag{9-19}$$

2. 三相电能的测量

在电力系统中，一般都用三相有功电能表测量三相电能。三相感应式电能表是由单相电能表发展而来的，它是根据两瓦计法或三瓦计法测功率的原理，将两个(称两元件式)或三个(称三元件式)电能表的测量机构组合在一起，使几个铝盘固定在同一转轴上，旋转时带动一个计度器，因而可以从计度器上直接读出三相电路总的有功电能，所以三相有功电能表具有单相电能表的一切基本性能。下面介绍两种常用的三相有功电能表。

(1) 三相三线有功电能表。三相三线有功电能表是两元件式的，在结构上可分为双盘式和一盘式两种。双盘式即有两组驱动元件和两个铝转盘，如 DS15 型，原理结构如图 9-22 所示，它实质上就是两只单相电能表的组合；一盘式即两组驱动元件共用一个转盘，如 DS2 型，其结构紧凑，体积小，但由于两组元件间磁通和涡流会产生相互干扰，所以误差比双盘式大。

三相三线有功电能表常用于三相三线制电路中有功电能的测量，其接线方式与两瓦计法测功率相同，如图 9-22 所示(①～⑥为接线端子)。

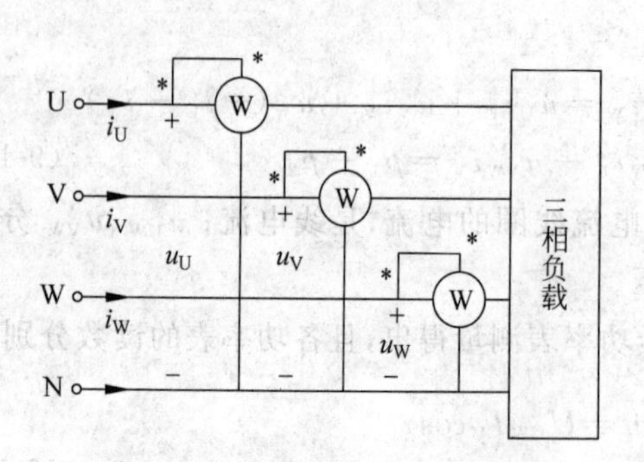

图 9-21　三瓦计法测量三相功率

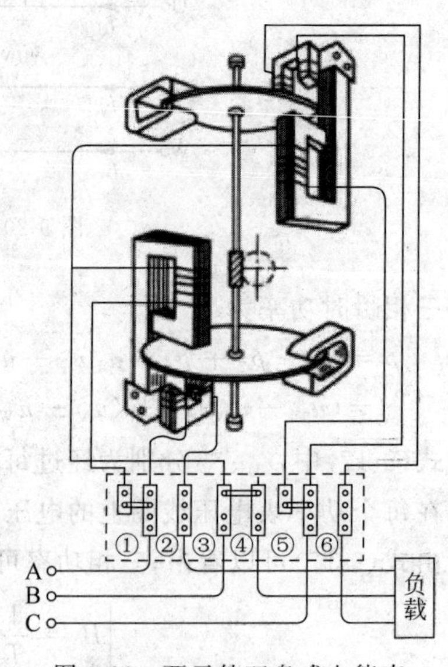

图 9-22　两元件双盘式电能表原理结构图

(2) 三相四线有功电能表。三相四线有功电能表是按三表法测量功率的原理构成的,所以仪表中有三组元件。三相四线有功电能表在结构上可分为两种：①三元件两盘式,即有三组驱动元件和两个转盘,其中有两组驱动元件共同作用在一个转盘上,另一组驱动元件单独作用在另一个转盘上,如DT18型,目前采用最多的就是这种结构；②三元件单盘式,即三组驱动元件合用一个铝盘,如DT2型,由于铝盘少,因而可动部分质量轻,磨损小,体积也小,但由于驱动元件在铝盘上产生的涡流会和另一组元件的磁通发生作用而产生附加力矩,因此,误差比双盘式大。

三相四线有功电能表常用于三相四线制电路中有功电能的测量,其接线方式与三瓦计法测功率相同。为了避免错误,各组元件的电流线圈与电压线圈的电源端都已在电能表的端钮盒上排列并连接好。三相四线有功电能表的接线原理图如图9-23所示。

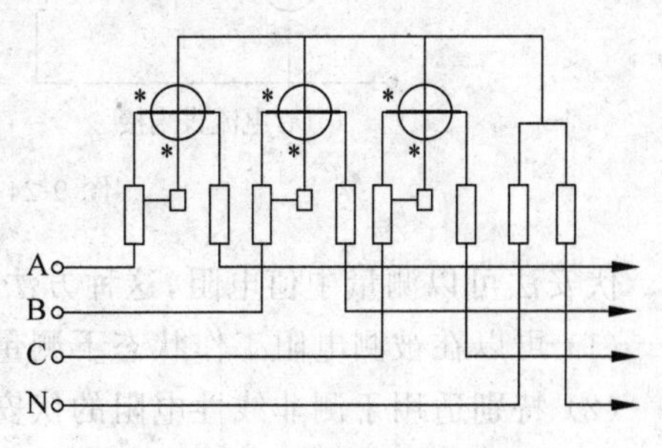

图9-23　三相四线制有功电能表的接线原理图

9.8　电阻、电感与电容的测量

在9.5节中已经介绍了利用电桥比较法测量电阻、电感、电容的方法,这种方法测量的精度较高,本节介绍电阻、电感、电容的其他测量方法。

1. 直流电阻的测量

1) 用欧姆表、兆欧表测量直流电阻

用欧姆表、兆欧表测量直流电阻称为直接测量法,这种测量方法的优点是操作简单,读数方便。用它们测量电阻存在的问题如下。

(1) 欧姆表和兆欧表的准确度较低,因此测量误差较大。

(2) 被测电阻必须断电,而且应与电路断开。

(3) 欧姆表和兆欧表工作时要向被测对象输出一定的电流和电压,因此当被测对象中只允许通过微小电流时(如微安表表头),不能用欧姆表测量；当被测对象的耐压较低时(如测晶体二极管的反向电阻),则不能用兆欧表测量,否则被测元件会损坏。

(4) 欧姆表和兆欧表不能测量非线性电阻。因为非线性电阻的阻值与它的静态工作点(即工作电流或工作电压)有关。在用欧姆表和兆欧表测量时,不可能恰好使非线性电阻工作在规定的工作点上,因此所测得的电阻没有实际意义。例如用欧姆表的不同挡测量晶体二极管的正向电阻或反向电阻,将得到不同的测量结果。

2) 伏安法测量直流电阻

用电流表和电压表测量直流电阻的方法称为伏安法。根据欧姆定律公式$U=IR$,先用电压表和电流表测出电阻R两端的电压U和流过电阻的电流I,代入上式便可求得电阻R。伏安法测量电阻为间接测量。

在实际测量中,按照电压表和电流表的位置不同,有两种接法,如图9-24所示。图9-24(a)为电流表内接(或电压表前接),这时电压表所测得的电压值是电阻电压和电流表电压之和；

图 9-24(b)为电流表外接(或电压表后接),这时电流表所测电流是电阻电流和电压表电流之和。所以,不管采用哪一种线路进行测量,都不可避免地存在方法误差。

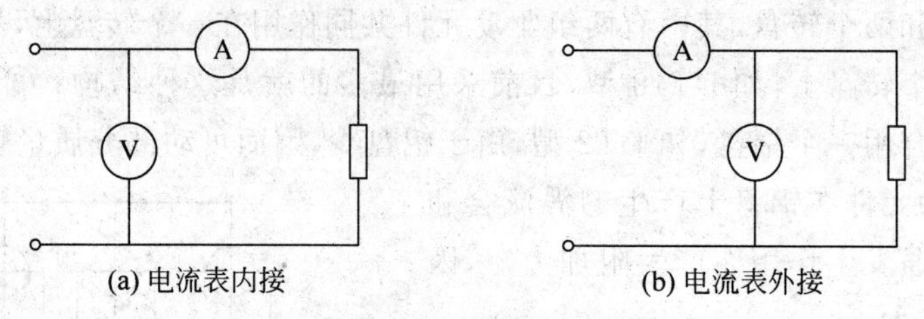

(a) 电流表内接　　(b) 电流表外接

图 9-24　伏安法测量电阻

伏安法可以测量中值电阻,这种方法的优点如下。

(1) 可以在被测电阻工作状态下测量。

(2) 特别适用于测非线性电阻的伏安特性。

(3) 可以根据被测电阻的电压或电流额定值,选择合适的工作电压和工作电流,因此能测量额定电流很小或额定电压较低的元件的电阻值。

伏安法测量电阻的缺点是:引进方法误差(但可以修正),准确度较低;测量不方便。

2. 电感的测量

1) 三电压表法

测量线路如图 9-25(a)所示。将被测线圈(r_x,L_x)与一个纯电阻 R 串联后接到正弦电源上,然后用电压表分别测出被测线圈、纯电阻及电源的电压 U_1、U_2 和 U。根据电路原理可画出电压的相量图,如图 9-25(b)所示。根据相量关系,有

$$U^2 = U_1^2 + U_2^2 + 2U_1U_2\cos\theta$$

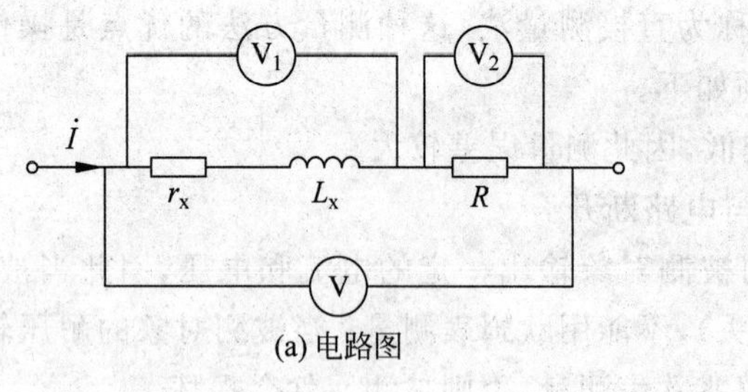

(a) 电路图

$\dot{U}$　$\mathrm{j}\omega L_x \dot{I}$　$\dot{U}_1$　θ　$\dot{U}_2$　$\dot{I} r_x$　$\dot{I}$

(b) 相量图

图 9-25　三电压法测量电感

因为

$$\cos\theta = \frac{r_x}{\sqrt{r_x^2 + 2\pi f L_x}}$$

所以

$$\frac{r_x}{\sqrt{r_x^2 + (2\pi f L_x)^2}} = \frac{U^2 - U_1^2 - U_2^2}{2U_1U_2}$$

整理后得到

$$L_x = \frac{1}{2\pi f}\sqrt{\frac{4r_x^2U_1^2U_2^2}{(U^2 - U_1^2 - U_2^2)^2} - r_x^2}$$

r_x 为线圈的电阻，在不含铁心时，低频情况的交直流电阻基本相等，所以 r_x 可以用万用表测得。

2）三电流表法

三电流表法测量的原理与三电压表法类似，测量线路与相量图如图 9-26 所示。用电流表分别测量各支路电流，并测出线圈电阻 r_x 后，线圈电感为

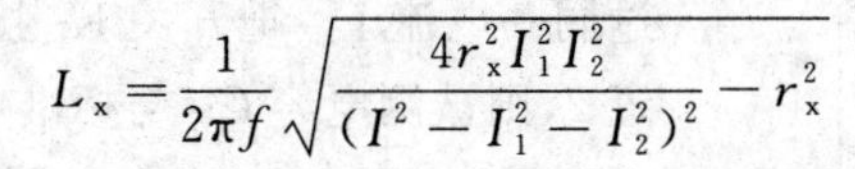

$$L_x=\frac{1}{2\pi f}\sqrt{\frac{4r_x^2I_1^2I_2^2}{(I^2-I_1^2-I_2^2)^2}-r_x^2}$$

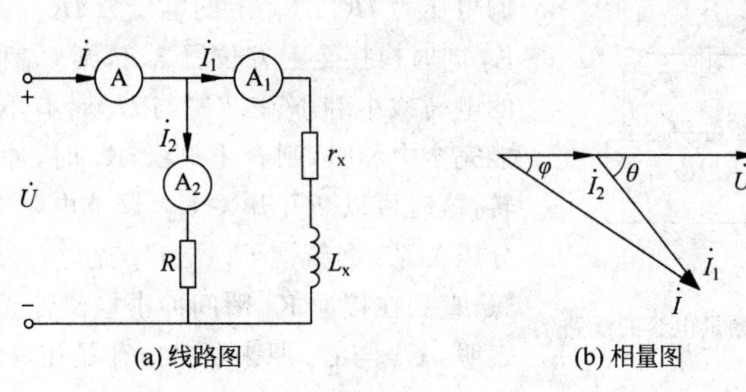

(a) 线路图　　(b) 相量图

图 9-26　三电流表法测量电感

3. 电容的测量

电容的测量和电感的测量一样，较准确的电容测量需要用交流电桥。下面介绍几种电容的测量方法。

1）用冲击检流计测量电容

用冲击检流计法测量电容的线路如图 9-27 所示。在测量中，首先把开关 K_1、K_2 分别倒向 1、3 位置，电源向标准电容 C_n 充电，电容 C_n 达到稳定电压 U 后，把开关 K_2 倒向位置 4，C_n 经冲击检流计 G 和可变电阻 R 放电，从冲击检流计上读出第一次最大偏转 α_{mn}；若可变电阻 R 的分流倍数为 F_n，则测出 C_n 所带电荷为

$$Q_n=C_qF_n\alpha_{mn}=C_nU \tag{9-20}$$

图 9-27　用冲击检测计测量电容

式中：C_q 为冲击检流计的电量冲击常数。

然后将开关 K_1 倒向位置 2，K_2 倒向位置 3，对被测电容 C_x 充电到同一稳定电压 U；再将开关 K_2 倒向位置 4，使 C_x 放电，再从冲击检流计上读出相应的第一次最大偏转 α_{mx}；若此时可变电阻 R 的分流倍数为 F_x，则测出 C_x 所带电荷为

$$Q_x=C_qF_x\alpha_{mx}=C_xU \tag{9-21}$$

因为两个电容充电的电压相同，故得

$$\frac{Q_x}{C_x}=\frac{Q_n}{C_n}$$

将式(9-20)、式(9-21)代入上式，就可得到被测电容

$$C_x=\frac{F_x\alpha_{mx}}{F_n\alpha_{mn}}C_n \tag{9-22}$$

因此，根据两次测量中的读数和标准电容 C_n 的值，便可按式(9-22)计算出 C_x。

2）混合法测量电容

混合法测量电容的一种线路如图 9-28 所示。图中 R_1 与 R_2 串联后接至电源；两者通过同一电流 I。把开关 K_1 接至位置 1、开关 K_2 接至位置 2，则被测电容 C_x 与标准电容 C_n 被同时充电，C_n 上的电压为 IR_1，C_x 上的电压为 IR_2；这时将开关 K_1 和 K_2 同时换接至上方位置 3、4，则 C_n 和 C_x 上原来充有的电荷被中和，若因 C_n 与 C_x 带有不相等的电荷而不能完全中和时，则合上开关 K_3 时，冲击检流计将有偏转，这时可以断开开关 K_3，调节电阻 R_1 和 R_2，改变其分压关系，重新使 C_n 与 C_x 充电，并重复上述测量步骤，直到在接通 K_3 瞬间冲击检流计无偏转为止。这时表明：C_n 与 C_x 原来所带电荷是相等的，故有

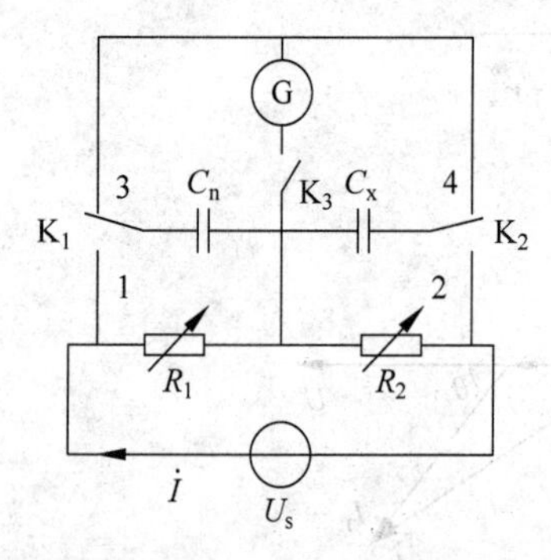

图 9-28 用混合法测量电容的线路

$$C_xIR_2=C_nIR_1$$

从而得到

$$C_x=\frac{R_1}{R_2}C_n \tag{9-23}$$

在使用混合法测量电容时，必须注意使 R_1、R_2 有较高的阻值，以便于实现较精密的调整；电源电压在不超过仪器设备安全要求的条件下应尽可能取高一些。C_n 的值最好能与 C_x 的值相近。

本章小结

本章主要介绍了以下内容。

(1) 测量的概念、测量的方式和方法。

(2) 测量误差的表示方法有绝对误差、相对误差和引用误差。

(3) 常用模拟式电工仪表如指针式万用表、兆欧表、检流计的工作原理、使用方法和注意事项。

(4) 常用数字式电工仪表如电子计数器、数字万用表的工作原理及使用方法。

(5) 常用的比较式仪表有直流电桥和交流电桥，它们可以测量电阻、电感和电容等电路参数，且测量精度较高。

(6) 电工测量时，若测量的是电流，电流表应串联在电路中；若测量的是电压，电压表应并联在被测电压两端。测量直流电量时，一般用磁电式仪表；测量交流电量时，一般用电磁式仪表。若对测量的准确度要求较高，可采用电动式仪表。

(7) 测量电功率时，由于电动式仪表的偏转角与两线圈的电流乘积有关，所以一般用电动式仪表。接线时，电流线圈和电压线圈的进线端应该接在电源的一端。三相对称负载用一表法测量三相功率，三相三线制负载可用二表法测量三相功率，三相四线制负载可用三表

法测量三相功率。

(8) 除了电桥法测量参数以外，电阻的测量还可以采用欧姆表、兆欧表直接测量，或者采用伏安法进行测量。电感常用的测量方法有三电压法和三电流法；电容常用的测量方法有冲击法和混合法。

习　题　9

9-1　现有准确度为1.0级，满标值为500V和准确度为1.5级、满标值为250V的两个电压表。若要测量量程为220V的电压，试问选用哪个电压表比较合适？为什么？

9-2　如果允许的相对测量误差不超过5%，则准确度为2.5级，满标值为250V的电压表可测量的最小电压是多少？

9-3　有一电流表，量程为5mA，内阻为20Ω。现想获得1A的量程，问需要并联多大的电阻？

9-4　有一电压表，量程为50V，内阻为2000Ω。问需要接入多大的倍压器电阻才能获得300V的量程？

9-5　有一磁电式表头，其内阻为150Ω，电流为300μA。若将其做成量程为150mA的直流电流表，分流器电阻应取多大？若将其做成量程为15V的直流电压表，倍压电阻值应取多大？

9-6　某万用表直流毫安挡的电路如图9-29所示，表头内阻 R_g 为1kΩ，满量程 I_g 为0.2mA。若使量程扩大为1mA、10mA、100mA，则电路中的分流器电阻 R_1、R_2、R_3 各取多大？

9-7　使用上题万用表来测量直流电压，若将量程扩大为10V、100V、250V，如图9-30所示电路，试计算倍压电阻 R_4、R_5 及 R_6。

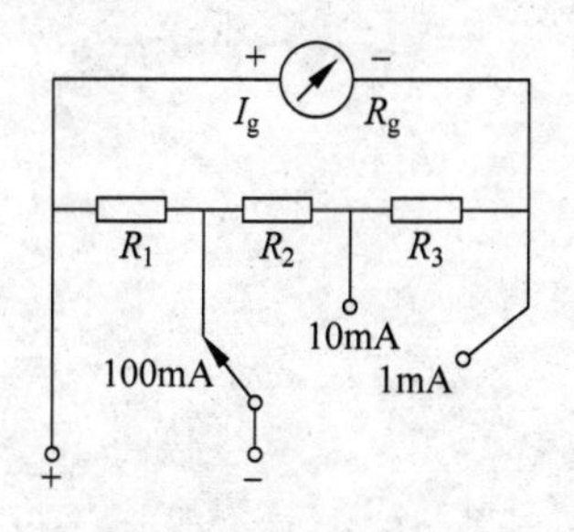

图9-29　习题9-6图

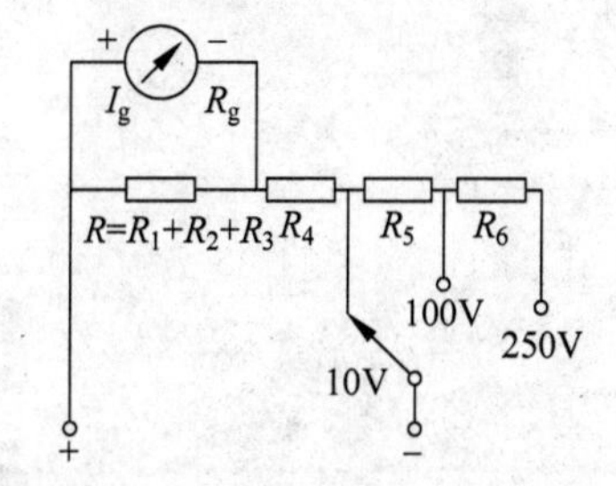

图9-30　习题9-7图

9-8　用功率表测量功率时，指针出现反偏是什么原因造成的？

9-9　某万用表的电阻读数刻度上有100格，现选用×100挡测量，若指针指在60挡刻度上，则被测电阻为多少？

9-10　若使用电流表头，串联电阻1000Ω，可制成量程为1V的电压表，欲将该电压表的量程扩大为10V，应该如何改装此电压表？

9-11　电桥分几种？它们的区别是什么？

参考文献

[1] 唐介.电工学[M].3 版.北京：高等教育出版社，2009.
[2] 秦曾煌.电工技术[M].6 版.北京：高等教育出版社，2009.
[3] 张南.电工学[M].2 版.北京：高等教育出版社，2002.
[4] 李海军.电工技术[M].北京：国防工业出版社，2008.